单片机C语言实用教程

主　编　龙建飞　薛玉梅　刘宇威
副主编　刘春龙　张　箭　尚玉廷

北京理工大学出版社
BEIJING INSTITUTE OF TECHNOLOGY PRESS

内容简介

本书以项目作引领、以任务为驱动组织教学单元，通过大量实例，举一反三、由浅入深、由简到繁地安排训练项目和任务。本书立足于学生实际，以学生为主体，注重学生的自主学习、合作学习和个性化教学。本书将单片机硬件知识和C语言基本知识分解到实例中，以解决实际问题为纽带实现理论与实践的有机结合，达到“教中做、做中学、学中练”的目的。通过本书“教、学、做”合一的立体化教学，学生既能掌握单片机课程的相关知识，也能掌握C语言课程的基本知识，还能掌握如何利用C语言对单片机嵌入式系统进行开发和应用，全面提升了学生解决问题的实战经验和能力。

本书主要内容包括51单片机基本硬件知识（I/O端口控制、定时器、中断通信等），以及编写51单片机程序的C语言基础知识，基本外围硬件包括LED、钮子开关、独立按钮、数码管、液晶RT1602C、液晶TG12864、32×16点阵；高级应用包括单片机与计算机通信、双机通信、与组态软件MCGS的Modbus-RTU通信、多任务模块化编程、RTX-51 Tiny操作系统等。为了帮助学生理解和学习，本书每个任务后均设计了适量的理论与实践训练题。

本书可作为电气设备运行与控制、智能设备运行与维护、工业机器人技术应用、机电一体化技术、应用电子及电气自动化技术等相关专业的教学用书，也可作为相关工程技术人员的培训用书和参考书。

图书在版编目(CIP)数据

单片机C语言实用教程 / 龙建飞，薛玉梅，刘宇威主编. -- 北京 : 北京理工大学出版社，2023.3
ISBN 978-7-5763-2248-4

Ⅰ.①单… Ⅱ.①龙… ②薛… ③刘… Ⅲ.①微控制器-C语言-程序设计-教材 Ⅳ.①TP368.1②TP312.8

中国国家版本馆CIP数据核字(2023)第058738号

责任编辑：陆世立　　**文案编辑**：钟　博
责任校对：周瑞红　　**责任印制**：李志强

出版发行 / 北京理工大学出版社有限责任公司
社　　址 / 北京市丰台区四合庄路6号
邮　　编 / 100070
电　　话 / (010) 68914026（教材售后服务热线）
(010) 68944437（课件资源服务热线）
网　　址 / http://www.bitpress.com.cn

版 印 次 / 2023年3月第1版第1次印刷
印　　刷 / 定州市新华印刷有限公司
开　　本 / 889 mm×1194 mm　1/16
印　　张 / 15.5
字　　数 / 314千字
定　　价 / 89.00元

Preface

前言

“互联网+”时代的技术载体是物联网技术，其是物联网思维的进一步实践成果。物联网架构的三个层次包括感知层、网络层和应用层，其关键技术都涉及单片机嵌入式系统的具体应用。单片机嵌入式系统在“互联网+工业”领域有着广泛的应用，如智能家居系统、智能制造、智能门锁、监控冰箱、智能服务机器人等。

在“互联网+工业”这一背景下，随着物联网技术中单片机嵌入式系统的应用，社会对中高端编程人员的需求量越来越大，而且要求从业人员具备C语言编程能力、数学逻辑算法设计能力。开设单片机技术课程，培养单片机技能人才以满足社会的需求，需有效把握单片机相关的教学内容和实践方法进行改革，突出培养学生运用所学知识和技能解决实际问题的综合应用能力，要求教师必须采取有效的教学手段和教学策略，利用具有丰富案例的“教、学、做”理论和实践一体化的教材来开展教学，让学生迅速掌握单片机C程序（简单算法）的编写、设计和调试方法。

党的二十大报告指出“必须坚持系统观念。万事万物是相互联系、相互依存的。只有用普遍联系的、全面系统的、发展变化的观点观察事物，才能把握事物的发展规律”。整体性、层次性、协同性和开放性是系统健康有序、良性发展的重要特征。因此，必须坚持运用其中的立场、观点、方法，将党的二十大精神整体融入单片机课程思政体系。

（1）把握系统性原则，将课程思政整体融入单片机课程体系。本书进行整体统筹，从小的理论知识点和技能点上落脚，通过大量实例，举一反三，由浅入深、由简到繁地编排实训项目和任务。由于单片机课程具有实践性较强的特征，故本书结合工科专业蕴含的工匠精神的学科特点，列举大量实训案例，通过不断练习，刻苦钻研，排除错误，使学生在编程实践中明白细节决定成败，培养学生严谨的职业素养。不断的实训练习能更好地锤炼学生一丝不苟的工匠精神。

（2）把握实践性原则，有效融入课程思政实践体系。理论与实践相结合，是系统推进党的二十大精神融入课程思政的必然要求，将党的二十大精神有温度、有力度、有效度地融入单片机课程思政，必须实现教材与现实相结合、理论与实践相统一，实现“知行合一”。单片机课程注重学生的实践能力、创新能力和奋斗品质的培养，要推进党的二十大精神融入单片机课程思政就要引导学生“在做中学、在学中做”。

本书以项目作引领、以任务为驱动组织教学单元，属于项目式任务驱动一体化教材。本书立足于学生实际，以学生为主体，注重学生的自主学习、合作学习和个性化教学。本书将单片机硬件知识和C语言编程知识分解到实例中，以解决实际问题为纽带实现理论与实践的有机结合，达到“教中做、做中学、学中练”的目的，全面提升学生解决问题的实战经验和能力。

为学生单独开设C语言课程，实际的课堂教学较为枯燥，导致学生的学习兴趣下降。C语言是智能设备开发的一种语言工具。虽然学校开设了C语言课程，但学生在完成该课程的学习后依然不会使用C语言对智能设备进行相关的编程开发和应用。因此，本书将抽象的C语言概念、原理、语句以及语法规则等C语言课程的基本内容融入单片机实操案例，并通过“参考程序分析”和“应知应会知识链接”环节详细阐述C语言基本知识。教师可以通过书中列举的大量单片机C编程应用案例，边讲边练、边做边学，实现“教、学、做”合一的立体化教学。在“做中学、学中做”中，学生不仅可以掌握C语言的基本知识，而且C语言的实际应用能力也能得到训练和提高。

本书在编写过程中，打破传统教材的编写模式，在编写风格和表达形式方面有所突破。本书的每个项目首先提出“任务书和控制电路”，然后是“任务分析”→“单片机控制程序”→“参考程序分析”→“应知应会知识链接”→理论习题的“写一写”和技能实操的“动手试一试”栏目，其中“参考程序分析”详细解释了每一行程序的原理，课后附有大量的理论习题和技能实操，都是与学习本任务相关的知识点。

本书内容丰富，包括51单片机基本硬件知识（I/O端口控制、定时器、中断、通信等），以及适用于中职学生编写51单片机程序的C语言基础知识，基本外围硬件包括LED、钮子开关、独立按钮、数码管、液晶RT1602C、液晶TG12864、32×16点阵等。对于单片机编程算法需要提高的学生，本书设计了提高部分内容，包括单片机与上位机（计算机）通信、双机通信、组态软件MCGS与51单片机的Modbus-RTU通信、单片机控制系统程序模块化设计、单片机多任务模块化编程和RTX-51 Tiny操作系统的应用等。

本书参考教学学时为80~120，教师可根据实际情况，对讲授内容进行取舍或补充。

本书由龙建飞、薛玉梅和刘宇威担任主编。其中，刘春龙高级讲师对全书进行审核并负责统稿，并编写项目七；龙建飞编写了项目六，并负责所编写项目程序的调试；薛玉梅编写了项目二和项目三，并负责所编写项目程序的调试；刘宇威编写项目一和项目四；张箭、尚玉廷编写了项目五并负责部分程序调试和电路图绘制。本书在编写过程中得到了珠海市理工职业技术学校单片机实训中心的大力支持与帮助，在此表示衷心的感谢。

由于编者的水平和经验有限，加之编写时间仓促，书中难免存在疏漏与不足之处，敬请读者批评指正。

编　者

2023年3月

Contents

目录

项目一　单片机简介和软件使用

一、什么是单片机

单片机是将中央处理器(CPU)、随机存取存储器(RAM)、只读存储器(ROM)、定时器和I/O接口集成在一个芯片上的微控制器。CPU包括运算器、控制器和寄存器3个主要部分，是单片机的核心。

RAM用来存储暂时或临时数据，单片机掉电后存储的数据会消失；ROM用来存放程序，只能利用专业的编程器将程序写入ROM。

I/O接口是单片机控制外围设备的通道，也是采集现场信息的通道。输入设备有按钮、键盘、模拟数字转换器(A/D转换器)等，输出设备有如LED灯、电动机等。

二、单片机的应用

单片机的应用十分广泛，主要如下。

(1)工业自动化：过程控制、数据采集和测控、机器人、机电一体化等。

(2)仪器仪表：医疗电子、智能仪表、自动化仪器等。

(3)家用电器：冰箱、洗衣机、空调机、微波炉、电视、音像设备等。

(4)信息、通信：计算机、打印机、磁盘驱动器、传真机、复印机、电话、考勤机等。

(5)军事：飞机、大炮、坦克、军舰、导弹、雷达等。

三、单片机简介与主要参数

1. AT89S52简介与主要参数

AT89S52是美国ATMEL公司生产的低功耗、高性能CMOS 8位单片机，片内包含4kB的可系统编程的 Flash 只读程序存储器(PEROM)，器件采用 ATMEL 公司的高密度、非易失性存储技术生产，兼容标准 MCS-51 指令系统及引脚。它集 Flash 只读程序存储器[既可在系统编程(ISP)，也可用传统方法进行编程]及通用 8 位微处理器于单片芯片中，可灵活应用于各种控制领域。

(1)包含系统可编程的 8kB Flash 只读程序存储器。

(2)片内 RAM 为 256B。

(3)工作电压为 4.0~5.5V。

(4)可重复擦写 1 000 次。

(5)时钟频率为 0Hz~33MHz。

(6)包含 3 个定时/计数器、8 个中断源。

(7)采用全双工 UART 串行通道，内置看门狗定时器和复位电路。

2. STC89C52RC 单片机简介与主要参数

STC89C52RC 单片机是宏晶科技有限公司推出的一款高速、低功耗、抗干扰性超强的单片机，指令代码完全兼容标准 MCS-51 单片机，可任意选择 12 时钟/机器周期和 6 时钟/机器周期，HD 版本和 90C 版本内部集成了 MAX810 专用复位电路。STC89C52RC 单片机具有成本低、性能高的特点，支持 ISP 及 IAP(在应用编程)技术。使用 ISP 技术可不需要编程器，而直接在用户系统板上烧录用户程序，修改调试非常方便。利用 IAP 技术能将内部部分专用 Flash 当作 EEPROM 使用，实现停电后保存数据的功能，擦写次数为 10 万次以上，可省去外接 EEPROM(如 93C46、24C02 等)。STC89C52RC 单片机内部硬件结构如图 1-0-1 所示。

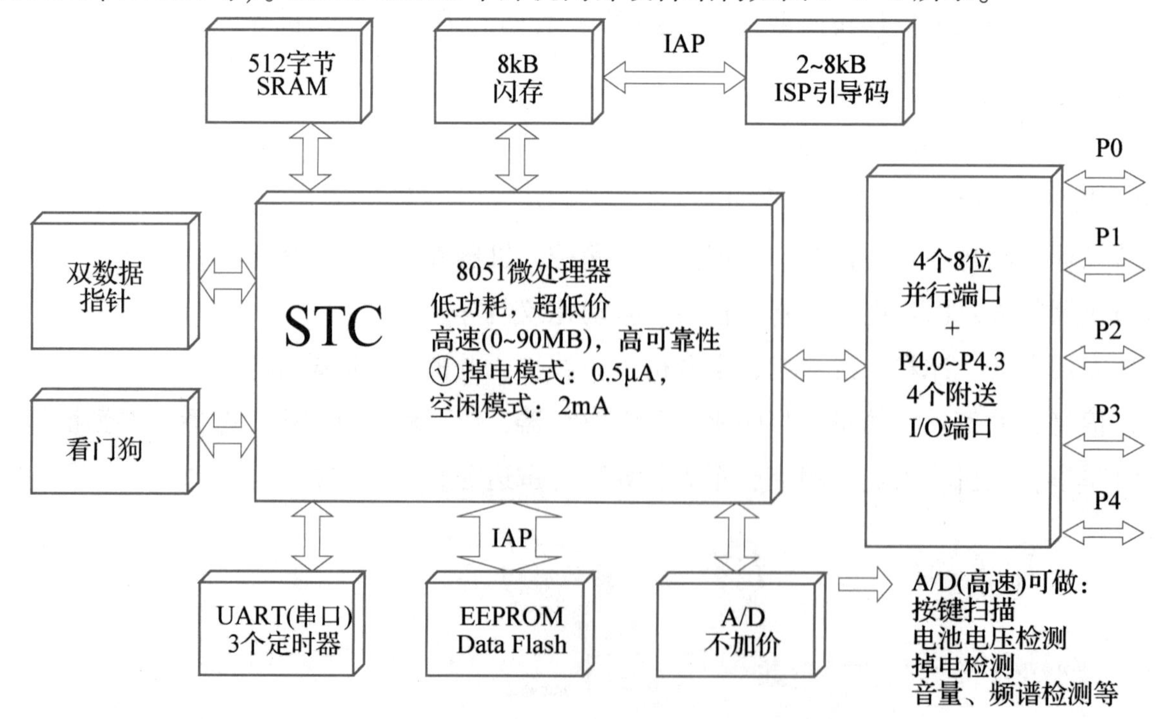

图 1-0-1　STC89C52RC 单片机内部硬件结构

(1)增强型8051单片机，12时钟/机器周期和6时钟/机器周期可任意选择，指令代码完全兼容传统8051。

(2)工作电压：3.3~5.5V(5V单片机)；2.0~3.8V(3V单片机)。

(3)工作频率范围：0~40MHz，相当于普通8051单片机的0~80MHz，实际工作频率可达48MHz。

(4)用户应用程序空间：8KB片内Flash只读程序存储器，擦写次数达10万次以上；片上集成512字节SRAM；EEPROM功能容量为5KB。

(5)具有35或39个通用I/O端口，复位后，P1~P4是准双向口/弱上拉(普通8051单片机传统I/O端口)；P0端口作为I/O端口使用时，是一个8位准双向口，上电复位后处于开漏模式，P0端口内部无上拉电阻，所以作为I/O端口使用时必须外接4.7~10kΩ的上拉电阻。P0端口作为地址/数据复用总线使用时，是低8位地址线(A0~A7)和数据线(D0~D7)，此时无须外接上拉电阻。

(6)支持ISP和IAP技术，无须专用编程器，可通过串口(RXD/P3.0，TXD/P3.1)直接下载用户程序，数秒内即可完成一片单片机的程序下载(如8KB程序在3s内即可完成一片单片机的下载)。

(7)包含3个16位定时/计数器、8个中断源，支持掉电唤醒外部中断4个。

(8)包含1个全双工UART串行通道，内置看门狗定时器和复位电路MAX810。

STC89C52RC单片机还有很多独特的优点，具体如下。

(1)加密性强，无法解密。

(2)抗干扰性超强，主要表现在：高抗静电(ESD保护)，可以轻松抗御2kV/4kV快速脉冲干扰(EFT测试)，对电压的适应性强(宽电压)，不怕电源抖动，宽温度范围为-40℃~+85℃，I/O端口经过特殊处理，单片机内部的电源供电系统、时钟电路、复位电路及看门狗电路经过特殊处理。

(3)采用三大降低单片机时钟对外部电磁辐射的措施：禁止ALE输出；如选6时钟/机器周期，外部时钟频率可降低一半；单片机时钟振荡器增益可设为1/2Gain。

(4)功耗超低：在掉电模式下，典型电流损耗<0.1μA；在空闲模式下，典型电流损耗为2mA；在正常工作模式下，典型电流损耗为4~7mA。

四、Keil软件的使用

(1)双击桌面上图1-0-2所示的Keil uVision4软件图标。

图1-0-2　Keil uVision4软件图标

Keil软件的使用演示

(2)选择“Project”→“New uVision Project”命令，新建一个工程，如图 1-0-3 所示。

(3)为新建的工程设置工程名及保存路径，如图 1-0-4 所示，设置工程名为“Task_1”，单击“保存”按钮。

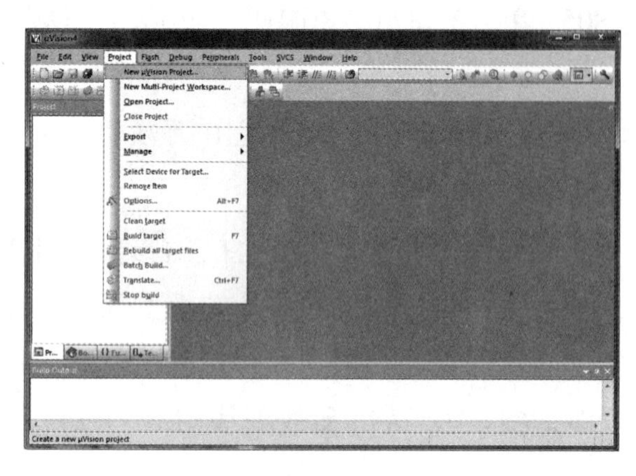

图 1-0-3　新建工程

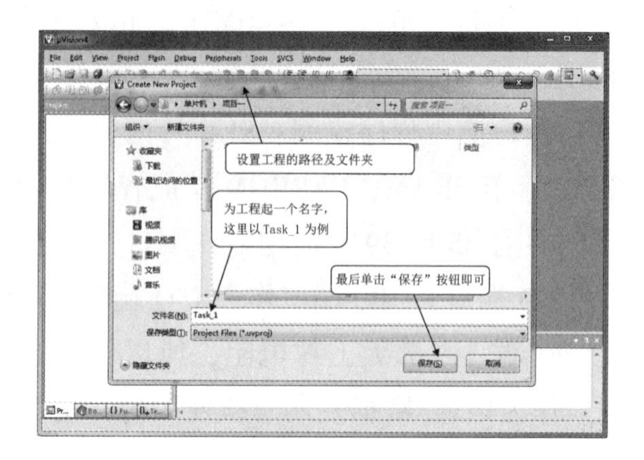

图 1-0-4　设置工程名及保存路径

(4)在图 1-0-5 所示的对话框中，通过滚动条找到“Atmel”并双击，展开其子项，在子项中单击选中“AT89C51”，单击“OK”按钮。

(5)如图 1-0-6 所示的对话框中，单击“否”按钮，不添加启动代码到工程中。

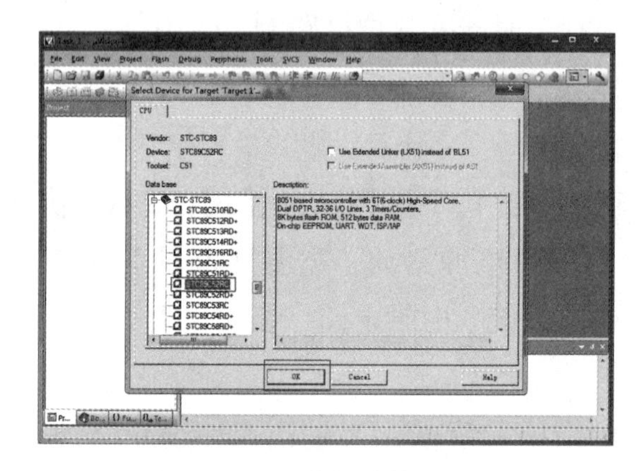

图 1-0-5　选择单片机型号

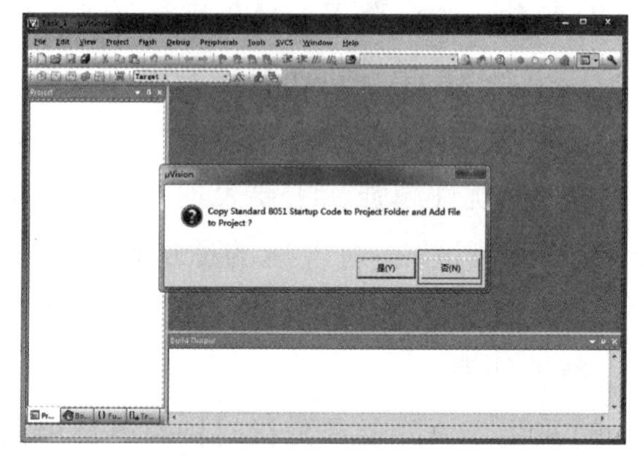

图 1-0-6　单片机开发不需要添加启动代码

(6)如图 1-0-7 所示，在工具栏中单击按钮，为工程新建文件。

(7)如图 1-0-8 所示，保存新建文件，在工具栏中单击按钮后弹出“Save As”对话框，选择文件保存路径，输入文件名(这里为“Task_1. c”)，最后单击“保存”按钮。

(8)如图 1-0-9 所示，添加“. c”文件至工程栏“Source Group 1”中，在“Source Group 1”上单击鼠标右键，在弹出的下拉菜单中选择“Add Files to Group ‘Source Group 1’”命令。

(9)如图 1-0-10 所示，选择“Task_1. c”文件后，单击“Add”按钮，再单击“Close”按钮即可关闭添加对话框。

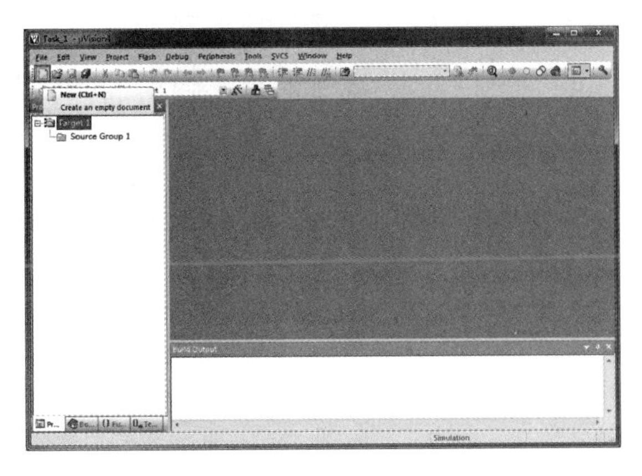

图 1-0-7　创建新文件

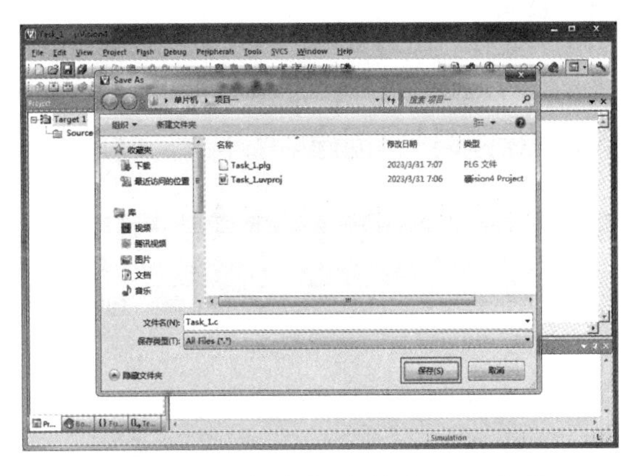

图 1-0-8　保存新文件为“. c”文件

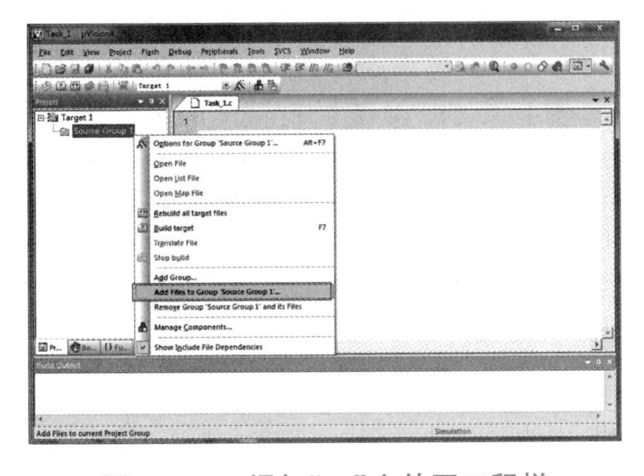

图 1-0-9　添加“. c”文件至工程栏“Source Group 1”中

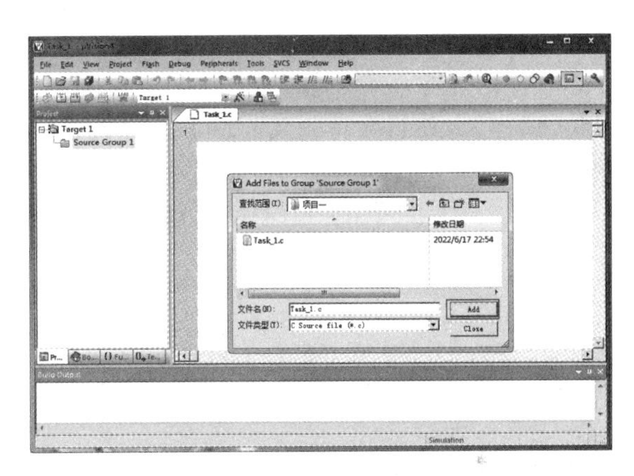

图 1-0-10　选择“. c”文件并单击“Add”按钮

(10)如图 1-0-11 所示，在“Task_1. c”文件中按任务要求编写单片机控制的 C 程序。

(11)如图 1-0-12 所示，单击“Target Options…”按钮，在弹出的对话框中，设置仿真晶振频率为 12MHz。

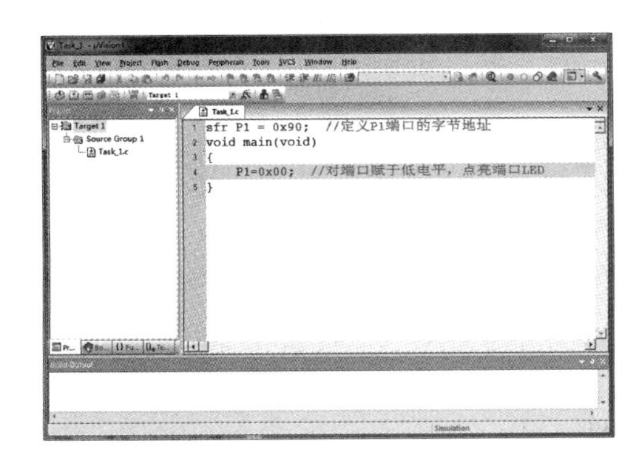

图 1-0-11　编写单片机控制的 C 程序

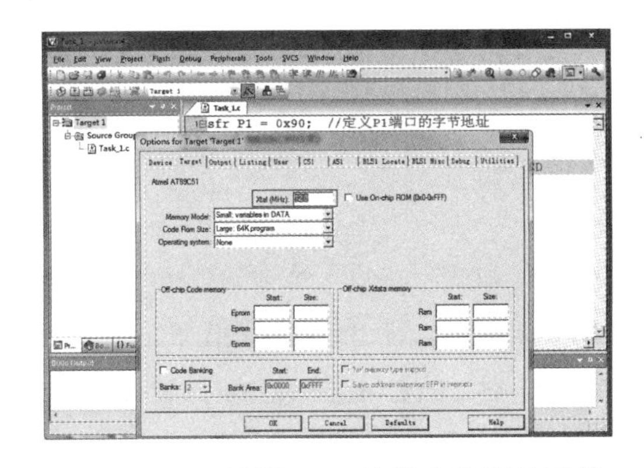

图 1-0-12　设置 Keil 软件中仿真的时钟

(12)如图 1-0-13 所示，在工具栏中单击“Target Options…”按钮，在弹出的对话框中，单击“Output”选项卡，勾选“Create HEX File”复选框，编译后产生可下载的执行文件“. hex”，单击“OK”按钮。

（13）如图 1-0-14 所示，在工具栏中单击“Rebuild”按钮，编译工程，弹出的编译信息（0 警告，0 错误），创建了“. hex”文件。

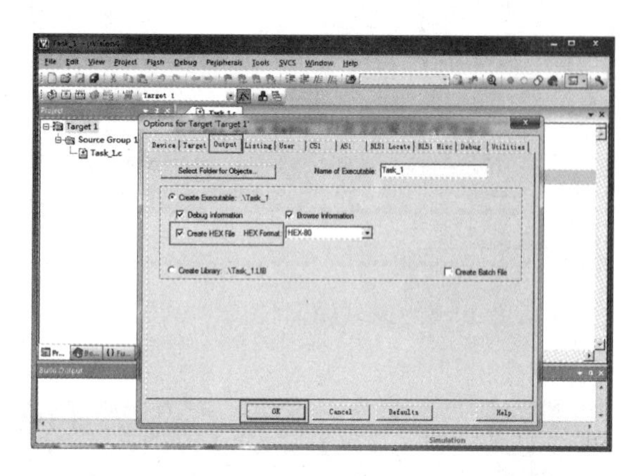

图 1-0-13　设置编译生成“. hex”文件的选项

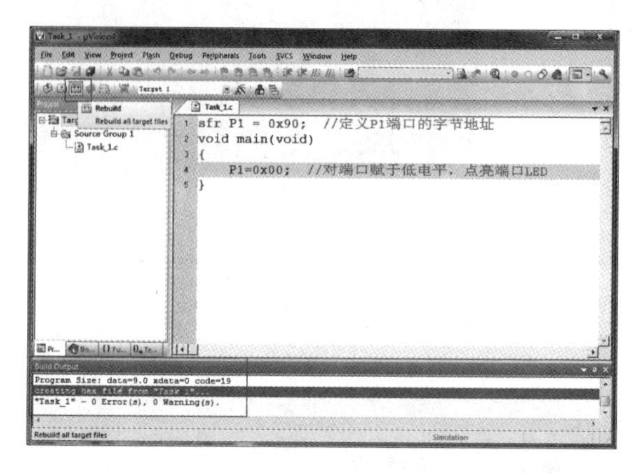

图 1-0-14　编译工程生成“. hex”文件

至此，一个简单的工程模板就建立起来了，以后如果再新建源文件和头文件，即可以直接保存到“src”文件目录下。

五、STC 单片机下载软件的使用

将“Task_1. hex”文件传送给单片机进行硬件调试，步骤如下。

步骤 1：打开 STC-ISP(v6. 89G)软件，界面如图 1-0-15 所示。

步骤 2：选择芯片型号。选择“芯片型号”选项，在下拉列表中选择 STC90C52RC 芯片，如图 1-0-16 所示。

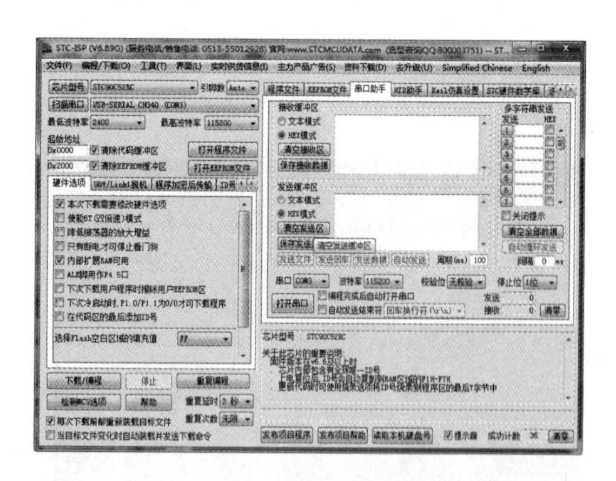

图 1-0-15　STC-ISP(v6. 89G)软件界面

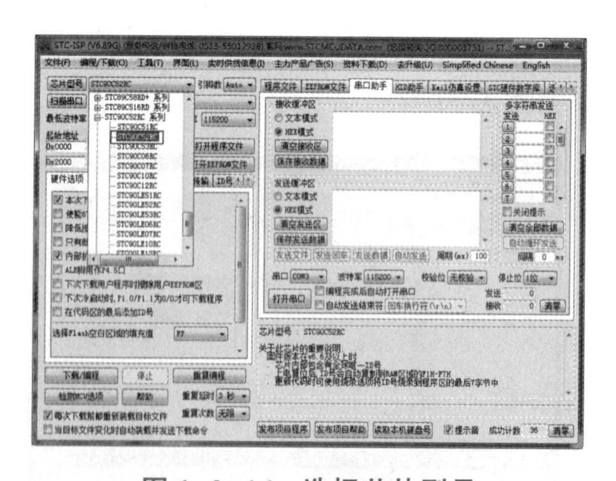

图 1-0-16　选择芯片型号

步骤 3：选择下载串口。单击“扫描串口”按钮自动扫描串口，或者在下拉列表中选择“COM3”选项，如图 1-0-17 所示(根据串口电缆在计算机上实际连接的串口选择或者选择 USB 转串口)。

步骤 4：如图 1-0-18 所示，选择 Keil 软件生成的单片机可执行“. hex”文件，单击“打开

程序文件”按钮。

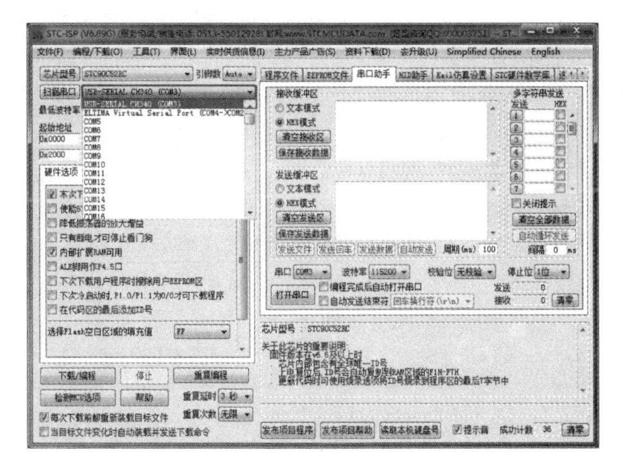

图 1-0-17　选择下载串口

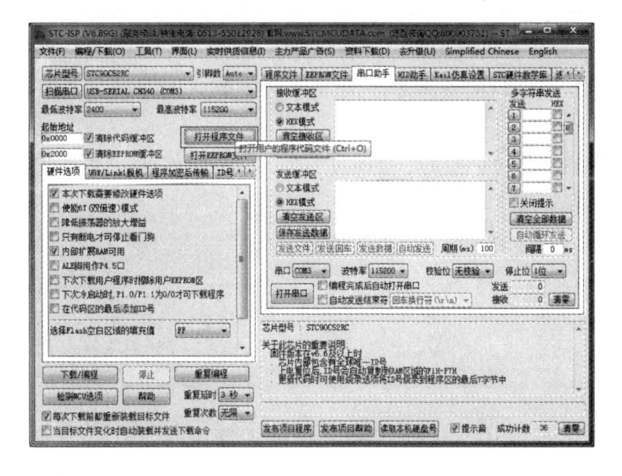

图 1-0-18　单击“打开程序文件”按钮

步骤 5：如图 1-0-19 所示，在弹出的“打开程序代码文件”对话框中，在“查找范围”下拉列表中找到“Task_1. hex”文件保存的文件夹路径，选择“Task_1. hex”文件，然后单击“打开”按钮。

步骤 6：如图 1-0-20 所示，在“程序文件”框中可以预览已经导入下载软件的可下载“Task_1. hex”文件。此时，可以开始下载程序，单击“下载/编程”按钮或按“Ctrl+P”组合键或直接按 F5 键。

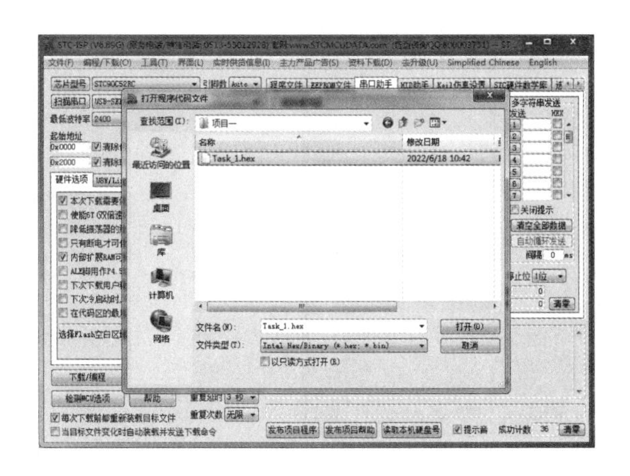

图 1-0-19　选择“Task_1. hex”文件

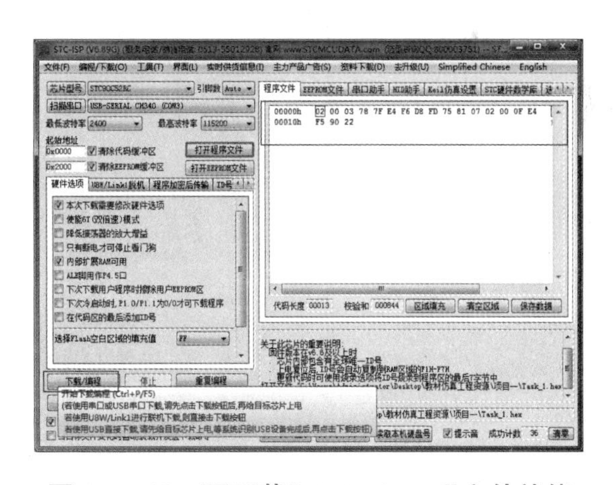

图 1-0-20　可下载“Task_1. hex”文件就绪

步骤 7：如图 1-0-21 所示，等待单片机下电和重新上电。

步骤 8：如图 1-0-22 所示，先关闭单片机主机的电源，然后单击“下载/编程”按钮，按钮反白运行，经过 3s 后，给单片机主机重新上电。

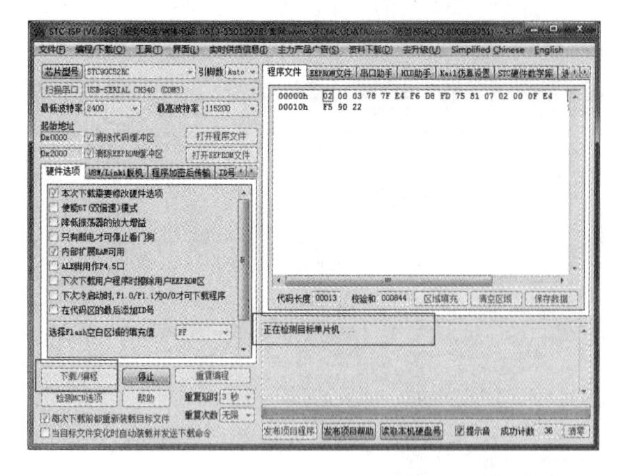

图 1-0-21　等待单片机下电和重新上电

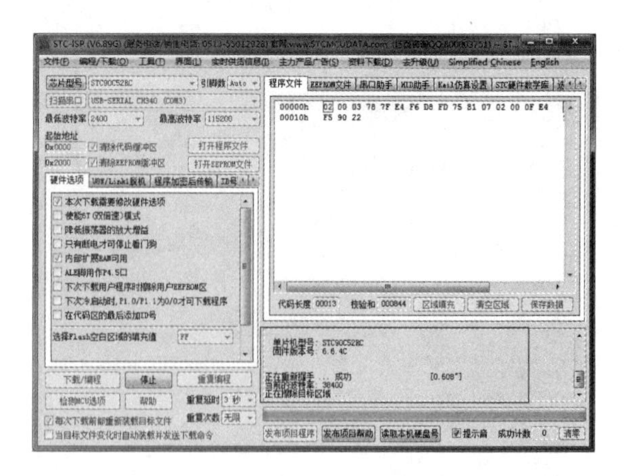

图 1-0-22　“Task_1. hex”文件正在下载

步骤 9：如图 1-0-22 所示，在“Task_1. hex”文件下载至单片机的过程中，在下载进度框中会显示下载进度详细说明。

步骤 10：如图 1-0-23 所示，在下载进度框内出现“操作成功”字样，即表示“Task_1. hex”文件成功下载至单片机中，并且在 STC-ISP(v6. 89G)软件的“成功计数”栏会统计下载成功的次数。

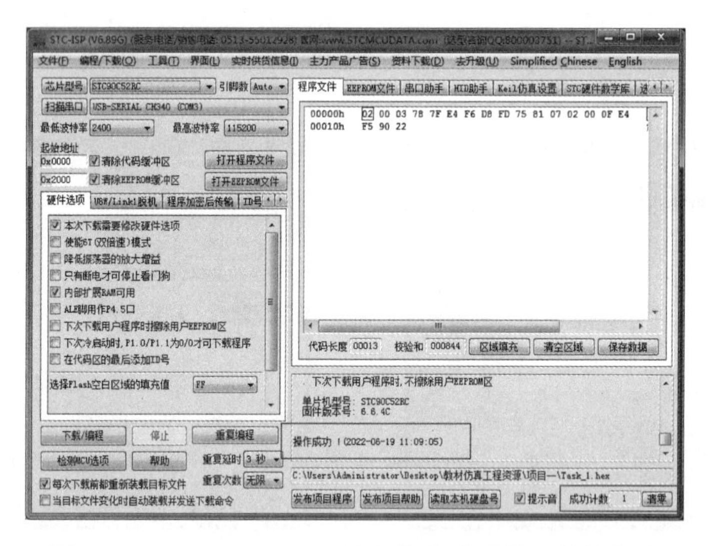

图 1-0-23　“Task_1. hex”文件成功下载至单片机中

六、STC89C52RC 单片机的 HD 版本和 90C 版本的区别

STC89C52RC 单片机的 HD 版本有 ALE 引脚，无 P4. 6/P4. 5/P4. 4 引脚；90C 版本无 PSEN、EA 引脚，有 P4. 4 和 P4. 6 引脚；90C 版本的 ALE/P4. 5 引脚既可作为 I/O 端口(P4. 5)使用，也可被复用作为 ALE 引脚使用，默认作为 ALE 引脚，如需用作 P4. 5 端口使用，只能选择 90C 版本的单片机，且需在烧录用户程序时在 STC-ISP 编程器中勾选“ALE 引脚用作 P4. 5 口”复选框(图 1-0-24)，则在烧录用户程序时在 STC-ISP 编程器中该引脚默认用作 ALE 引脚。

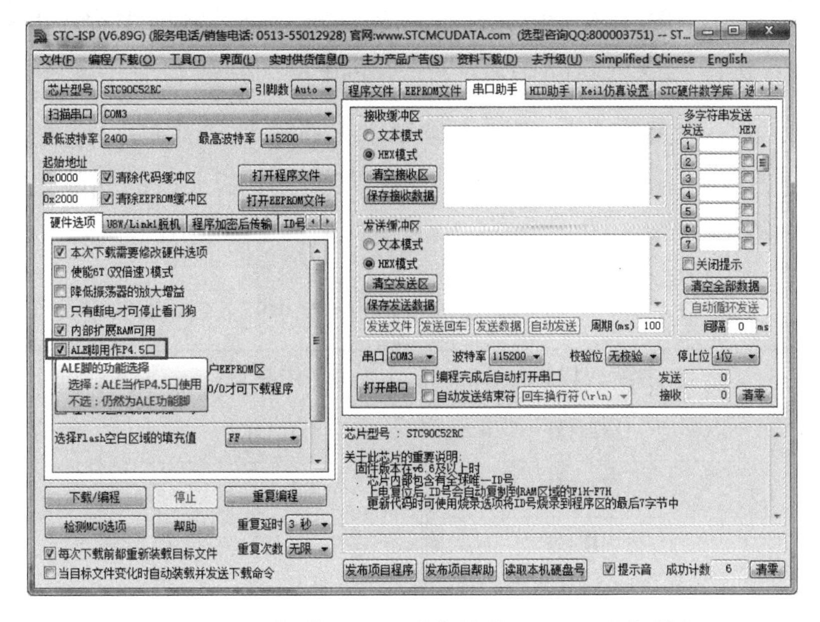

图 1-0-24　勾选“ALE 引脚用作 P4.5 口”复选框

七、STC89C52RC 单片机的存储器结构

STC89C52RC 存储器的结构特点之一是将程序存储器和数据存储器分开(哈佛结构)，并有各自的访问指令。STC89C52RC 单片机除了可以访问片上 Flash 存储器外，还可以访问 64KB 的外部程序存储器。STC89C52RC 单片机内部有 512 字节的数据存储器，其在物理和逻辑上都分为两个地址空间：内部 RAM(256 字节)和内部扩展 RAM(256 字节)。另外，STC89C52RC 单片机还可以访问在片外扩展的 64KB 外部数据存储器。

1. STC89C52RC 单片机的程序存储器

STC89C52RC 单片机的程序存储器存放程序和表格之类的固定常数。片内为 8KB 的 Flash 存储器，地址为 0000H~1FFFH。程序存储器有 16 位地址线，可外扩的程序存储器空间最大为 64KB，地址为 0000H~FFFFH。使用程序存储器时应注意以下问题。

(1)程序存储器分为片内和片外两部分，访问片内的还是片外的程序存储器由 EA 引脚的电平确定。

EA=1 时，CPU 从片内 0000H 开始取指令，当 PC 值没有超出 1FFFH 时，只访问片内程序存储器，当 PC 值超出 1FFFH 时，自动转向读取片外程序存储器空间 2000H~FFFFH 内的程序。

EA=0 时，只能执行片外程序存储器(0000H~FFFFH)中的程序，不理会片内程序存储器。

(2)程序存储器的某些固定单元用作各中断源中断服务程序入口。

STC89C52 单片机复位后，程序存储器地址指针 PC 的内容为 0000H，于是程序从程序存储器的 0000H 开始执行，一般在这个单元存放一条跳转指令，跳向主程序的入口地址。

除此之外，64KB 程序存储器空间中有 8 个特殊单元，分别对应于 8 个中断源的中断入口地址，如表 1-0-1 所示。通常这 8 个中断入口地址处都存放一条跳转指令，跳向对应的中断服务子程序，而不是直接存放中断服务子程序，因为两个中断入口的间隔仅有 8 个单元，一般不够存放中断服务子程序。

表 1-0-1　程序存储器空间的 8 个中断入口地址

中断源	中断入口地址	中断源	中断入口地址
T0	0003H	UART	0023H
	000BH	T2	002BH
T1	0013H		0033H
	001BH		003BH

2. STC89C52RC 单片机的数据存储器

STC89C52RC 单片机内部集成了 512 字节的 RAM，可用于存放程序执行的中间结果和过程数据。内部数据存储器在物理和逻辑上都分为两个地址空间：内部 RAM(256 字节)和内部扩展 RAM(256 字节)。此外，STC89C52RC 单片机还可以访问在片外扩展的 64KB 数据存储器。STC89C52RC 单片机的存储器分布如图 1-0-25 所示[特别说明：图中阴影部分的访问是由辅助寄存器 AUXR(地址为 8EH)的第 EXTRAM 位来设置的，这部分在物理上是内部 RAM，在逻辑上占用外部 RAM 地址空间]。

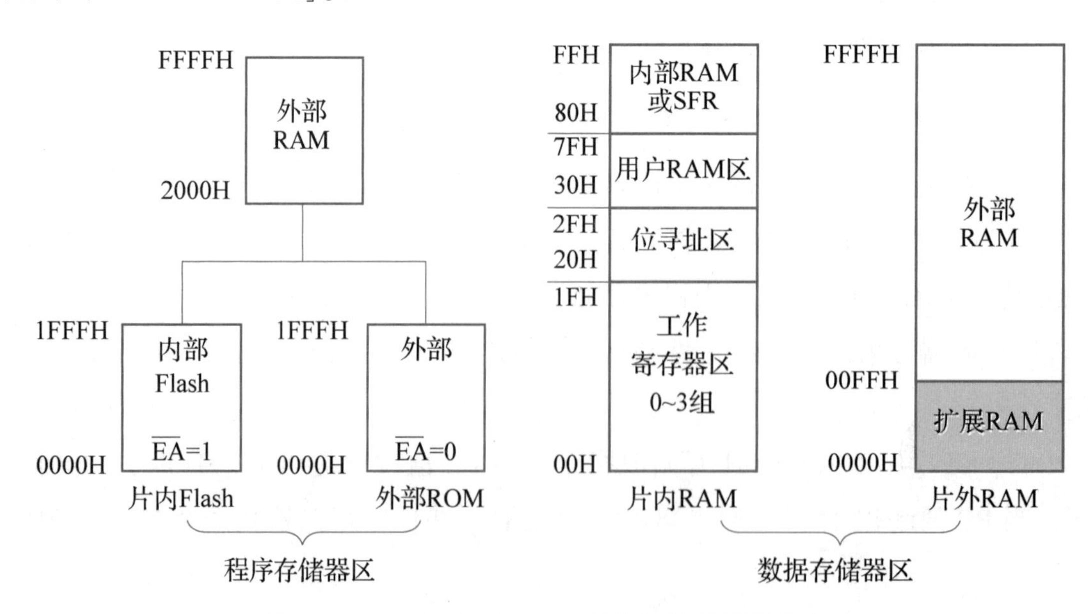

图 1-0-25　STC89C52RC 单片机的存储器分布

1）片内数据存储器

传统的89C52单片机的内部RAM只有256字节的空间可供使用，STC89C52RC单片机内部扩展了256个字节的RAM。

STC89C52RC单片机内部512字节的RAM有3个部分：低128字节（00H~7FH）内部RAM、高128字节（80H~FFH）内部RAM、内部扩展的256字节RAM（00H~FFH）。

（1）低128字节（00H~7FH）内部RAM既可以直接寻址，也可以间接寻址，低128字节内部RAM又可分为：工作寄存器组0（00H~07H）8字节、工作寄存器组1（08H~0FH）8字节、工作寄存器组2（10H~17H）8字节、工作寄存器组3（18H~1FH）8字节、可位寻址区（20H~2FH）16字节、用户RAM和堆栈区（30H~7FH）80字节。

（2）高128字节（80H~FFH）内部RAM和特殊功能寄存器SFR的地址空间貌似共用相同的地址范围，但在物理上是独立的，使用时通过不同的寻址方式加以区分：高128字节内部RAM只能间接寻址，而特殊功能寄存器SFR只能直接寻址。

（3）内部扩展的256字节RAM，在物理上是内部，但在逻辑上占用外部数据存储器的部分空间，需要用MOVX指令访问。内部扩展的256字节RAM是否可以被访问是由辅助寄存器AUXR（地址为8EH）的第EXTRAM位来设置的。

2）片外数据存储器

当片内数据存储器不够用时，需外扩数据存储器，STC89C52单片机最多可外扩64KB的RAM。注意，片内RAM与片外RAM的两个空间是相互独立的，片内RAM与片外RAM的低256字节的地址是相同的，但由于使用的是不同的访问指令，所以不会发生冲突。

另外，只有在访问真正的外部数据存储器期间，WR或RD信号才有效，但当MOVX指令访问物理上在内部、逻辑上在外部的内部扩展的256字节RAM时，这些信号将被忽略。

项目二 单片机基本 I/O 端口的控制与应用

任务一 用单片机控制发光二极管发光

一、任务书

用单片机点亮 8 个发光二极管(LED0~LED7)，仿真电路图如图 2-1-1 所示。

二、任务分析

图 2-1-1 所示是一个单片机控制的基本电路(仿真电路图)，它可以实现一个发光二极管(LED)的发光控制，也可以同时控制 8 个 LED 的发光和熄灭。图中，电阻、电容元件的参数已选定，正确连线，接通直流 5V 电源，单片机硬件即准备就绪。

按照图 2-1-1 接线并接通电源后，LED 并没有发光，那怎样才能使 LED 发光呢？通过已学习过的电子技术课程，由电路图分析可知，只要单片机的 1 引脚(P1.0)为低电平，LED0 即可发光；如果要熄灭 LED0，只要引脚 P1.0 为高电平即可。在数字电路中，用“0”表示低电平，用“1”表示高电平，这里的 C 语言程序也是一样的。要点亮 LED，则给单片机相应的引脚赋“0”即可。同理，要熄灭 LED，则给单片机相应的引脚赋“1”即可。

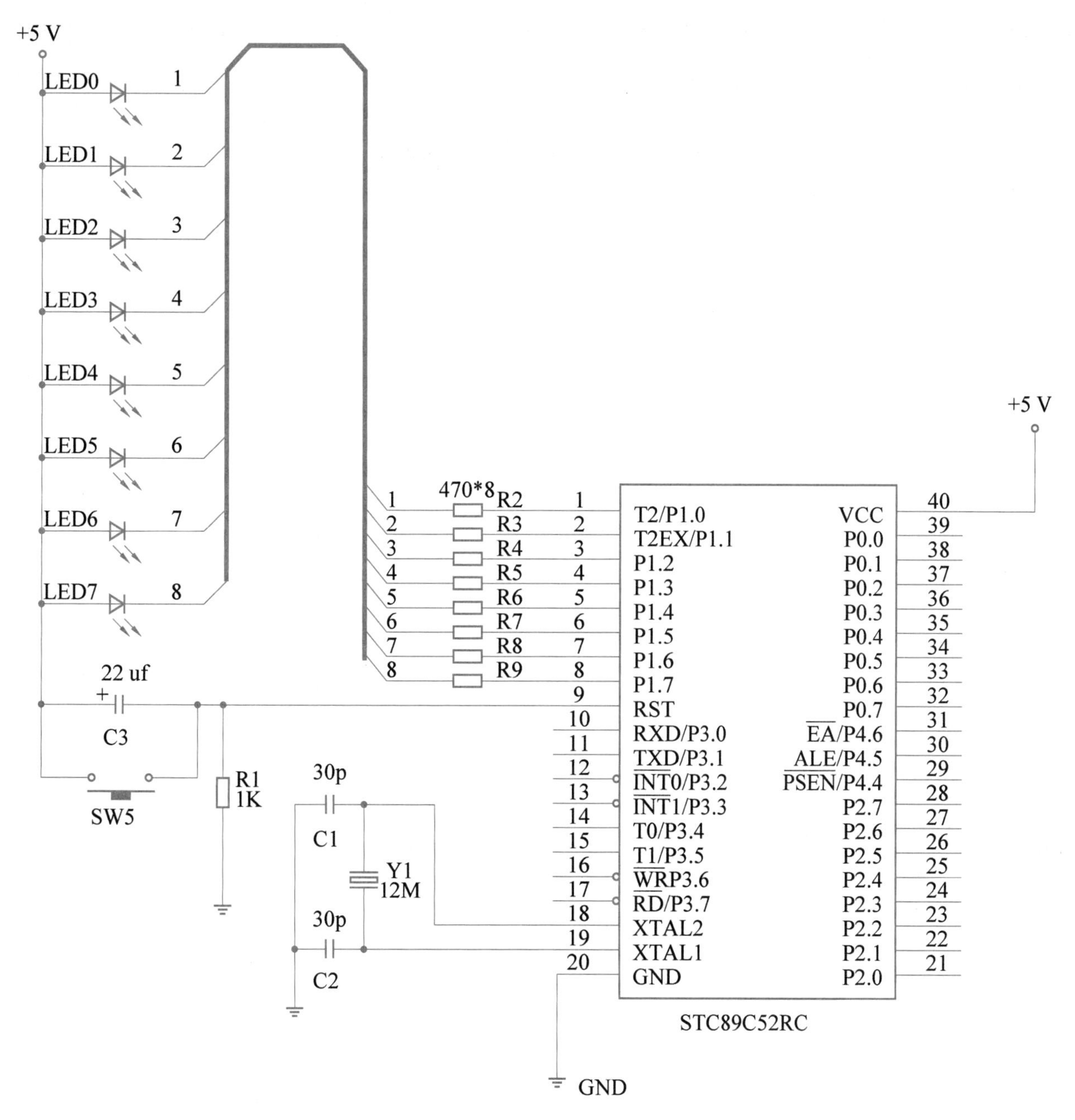

图 2-1-1　用单片机控制 **P1** 端口的 **LED** 的仿真电路图

任务一 动画仿真演示

三、单片机控制程序

参考程序综述

(1)可以利用 Keil 软件的扩展关键字“sfr”声明单片机端口地址所对应的标识符，如：

标准 8051：sfr P0 = 0x80;　sfr P1 = 0x90;　sfr P2 = 0xA0;　sfr P3 = 0xB0;

STC89C52RC：sfr P4 = 0xE8;

(2)“reg52. h”头文件的作用。

在“reg52. h”文件中已经包含“sfr P1 = 0x90;”等类似的定义语句，在单片机程序中引用头文件(#include reg52. h 或 #include <reg52. h>)，其实际意义就是将这个头文件中的全部内容放到引用头文件的位置处，避免每次编写同类程序时都要将头文件中的语句重复编写。

(1)利用单片机总线地址控制8个LED发光，其参考程序如下。

```
01  sfr P1 = 0x90;  //定义 P1端口的字节地址
02  void main(void)
03  {
04      P1=0x00;  //为端口赋低电平,点亮端口 LED
05  }
```

【参考程序分析】

01行：单片机P1端口的字节地址为0x90，位地址为0x90~0x97。将地址0x90利用Keil软件的扩展关键字“sfr”声明为“P1”，“P1”是一个标识符，在程序中对“P1”进行赋值，就是对单片机的端口地址0x90进行赋值，这样单片机就会做相应的动作。可以把“P1”改为其他标识符吗，例如“prot”？答案是可以。无论怎么改，程序运行时只是对0x90操作，而不是对“port”进行操作。注意后面要加分号“;”。

```
sfr port = 0x90;  //定义 port 端口的字节地址
```

“sfr”并非C语言的标准关键字，而是Keil软件为了能直接访问51单片机中的特殊功能寄存器(SFR)所提供的一个新的关键词，其格式如下：

sfr 变量名 = 地址值;

注意：写程序的时候会发现，如果把“P1”写成“p1”，编译时会提示出错，这是因为C语言是区分大小写的。这一点要注意！“sfr P1 = 0x90;”，其中“sfr”是C51语言独有的一种数据类型，表示“特殊功能的寄存器”，若将“sfr”写成“SFR”，编译时会提示出错。

02行：主函数，程序的执行起点。“void main(void)”是固定写法，单片机上电后或复位后程序从这里开始运行。比如，若需要进入房间，则肯定从房间的门口进入，而void main(void)相当于房间的门口。

03、05行：主函数的一对大括号，03行代表主函数的开始，05行代表主函数的结束。用C语言编写单片机程序的基本格式如下。

```
01  头文件(或管脚定义)
02  void main(void)
03  {
04      ……(用户程序);
05  }
```

04 行：为单片机端口地址 0x90 赋值。把“00000000”赋给单片机引脚，引脚就变为低电平。“x00”是 C 语言中十六进制数的写法，相当于汇编语言中的(00)H，二进制为(0000 0000)B。十六进制的书写格式为“0x”加两个十六进制数，其中“x”不区分大小写，如 0xFf、0x08、0x0F 等。

在“P1=0x00;”中，注意以分号“;”结尾才能称为 C 语言的语句，否则为 C 语言的表达式。“=”的含义是赋值，将“0x00”[或(0000 0000)B]传送给单片机的 P1 端口地址(因为定义 P1(port)与地址 0x90 对应，P1(port)的地址就是 0x90)，P1.7~P1.0 对应的 8 个引脚都等于 0x00(即 P1.7~P1.0 都为低电平，可以利用万用表测量 P1.7~P1.0 的电平)。

(2)利用 P1 控制 8 个 LED 发光，其参考程序如下。

```
01  #include <reg52.h>   /* 52单片机头文件 */
02  void main(void)   //主函数,单片机从这里开始执行程序
03  {
04      P1=0x00;  //对端口赋低电平,点亮端口 LED
05  }
```

【参考程序分析】

01 行：文件包含处理。“reg52.h”头文件中利用“sfr”定义了单片机内部各种特殊功能寄存器的名称(可以从软件默认安装路径“C:\ Keil\ C51\ INC”打开“reg52.h”头文件查看)，如果在程序的开头将这个头文件中的全部内容包含到此程序中，则可以避免每次编写同类程序时都要将头文件中的语句重复编写，如“sfr port = 0x90;”。

在代码中加入头文件有两种书写方法，分别是#include"reg52.h"和#include <reg52.h>，头文件后面都不需要加分号。两种书写方法的区别如下。

①当使用< >包含头文件时，编译器先到软件安装文件夹处开始搜索该头文件，也就是“C:\ Keil\ C51\ INC”文件夹下，如果这个文件夹下没有引用的头文件，编译器将报错。

②当使用双撇号“" "”包含头文件时，编译器先进入当前工程所在文件夹开始搜索该头文件，如果当前工程所在文件夹下没有该头文件，编译器将继续回到软件安装文件夹搜索该头文件，若找不到该头文件，编译器将报错。“reg52.h”在软件安装文件夹下存在，因此一般写为#include <reg52.h>。

02 行：主函数，程序的执行起点。“void main(void)”是固定写法，单片机上电或复位后程序从这里开始运行。

03、05 行：主函数的一对大括号，03 行代表主函数的开始，05 行代表主函数的结束。

04 行：将十六进制“00”[即二进制(00000000)B]赋给单片机引脚 P1.7~P1.0，P1 端口所有引脚就变为低电平。这实际上是为单片机端口地址 0x90 赋值。在“P1=0x00;”中，注意以分号“;”结尾。

四、应知应会知识链接

1. 存储器与地址编号

编译后的程序被写入单片机后，存放在单片机的存储器中。AT89C51 内部有 4KB 的 Flash ROM 用来存储指令代码，这种 Flash ROM 是一种快速存储快速擦写式 ROM，其特点是既可以随时修改和保存程序，又能在失电后不丢失程序，其编程寿命是有限的，可擦写次数达到万次以上。

4KB 表示有 4 096 个存储单元。为了区分不同的存储单元，单片机为每个单元都定义了一个地址，用于存储操作。4 096 个单元共有 4 096 个地址，用 4 位十六进制数表示。存储器的存储单元地址范围是 0000H～0FFFH，这种编码被称为地址编码。这里的编码“ * * * * H”是以十六进制形式表示的。

单片机中规定，一个存储单元中可以存放 8 个“0”和“1”的信息，也就是所谓的 8 位(bit)。在计算机中，连续的 8 位被称为一个字节(Byte)，用 B 表示。

字节是一个比较小的单位，单片机中常用的单位还有 KB 和 MB，它们之间的关系如下。

1KB=1 024B；

1MB=1 024KB=1 024×1 024B。

2. MCS-51 单片机引脚功能

MCS-51 是标准的 40 引脚双列直插式集成电路芯片，其引脚分布如图 2-1-2 所示。

引脚的功能简要说明如下。

1）电源引脚 VCC 和 GND

VCC(40)：电源端，输入+5V。

GND(20)：接地端。

2）时钟电路引脚 XTAL1 和 XTAL2

XTAL1(19)：片内振荡电路的输入端。

XTAL2(18)：片内振荡电路的输出端。

8051 的时钟有两种方式，一种是片内时钟方式[图 2-1-3(a)]，需在 18 和 19 引脚外接石英晶体(2～12MHz)和振荡电容，振荡电容的值一般取 10～30pF；另一种是外部时钟方式，即将 XTAL1 引脚接地，外部时钟信号从 XTAL2 引脚输入，如图 2-1-3(b)所示。

引脚	编号	编号	引脚
P1.0	1	40	VCC
P1.1	2	39	P0.0/AD0
P1.2	3	38	P0.1/AD1
P1.3	4	37	P0.2/AD2
P1.4	5	36	P0.3/AD3
P1.5	6	35	P0.4/AD4
P1.6	7	34	P0.5/AD5
P1.7	8	33	P0.6/AD6
RST/VPD	9	32	P0.7/AD7
RXD/P3.0	10	31	$\overline{\text{EA}}$/VPP
TXD/P3.1	11	30	ALE/$\overline{\text{PROG}}$
$\overline{\text{INT0}}$/P3.2	12	29	$\overline{\text{PSEN}}$
$\overline{\text{INT1}}$/P3.3	13	28	P2.7/A15
T0/P3.4	14	27	P2.6/A14
T1/P3.5	15	26	P2.5/A13
WR/P3.6	16	25	P2.4/A12
RD/P3.7	17	24	P2.3/A11
XTAL2	18	23	P2.2/A10
XTAL1	19	22	P2.1/A9
VSS	20	21	P2.0/A8

8031
8051
8751
AT89C51

图 2-1-2　MCS-51 单片机引脚分布

3）RST/VPD(9)复位信号复用端

当 8051 单片机通电时，时钟电路开始工作，在 RST 引脚上出现 24 个时钟周期以上的高电平，系统即初始复位。初始化后，程序计数器 PC 指向 0000H，P0～P3 输出端口全部为高电平，堆栈指针写入 07H，其他专用寄存器被清“0”。RST 引脚由高电平下降为低电平后，系统即从 0000H 地址开始执行程序。然而，初始复位不改变 RAM（包括工作寄存器 R0～R7）的状态。

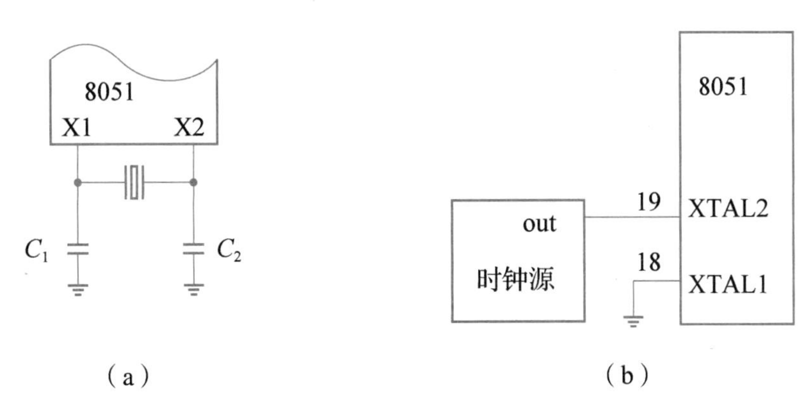

图 2-1-3　8051 单片机的时钟方式

（a）片内时钟方式；（b）片外时钟方式

8051 单片机的复位方式可以是上电自动复位，也可以是手动复位，如图 2-1-4 所示。

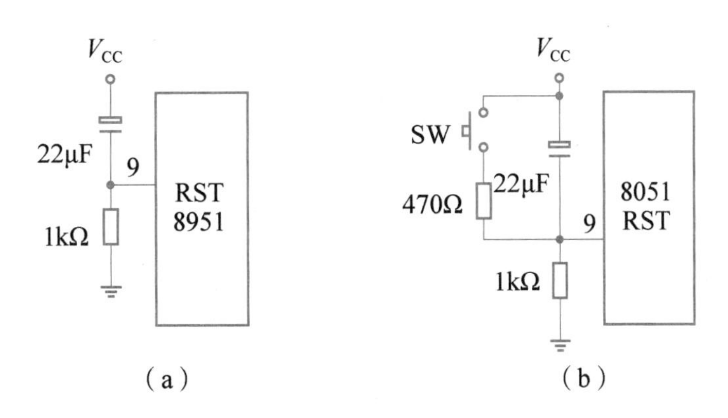

图 2-1-4　8051 单片机的复位方式

（a）上电自动复位；（b）手动复位

此外，RESET/VPD 还是一个复用引脚，VCC 掉电期间，此引脚可接上备用电源，以保证单片机内部 RAM 的数据不丢失。

4）ALE/$\overline{\text{PROG}}$（30）地址锁存允许信号端

当访问外部程序存储器时，ALE 端口（地址锁存）的输出用于锁存地址的低位字节，而当访问内部程序存储器时，ALE 端口将有一个 1/6 时钟频率的正脉冲信号，这个信号可以用于识别单片机是否工作，也可以当作一个时钟向外输出。该引脚还有一个特点，当访问外部程序存储器时，ALE 端口会跳过一个脉冲。

如果单片机带有片内EPROM，在编程其间，将用于输入编程脉冲。

5) $\overline{\text{PSEN}}$(29)程序存储允许输出信号端

当访问外部程序存储器时，此引脚输出负脉冲选通信号，PC的16位地址数据将出现在P0和P2端口上，外部程序存储器则把指令数据放到P0端口上，由CPU读入并执行。

6) $\overline{\text{EA}}$/VPP(31)内/外部程序存储器选通端

8051和8751单片机内置4KB的程序存储器，当$\overline{\text{EA}}$为高电平并且程序地址小于4KB时，读取内部程序存储器指令数据，而超过4KB的地址则读取外部程序存储器指令数据。如$\overline{\text{EA}}$为低电平，则不管地址大小，一律读取外部程序存储器指令。显然，对内部无程序存储器的8031单片机，$\overline{\text{EA}}$端必须接地。在对片内ROM编程时，$\overline{\text{EA}}$/VPP引脚还需加上21V的编程电压。STC89C52RC单片机的$\overline{\text{EA}}$引脚如果外部不加上拉电阻或外部上拉到V_{CC}，STC89C52RC单片机上电复位后从内部开始执行程序。

7) I/O端口

标准8051单片机有4组8位I/O端口——P0、P1、P2和P3，其中P1、P2和P3为准双向端口，P0则为双向三态I/O端口，下面分别介绍这几个端口。

(1) P0端口(P0.0~P0.7)。

P0端口是8位双向三态I/O端口，如图2-1-5(a)所示(P0端口其中一位的电路图)。P0端口既可作地址/数据总线使用，又可作通用I/O端口。连接外部存储器时，P0端口一方面作为8位数据I/O端口，另一方面用来输出外部存储器的低8位地址(A0~A7)。当P0端口作地址/数据总线使用时，就不能再把它当作通用I/O端口使用，此时P0端口不需要连接上拉电阻。作输出端口时，输出漏极开路，驱动NMOS电路时应外接上拉电阻；作输入端口之前，应先向端口(即锁存器)写“1”，使输出的场效应管T2关断，引脚处于“浮空”状态，变为高阻抗输入，以保证输入数据正确；如果T2导通，就会将输入的高电平拉成低电平，产生误读。正是由于该端口用作I/O端口，输入时应先写“1”，故称为准双向端口。

(2) P1端口(P1.0~P1.7)。

P1端口是8位准双向端口，用作通用I/O端口，如图2-1-5(b)所示。在输出驱动部分，P1端口有别于P0端口，它接有内部上拉电阻。P1端口的每一位可以独立地定义为输入或者输出，因此，P1端口既可以作为8位并行I/O端口，又可以作为8位I/O端口。CPU既可以对P1端口进行字节操作，又可以对P1端口进行位操作。用作输入端口时，该端口(即锁存器)必须预写“1”，通过内部的上拉电阻把端口拉到高电平。用作输入端口时，因为内部存在上拉电阻，所以某个引脚被外部信号拉低时会输出一个电流(I_{IL})。

(3) P2端口(P2.0~P2.7)。

P2端口是一个带有内部上拉电阻的8位准双向I/O端口，如图2-1-5(c)所示。P2端口

可用作通用 I/O 端口，其功能和原理与 P0 端口第一功能相同，作为输出端口时不需要外接上拉电阻，对端口写“1”，通过内部的上拉电阻把端口拉到高电平，此时可用作输入端口，用作输入端口时，因为内部存在上拉电阻，某个引脚被外部信号拉低时会输出一个电流（I_{IL}）。当外接程序存储器，P2 端口作为系统扩展的地址总线使用时，输出地址的高 8 位（A8～A15），此时不能用作通用 I/O 端口，与 P0 端口第二功能输出的低 8 位地址匹配。当外接数据存储器时，若 RAM 小于 256B，用 R0、R1 作间接寄存器，只需 P0 端口送出地址低 8 位，P2 端口可以用作通用 I/O 端口；若 RAM 大于 256B，必须用 16 位寄存器 DPTR 作间接寄存器，则 P2 端口只能在一定限度内用作一般 I/O 端口。

（4）P3 端口（P3.0～P3.7）。

P3 端口也是一个带有内部上拉电阻的 8 位准双向 I/O 端口，如图 2-1-5（d）所示。它具有多种功能。一方面与 P1 端口一样作为一般准双向 I/O 端口，具有字节操作和位操作两种工作方式；另一方面 8 条 I/O 线可以独立地作为串行 I/O 端口和其他控制信号线。对 P3 端口写入“1”时，被内部上拉电阻拉高并可作为输入端口。用作输入端口时，被外部拉低的 P3 端口将用上拉电阻输出电流（I_{IL}）。

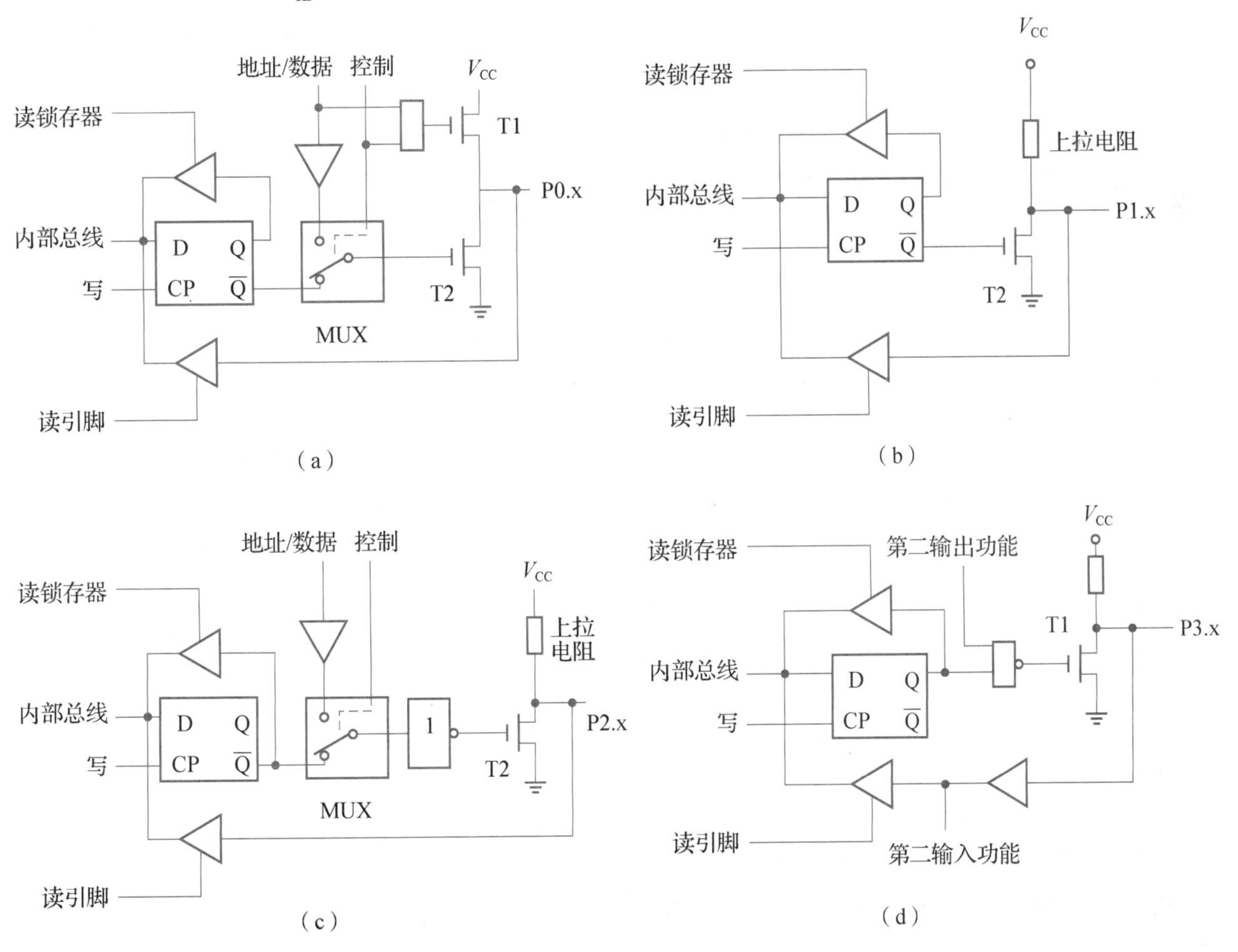

图 2-1-5　输入/输出端口位结构

（a）P0 端口位结构；（b）P1 端口位结构；（c）P2 端口位结构；（d）P3 端口位结构

P3 端口用于一些特殊功能，具体的第二功能定义如表 2-1-1 所示。

表 2-1-1　P3 端口的第二功能

端口引脚	第二功能	信号名称
P3.0	RXD	串行数据接收
P3.1	TXD	串行数据发送
P3.2	INT0	外部中断 0 申请
P3.3	INT1	外部中断 1 申请
P3.4	T0	定时器/计数器 0 计数输入
P3.5	T1	定时器/计数器 1 计数输入
P3.6	WR	外部 RAM 写选通
P3.7	RD	外部 RAM 读选通

(5)P0~P3 端口的负载能力及端口要求

P0 端口的每一位输出可驱动 8 个 LS 型 TTL 输入，当把它当作通用端口使用时，输出级是开漏电路，故用它驱动 NMOS 输入时需外接上拉电阻；把它当作地址/数据总线使用时，则无须外接上拉电阻。

P1~P3 端口的输出级接有内部上拉电阻，它们的每一位输出端口可驱动 4 个 LS 型 TTL 输入。CHMOS 端口只能提供几毫安的输出电流，故当它作为输出端口去驱动一个普通晶体管的基极时，应在端口与晶体管基极间串联一个电阻，以限制高电平输出时的电流。

单片机引脚(如 P1.0 引脚)输出低电平时，允许外部器件(或电路)向单片机引脚灌入电流，这个输入单片机引脚的电流称为“灌电流”，外部负载电路称为“灌电流负载”。

单片机引脚(如 P2.0 引脚)输出高电平时，电流由单片机内部电路产生，从单片机的引脚拉出电流，这个由单片机引脚输出的电流称为“拉电流”，外部负载电路称为“拉电流负载”。

AT89C51、AT89S51 单片机稳态输出时，“灌电流”的上限如下。

①每一单个引脚输出低电平时，其允许外部电路向单片机引脚灌入的最大电流为 10 mA。

②每个 8 位的端口(P1、P2 以及 P3)允许向引脚灌入的总电流最大为 15 mA，而 P0 端口的能力强一些，允许向引脚灌入的最大总电流为 26 mA。

③全部 4 个端口所允许的灌电流之和最大为 71 mA。

④51 单片机拉电流能力比较弱，拉电流为单片机引脚输出高电平时对外输出的电流不超过 1 mA。

8)STC89C52RC 单片机 I/O 配置

STC89C52RC 单片机的所有 I/O 端口(新增 P4 端口)均有 3 种工作模式：准双向端口/弱上拉(标准 8051 输出模式)、仅为输入(高阻)和开漏输出。STC89C52RC 单片机的 P1/P2/P3/P4 端口上电复位后为准双向端口/弱上拉(传统 8051 的 I/O 端口)模式，P0 端口上电复位后为开

漏输出模式。P0 端口作为总线扩展使用时，不用加上拉电阻，作为 I/O 端口使用时，需要加 10~4.7kΩ 上拉电阻。

STC89C52RC 单片机 P0 端口的灌电流最大为 12 mA，其他 I/O 端口的灌电流最大为 6 mA。P0 端口的驱动能力是其他端口的 2 倍，可驱动 8 个 LS 型 TTL 输入。

3. 数制介绍

数制即“进位计数制”。数制有很多种，最常用的数制是十进制。除此之外，经常使用的还有二进制和十六进制。

1) 十进制

十进制的特点如下。

(1) 由 0，1，2，…，9 共 10 个基本数字组成，基数为 10。

(2) 按“逢十进一”的运算规则进行记数。

为了便于与其他数制区别，书写十进制数时会在数的后面加 D，例如十进制的 165 可以写成(165)D。

2) 二进制

二进制的特点如下。

(1) 由 0 和 1 两个基本数字组成，基数为 2。

(2) 按“逢二进一”的运算规则进行记数。

为了便于与其他数制区别，书写二进制数时通常在数的后面加 B，例如二进制数 1 001 可以写成(1 001)B，单片机中的信息均采用二进制数表示。

二进制数中只有两个数字 0 和 1，可以表示两个状态，例如电路的通、断，电压的高、低，开关的闭合、断开等。

如在图 2-1-1 中，LED0 相当于 1 位，LED0 有两种状态——“亮”和“灭”，“亮”对应低电平“0”，“灭”对应高电平“1”。

3) 十六进制

由于二进制表示在使用中位数太长，不容易记忆和书写，所以可采用十六进制表示，它的特点如下。

(1) 由 0，1，2，…，9，A，B，C，D，E，F 共 16 个基本数字和字符组成，基数为 16。

(2) 按“逢十六进一”的运算规则进行记数。

为了便于与其他数制区别，书写十六进制数时通常在数的后面加 H，例如十六进制数 18（注意读法：不能按十进制读）可以写成(18)H。在 C 语言中，用“0x * * * *”表示十六进制，如 0xFF、0x50 等，其中“FF”和“50”都是十六进制数。

4. 数制间的转换

1)“权”的概念

下面以一个十进制数为例来说明“权”的意义。

例如：1 101D = $1\times1\ 000+1\times100+0\times10+1\times1=1\times10^3+1\times10^2+0\times10^1+1\times10^0$，这里的数 1 000、100、10 和 1，因为所处的位不同，所以它们的值也各不相同，被称为各位的权。写成另一种形式就是 10^3、10^2、10^1 和 10^0，它们通常又称为 3 权位、2 权位、1 权位和 0 权位。

同理，二进制数(1101)B = $1\times2^3+1\times2^2+0\times2^1+1\times2^0$ = (13)D，各位的权是 2^3、2^2、2^1 和 2^0；十六进制数(1101)H = $1\times16^3+1\times16^2+0\times16^1+1\times16^0$ = (4368)D，各位的权是 16^3、16^2、16^1 和 16^0。

因此，十进制数的权是以 10 为底的幂，二进制数的权是以 2 为底的幂，十六进制数的权是以 16 为底的幂。数位由高向低，以降幂的方式排列。

2)数制间的转换方法

(1)二进制数、十六进制数转换为十进制数。

如上所述，按权展开，计算结果即可。

(2)二进制数转换为十六进制数。

把一个二进制数转换为十六进制数，其方法是：从右向左，每 4 位二进制数分为 1 组对应 1 位十六进制数，最后不足 4 位的用 0 补足。

例如：把二进制数(101001010110000)B 转换为十六进制数，过程如图 2-1-6 所示。

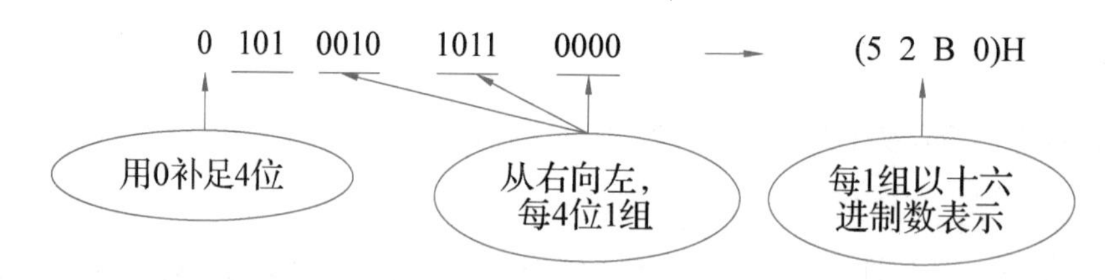

图 2-1-6　二进制数转换为十六进制数

(3)十六进制数转换为二进制数。

把一个十六进制数转换为二进制数，其方法是：每 1 位十六进制数用 4 位二进制数表示。

例如：(A8)H = (10101000)B。

(4)十六进制数和二进制数之间的 8421 码转换。

在 51 单片机中往往要快速地对二进制数和十六进制数进行转换，这里介绍利用 8421 码进行转换的方法，如图 2-1-7 所示。

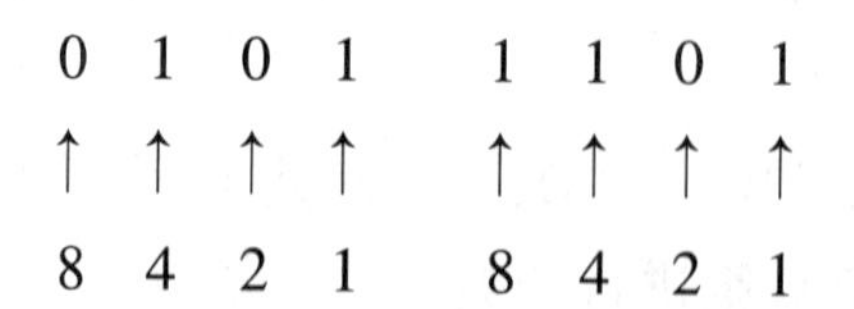

图 2-1-7　十六进制数和二进制数之间的 8421 码转换示例

计算方法：将二进制数与对应的 8421 码相乘后相加，即 $0\times8+1\times4+0\times2+1\times1=5$，$1\times8+1\times4+0\times2+1\times1=13$，所以十进制数(5)D 转换为十六进制数为(5)H，十进制数(13)D 转换为十六进制数为(D)H，则(01011101)B = (5D)H。

3)常用数值数制间的对应关系

表 2-1-2 列出了数值 0~15 的各种数制间的对应关系，在以后的学习中会经常用到，要熟

练掌握。

表 2-1-2　数值 0~15 的各种数制间的对应关系

十进制	二进制	十六进制	十进制	二进制	十六进制
(0)D	(0000)B	(0)H	(8)D	(1000)B	(8)H
(1)D	(0001)B	(1)H	(9)D	(1001)B	(9)H
(2)D	(0010)B	(2)H	(10)D	(1010)B	(A)H
(3)D	(0011)B	(3)H	(11)D	(1011)B	(B)H
(4)D	(0100)B	(4)H	(12)D	(1100)B	(C)H
(5)D	(0101)B	(5)H	(13)D	(1101)B	(D)H
(6)D	(0110)B	(6)H	(14)D	(1110)B	(E)H
(7)D	(0111)B	(7)H	(15)D	(1111)B	(F)H

5. main( )函数的写法

main( )函数(主函数)格式如下：

```
void main(void)
{
    单片机运行的程序写在这里;
}
```

注意：“void main(void)”后面没有分号。

其特点为：无返回值、无参数。

(1)无返回值表示该函数执行完之后不返回任何值，上面“main”前面的“void”表示“空”，即不返回值的意思。

(2)无参数表示该函数不带任何参数，即“main”后面的括号中没有任何参数，只写“( )”即可，也可以在括号里写“void”，表示“空”的意思，如上面的“void main(void)”。

任何一个单片机 C 程序都有且仅有一个 main( )函数，它是整个程序开始执行的入口。注意在写完“main( )”之后，在下面有两个花括号，这是 C 语言中函数写法的规则，即在一个函数中，所有的代码都写在这个函数的两个大括号内，每条语句结束后都要加上分号，语句与语句之间可以用空格或回车隔开。例如：

```
void main()
{
    程序总是从这里开始执行;
    其他语句;
    ……
}
```

6. 文件包含处理

文件包含处理，是指一个源文件可以将另外一个源文件的全部内容包含进来，即将另外的文件(程序)包含到本文件(程序)之中。其格式如下：

```
#include"文件名"    或    #include <文件名>
```

注意：在编译时它们并不是作为两个文件进行连接的，而是作为一个源程序编译，得到一个目标文件(.obj)。后缀可以是“.h”或者“.c”，没有后缀也可以，一般用后缀“.h”。

说明：

(1)一个#include命令只能指定一个包含文件，如果要包含 *n* 个文件，要用 *n* 个#include命令。

(2)如果文件1包含文件2，而文件2中要用到文件3的内容，则可在文件1中用两个#include命令分别包含文件2和文件3，而且文件3应出现在文件2之前，即在“file1.c”中定义(图2-1-8)：

```
#include"file3.h"
#include"file2.h"
```

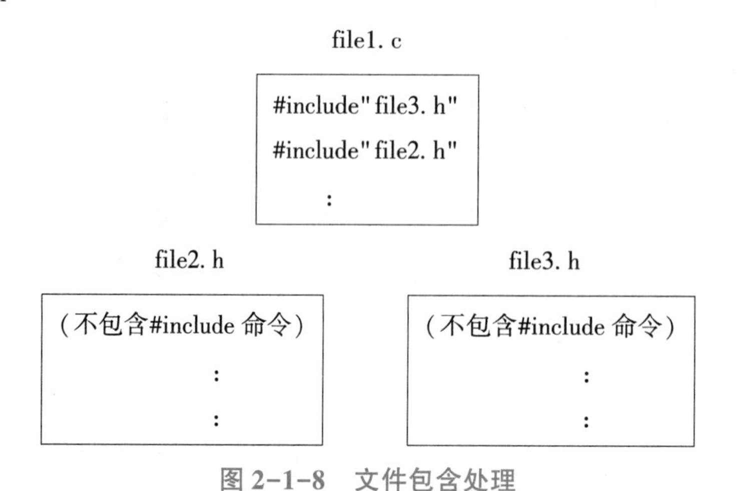

图2-1-8 文件包含处理

(3)在一个被包含文件中可以包含另一个被包含文件，即文件包含是可以嵌套的，如图2-1-9所示。

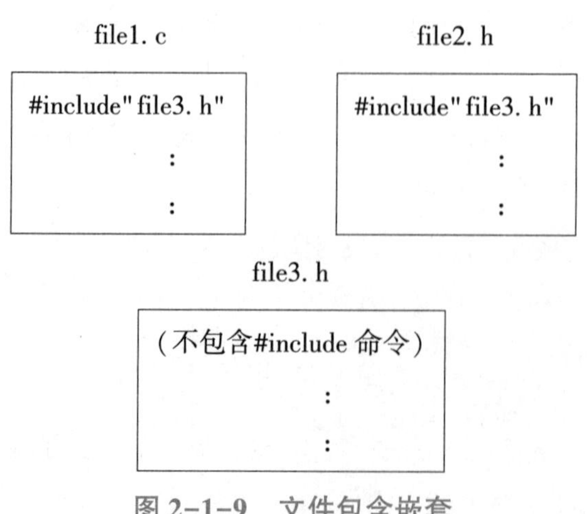

图2-1-9 文件包含嵌套

(4)在#include 命令中，文件名可以用双撇号或尖括号括起来，两者的区别只是编译时系统查找的路径不一样，如#include"file3.h"或#include <file3.h>。

7. C 语言中注释的写法

在 C 语言中，注释有两种写法。

(1)//……，两个斜杠后面跟着的为注释语句。这种写法只能注释一行，当换行时，又必须在新行上重新写两个斜杠。

(2)/ * … * /，斜杠与星号结合使用，这种写法可以注释任意行，即/ * 与 * /之间的所有文字都作为注释语句。

所有注释都不参与程序编译，编译器在编译过程会自动删去注释，注释的目的是使人们阅读程序方便，一般在编写较大型的程序时分段加入注释，这样当再次阅读程序时，其代码的意义便一目了然。若无注释，则不得不特别费力地将程序重新阅读一遍方可知道代码含义。

注意：程序中的 P1 不可以随意写，P 是大写，若写成小写的 p，编译程序时将报错，因为编译器并不认识 p1，而只认识 P1，这是因为在头文件中定义的是“sfr P1=0x90”，注意不要犯错。

8. LED 连接电阻的原因

电阻的作用在于限制流过 LED 的电流，从而达到减少功耗或满足单片机端口对最大电流的限制要求。

一般 LED 的点亮电流为 5~10mA，在 5V 电压的驱动下，多采用 470Ω 电阻。如果在电路中采用 1kΩ 电阻，则电流为 3~5mA；如果想让 LED 更亮，可以适当减小电阻值。

五、写一写

(1)分别写出(123.45)D、(745)O、(10011.11)B、(ED76.34)H 的按权展开式。

(2)将(1011101)B 转换成十六进制数。

(3)将(3AFE)H 转换成二进制数。

(4)将(653)D 转换成二进制数。

(5)理解图 2-1-1 所示单片机控制基本电路的几个组成部分。

(6)理解单片机 I/O 端口的控制和使用方法。

(7)理解单片机参考程序。

(8)关于存储器、地址编码、字节、位有明确的概念。

(9)理解数制间的关系。

六、动手试一试

(1)在参考程序中的单片机 C 程序的作用是点亮 8 个 LED，那么要熄灭这 8 个 LED 应如何改动参考程序？

(2)单片机的4个总线I/O端口的地址是：P0 = 0x80；P1 = 0x90；P2 = 0xA0；P3 = 0xB0。编写C程序，分别利用P0、P1、P2和P3端口控制8个LED点亮或熄灭。

(3)利用51单片机编写C程序，分别利用P0、P1、P2和P3端口控制8个LED点亮或熄灭。

任务二 单片机I/O控制LED点亮或熄灭

一、任务书

用单片机P1端口控制8个LED(LED0~LED7)点亮或熄灭，仿真电路图如图2-1-1所示。

二、任务分析

请参考本项目任务一的“任务分析”过程。

三、单片机控制程序

参考程序综述

● 任务一中的参考程序如下。

```
01  #include <reg52.h>
02  void main(void)
03  {
04      P1=0x00;
05  }
```

该参考程序并不完善，任何一个程序都需要有头有尾，但该程序似乎只有头而没有尾。分析该程序，当程序运行时，首先进入主函数，顺序执行主函数中的所有语句，当执行完主函数中的所有语句后，该执行什么呢？由于没有给单片机明确指示下一步该做什么，所以单片机在运行时很可能出错。根据经验，当编译器遇到这种情况时，它会自动从主函数开始重新执行语句，因此单片机在运行该程序时，实际上是在不断地重复顺序执行主函数中的所有语句，即不断重复执行语句“P1=0x00;”，进行点亮LED的操作。应让单片机点亮LED后就结束程序，也就是让程序停止在某处，这样程序才完整，执行目的才明确。那么如何让单片机程序停止在某处呢？用while语句就可以实现该目的。

● 总线操作和位操作。

a. 总线操作。直接对单片机端口的8个位同时进行赋值操作。例如“P1=0xaa;”就是对单片机P1端口的8个I/O端口同时进行操作，“aa”的十六进制形式转换成二进制形式是(10101010)B，那么对应的便是LED1、LED3、LED5、LED7点亮，LED0、LED2、LED4、LED6熄灭。

b. 位操作。利用关键字 sbit 定义单片机端口中的某个位，并单独对其赋“1”或“0”的操作，例如：定义语句为“sbit LED0=P1^0;”，对其进行赋值操作语句为“led1=0;”。

c. 两种用法的区别。如果需要对单片机端口的多个位进行赋值操作，利用“总线操作”较方便，执行效率高；如果只需要对单片机端口的某个位进行操作，操作的端口位数较少，则利用“位操作”较直观和方便。

(1)利用单片机控制 8 个 LED 同时点亮，其参考程序如下。

```
01  #include <reg52.h>//52单片机头文件
02  void main(void)
03  {
04      P1=0x00;     //为端口赋低电平,点亮端口 LED
05      while(1);    //死循环,让单片机停留在此
06  }
```

8个 LED 同时点亮

【参考程序分析】

01 行：52 单片机头文件。

02 行：主函数，程序的执行起点。

03、05 行：主函数的一对大括号，03 行代表主函数的开始，05 行代表主函数的结束。

04 行：将十六进制数(00)H[即二进制数(00000000)B]赋给单片机引脚 P1.7～P1.0，P1 端口所有引脚变为低电平。

05 行：while 循环语句的一种特殊用法。条件表达式恒为 1，构成死循环。单片机执行到本行，程序停止在这里，即程序在这里“原地踏步”。

(2)利用 P1 端口控制 LED0 点亮，其参考程序如下。

```
01  #include <reg52.h>  /* 52单片机头文件 */
02  void main(void)   //主函数,单片机从这里开始执行程序
03  {
04      P1=0xfe;  //为端口赋低电平,点亮端口 LED
05      while(1); //死循环,让单片机停留在此
06  }
```

利用 P1端口控制 LED0点亮

【参考程序分析】

04 行：将十六进制数(fe)H[即二进制数(11111110)B]赋给单片机引脚 P1.7～P1.0，P1 端口的 P1.0 引脚变为低电平，其他引脚为高电平，“fe”不区分大小写。

这里的“P1=0xfe;”就是对单片机 P1 端口的 8 个 I/O 端口同时进行操作，“0x”表示后面的数据是以十六进制形式表示的，十六进制数(fe)H 转换成二进制数是(11111110)B，那么对应的便是 LED0 点亮，其他 LED 熄灭。将(fe)H 转换成十进制数为(254)D，也可直接对 P1 端口

进行十进制数的赋值，如“P1=254;”，其效果是一样的，只是需要将十六进制数转换为十进制数，较麻烦。十六进制数比较直观，在 C 语言中不能直接使用二进制数，如果涉及位操作或位运算，用十六进制数较为方便，并且二进制数与十六进制数可以直接转换。

(3)利用关键字 sbit 进行位操作，控制一个 LED 点亮，其参考程序如下。

```
01  #include <reg52.h>  //52单片机头文件
02  sbit   LED0=P1^0;  /*定义 P1.0引脚名为 LED0*/
03  void main(void)
04  {
05      LED0=0;       //P1.0为低电平,点亮 LED0
06      while(1);     //死循环,让单片机停留在此
07  }
```

利用关键字 sbit 控制一个 LED 点亮

【参考程序分析】

02 行：定义单片机 P1 端口的 0 位，式中“P1^0”表示 P1 端口的 P1.0 引脚。因此，这里用“sbit LED0=P1^0;”，即定义用符号 LED0 表示 P1.0 引脚，当然也可以命名 P10 或其他名称，只要在程序中所有用到之处同步更改即可。

注意：“P”是大写的，因为在 52 单片机头文件“reg52.h”中“P”是大写的，这里定义必须一致，要以分号“;”结尾。

05 行：为位变量名 LED0 赋低电平，即单片机 P1.0 引脚为低电平“0”，点亮连接在 P1.0 引脚上的 LED。

(4)利用符号常量进行位赋值控制一个 LED 点亮，其参考程序如下。

```
01  #include <reg52.h>//52单片机头文件
02  #define    OFF    1
03  #define    ON    0
04  sbit LED1=P1^1;  //声明单片机 P1端口的 P1.1位(注意:P 需要大写,否则会报错)
05  sbit LED3=P1^3;  //声明单片机 P1端口的 P1.3位
06  sbit LED5=P1^5;  //声明单片机 P1端口的 P1.5位
07  sbit LED7=P1^7;  //声明单片机 P1端口的 P1.7位
08  void main(void)   //主函数
09  {
10      LED1=ON;       //为 P1.1赋低电平,LED1等于“开”,LED1亮
11      LED3=OFF;      //为 P1.3赋高电平, LED3等于“关”,LED3灭
12      LED5=ON;       //为 P1.5赋低电平, LED5等于“开”,LED5亮
13      LED7=OFF;      //为 P1.7赋高电平,LED7等于“关”,LED7灭
14      while(1);      //死循环,让单片机停留在此
15  }
```

利用符号常量进行位赋值控制一个 LED 点亮

【参考程序分析】

02、03 行：定义标识符代替常量。用“OFF”代表高电平“1”，用“ON”代表低电平“0”，这里的“OFF”和“ON”就是符号常量，注意后面没有分号。

符号常量是用标识符代表一个常量。在 C 语言中，可以用一个标识符来表示一个常量，称之为符号常量。

符号常量在使用之前必须先定义，其一般格式如下：

```
#define 标识符 常量
```

其中#define 是一条预处理命令(预处理命令都以“#”开头)，称为宏定义命令，其功能是把该标识符定义为其后的常量值。一经定义，以后在程序中所有出现该标识符的地方均代之以该常量值。

习惯上符号常量的标识符使用大写字母，变量标识符使用小写字母，以示区别。

四、应知应会知识链接

1. while 循环语句(当……时，就……)

while 循环语句的基本格式如下：

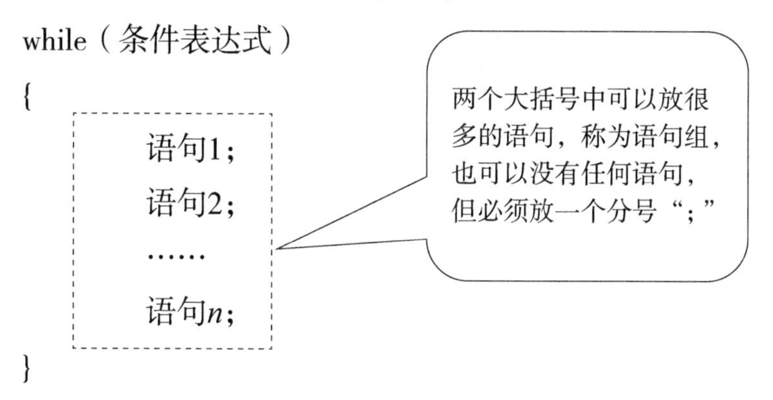

(1)特点：先判断表达式，后执行两个大括号内部的语句组。

(2)原则：若表达式不是 0，即为真(成立)，那么执行语句组。否则(表达式为假或不成立)，跳过 while 语句组，执行后面的语句。

(3)在 C 语言中一般把“0”认为是“假”，把“非 0”认为是“真”，也就是说，只要不是“0”就是真，因此 1，2，3 等都是真。表达式可以是一个常数、一个运算或一个带返回值的函数。

2. while 程序语句组的说明

语句组就是用两个大括号括起来的所有 C 语句。在两个大括号中，可以有很多条语句；也可以只有一条语句；还可以没有语句，只有一个分号。如果两个大括号中的语句组只有一条语句或只有分号，则两个大括号“{}”可以省略。

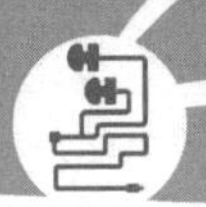

注意：两个大括号“{}”中的语句组还可以包含其他循环语句组。

while 循环语句的执行流程如图 2-2-1 所示。

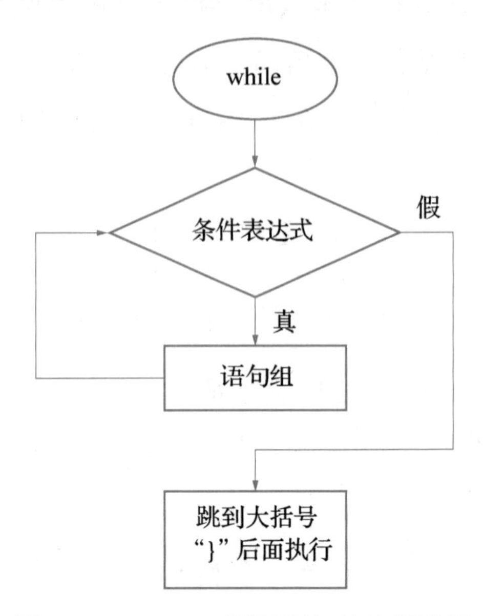

图 2-2-1　while 循环语句的执行流程

3. while 循环语句的形式

（1）while(条件表达式)，如图 2-2-2 所示。

（2）while（条件表达式）；//只有一个条件表达式，没有语句，常用来等待，例如“while(1);”，注意不要漏了分号。

（3）while(条件表达式)语句；//只有一条语句，省略大括号，例如“while(1) P1=0x00;”。

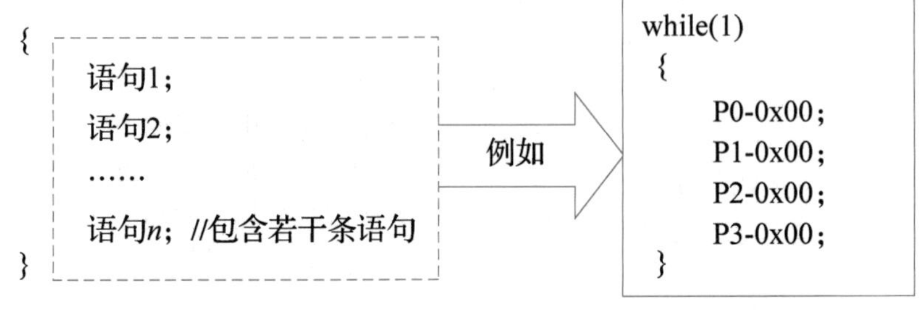

图 2-2-2　while(条件表达式)

4. sbit 的用法

第一种方法：sbit 位变量名=地址值。

第二种方法：sbit 位变量名=(SFR)名称^变量位地址值。

第三种方法：sbit 位变量名=(SFR)地址值^变量位地址值。

如定义 P1 中的 P1.0 为 LED0 可以用以下 3 种方法。

（1）“sbit LED0=0x90”，说明：0x90 是 P1.0 的位地址值。

（2）“sbit LED0=P1^0”，说明：P1 必须先用 sfr 定义好，在#include <reg52.h> 中已经用 sfr 定义了 P1 的地址。

（3）“sbit LED0=0x90^0”，说明：0x90 就是 P1 的地址值。

在第(3)个参考程序中只用到了第二种方法“sbit 位变量名=(SFR)名称^变量位地址值”，这是定义单片机位引脚最常用的一种方法，另外两种方法较少使用，甚至不用。

注意：在语句“sbit LED0=P1^0;”中不要忘记了在后面加上分号“;”，并且“LED0”可以小写，改变大小写之后程序中相应的位置也要改变以保持一致，位变量名不能定义为中文，如“sbit 小灯=P1^0;”是错误的。

5. 单片机 C 语言程序基本结构框架

```
#include <reg52.h>//调用52单片机头文件 reg52.h
void main (void)  //主函数
{
        //在此处编写让单片机只执行一次的程序语句
    while(1)  //死循环,以保证主程序正常运行
    {
        //在此处编写要重复执行的程序语句
        //没有语句就写一个分号“;”
    }
}
```

五、写一写

(1)将 while 循环语句的基本语法格式写出来，并画出流程图，说明工作过程。

(2)说明下列“while(条件表达式)”中的“条件表达式”哪个是真，哪个是假。

①while(10)；　　②while(0xff)；

③while(0)；　　④while(0x01)；

⑤while(65536)；　　⑥while(255-255)；

⑦while(1 * 2)；　　⑧while(0 * 245)；

⑨while(254-400)；　　⑩while(254/4)。

(3)将 sbit 的 3 种用法写出来，并举例说明。

(4)将#define 的格式写出来，并举例说明。

(5)写出二进制数、十进制数和十六进制数的数值 0~15 的转换关系，如表 2-2-1 所示。

表 2-2-1　二进制数、十进制数和十六进制数的数值 0~15 的转换关系

二进制	十进制	十六进制
(0000)B	(0)D	(0)H
…	…	…
(1111)B	(15)D	(F)H

六、动手试一试

(1)利用总线操作方式完成下列控制任务。

①设计控制电路并安装连接线路，用所学过的C语言知识编写程序：用单片机P1端口的P1.0、P2.3、P3.6位分别控制3个LED点亮。

②设计控制电路并安装连接线路，用所学过的C语言知识编写程序：用单片机P1端口同时控制连接在P1.1、P1.3、P1.5、P1.7引脚上的4个LED点亮，进一步同时控制连接在P1.0、P1.2、P1.4、P1.6引脚上的4个LED点亮。

(2)利用位操作方式实现下列控制任务。

设计控制电路并安装连接线路，用单片机P1端口控制连接在P1.0、P1.1、P1.2、P1.3引脚上的4个LED点亮，进一步同时控制连接在P1.4、P1.5、P1.6、P1.7引脚上的4个LED点亮。

(3)利用位操作加宏定义方式实现下列控制任务。

设计控制电路并安装连接线路，用单片机P1端口控制连接在P1.0、P1.1、P1.6、P1.7引脚上的4个LED点亮，进一步同时控制连接在P1.0、P1.3、P1.4、P1.7引脚上的4个LED点亮。

任务三 单片机I/O控制LED的闪烁

一、任务书

用单片机P1端口控制LED(LED0~LED7)，单片机上电后LED开始闪烁，仿真电路图如图2-1-1所示。

二、任务分析

如图2-1-1所示，该电路可以实现一个LED的发光控制，也可以同时控制8个LED的点亮或熄灭。按其正确连线，接通直流5V电源，就做好了单片机硬件的准备工作。

所谓的“闪烁”，就是初始点亮LED，过一段时间后熄灭LED，再过一段时间后再次点亮LED，然后重复即可。其关键是如何利用程序实现“过一段时间”，过多长才是需要的“一段时间”。解决这两个问题的方法就是利用延时程序。

单片机执行每一条指令都是需要耗费时间的，但是执行一条指令所用的时间非常短，那如何实现延时等待？在程序中让单片机不断地重复执行一些指令，执行这些指令的时间就会不断累积，这样单片机就会耗费一定的时间，实现延时等待。那又如何实现“重复执行”？利用C语言中的循环语句，重复执行一些指令来实现延时等待，并且改变循环语句中的循环变量，就可以改变延时等待的时间。

三、单片机控制程序

参考程序综述

- 利用while循环语句的不同形式实现延时程序。
- C程序中常量、变量的定义和用法，例如“#define PRICE 30”（常量定义）、“unsigned int i;”（无符号整型变量i定义）等。
- Keil C语言的数据类型、关系运算符、算术运算符和表达式的运用，例如“while(i>0) i=i-1”。
- 利用位取反运算符“!”和按位取反运算符“~”简化单片机C程序，实现闪烁效果。

（1）利用单片机P1.0端口控制LED0闪烁，其参考程序如下。

```
01  #include <reg52.h>//调用52单片机头文件reg52.h
02  sbit LED0=P1^0;   /*定义P1.0引脚名为LED0,P要大写*/
03  void main (void)  //主函数
04  {
05      //在此处编写让单片机只执行一次的程序语句
06      while(1)   //死循环,用于保证主程序正常运行
07      {
08          LED0=0;  //点亮LED
09          LED0=1;  //熄灭LED
10      }
11  }
```

利用P1.0端口控制LED0闪烁

【参考程序分析】

05行：暂时没有程序。

06行：while主循环。

07、10行：主循环while的一对大括号，07行代表while循环的开始，10行代表while循环的结束。由于while后面圆括号里的条件表达式永远为“1”，所以程序跳到07行重新执行，这样不断重复。程序只要进入主循环就不会自动退出，一般编写程序时都会把重复执行的程序放在主循环中。

08 行：给位变量名 LED0 赋低电平，即单片机 P1.0 引脚为低电平“0”，点亮连接在 P1.0 引脚上的 LED。

09 行：给位变量名 LED0 赋高电平，即单片机 P1.0 引脚为高电平“1”，熄灭连接在 P1.0 引脚上的 LED。

在上述的程序中，虽然 LED0 得到了低、高电平，LED0 可以一亮一灭，但由于 LED0 具有辉光效应，所以人眼无法在较短的时间间隔内正确分辨出 LED0 的亮灭，也就感觉不到 LED0 在闪烁。如果要让人看清 LED0 的亮灭变化，就需要给人眼一定的反应时间。

在通常情况下，当物体移去时，视觉神经对物体的印象不会立即消失，而要延时 0.1~0.4s 的时间，人眼的这种性质被称为“视觉暂留”。

解决的办法： 当 LED0 点亮后，延时一段较长的点亮时间，然后熄灭，并延时一段较长的熄灭时间，这样人眼就能感觉到 LED0 的闪烁了。

(2)利用 while 循环语句对 LED0 亮、灭的时间进行延时，其参考程序如下。

```
01  #include <reg52.h>//调用52单片机头文件 reg52.h
02  sbit LED0=P1^0;  /*定义 P1.0引脚名为 LED0,P 要大写*/
03  void main (void)  //主函数
04  {
05      unsigned int i;  //定义一个无符号的整型变量 i,i 的最大值为65536
06      while(1)          //死循环,用于保证主程序正常运行
07      {
08          LED0=0;                 //点亮 LED
09          i=30000;                //变量 i 初始值为30000
10          while(i>0)  i=i-1;  //当变量 i 的值大于0时,i 就减1
11          LED0=1;                 //熄灭 LED
12          i=30000;                //变量 i 初始值为30000
13          while(i>0)  i=i-1;  //当变量 i 的值大于0时,i 就减1
14      }
15  }
```

利用 while 循环语句实现 LED0闪烁的延时

【参考程序分析】

05 行：定义变量 i，“unsigned int”是变量 i 的数据类型，表示变量 i 为“无符号整型变量”，其取值范围为 0~65 535，不能取负数。定义变量 i 时，如果没有给它赋初始值(如 unsigned int i=2345)，编译器会自动给变量赋初始值 0，即 i 从 0 开始变化。

08 行：为位变量名 LED0 赋低电平，即单片机 P1.0 引脚为低电平“0”，点亮连接在 P1.0 引脚上的 LED。

09 行：为变量 i 赋值 30 000，这样变量 i 由原来的初始值 0 变成 30 000。

10 行：执行 30 000 次 while 循环语句。这里的 while 循环与 06 行的 while 循环不一样，这

行 while 后圆括号里的表达式是变量 i，随着变量 i 的变化判断是否执行 while 后的语句组。

执行过程是：先判断“i>0”是否成立，由于 i 的初始值为 30 000，则“i>0”成立(为 1)(或 30 000>0成立)，则“while(i>0)”可变为“while(1)”，这样就执行“i=i-1”，即 i=30 000-1=29 999，变量 i 的值变为 29 999；然后再次判断“i>0”是否成立吗，重复判断，直到变量 i 的值减到 0(即 0 > 0 不成立)，则“while(i>0)”可变为“while(0)”，程序不再执行“i=i-1”。

11 行：为位变量名 LED0 赋高电平，即单片机 P1.0 引脚为高电平“1”，熄灭连接在 P1.0 引脚上的 LED。

仔细观察上面的参考程序可以知道，用 while 循环实现的延时是完全一样的，就是 LED0 点亮和熄灭的时间是一样的，于是可以将程序简化如下。

(3) LED0 闪烁的简化参考程序如下。

```
01  #include <reg52.h>//调用52单片机头文件 reg52.h
02  sbit LED0=P1^0;  /*定义 P1.0引脚名为 LED0,P 要大写*/
03  void main (void)  //主函数
04  {
05      unsigned int i;  //定义一个无符号的整型变量 i,i 的最大值为65536
06      while(1)  //死循环,用于保证主程序正常运行
07      {
08          LED0=!LED0;  //LED0取反
09          i=30000;  //变量 i 初始值为30000
10          while(i>0)  i=i-1;  //当变量 i 的值大于0时,i 就减1
11      }
12  }
```

利用“!”实现 LED0的闪烁

【参考程序分析】

05 行：定义无符号整型变量 i。“i=i-1”不是数学式，“=”表示“赋值”，也就是把“i-1”的结果存放在变量 i 里，相当于变量 i 自身减 1。

注意：i 自身减 1，常写成“i-=1”或者“i--”或者“--i”。

08 行：为位变量名 LED0 进行位取反操作。“!”在这里不是“感叹号”，而是“逻辑非”运算符。假设 LED0 初始值为“1”，执行语句 “LED0=!LED0;”后 LED0 的值为“0”；若 LED0 的值为“0”，则执行语句“LED0=!LED0;”后 LED0 的值为“1”。

(4) 单片机 I/O 控制 8 个 LED(LED0~LED7)闪烁，其参考程序如下。

```
01  #include <reg52.h>//调用52单片机头文件 reg52.h
02  void main (void)  //主函数
03  {
04      unsigned int i;  //定义一个无符号整型变量 i,i 的最大值为65536
05      while(1)  //死循环,用于保证主程序正常运行
06      {
07          P1=0x00;  //点亮 LED
08          i=57571;  //变量 i 初始值为57571,约0.5s
09          while(i>0)  i=i-1;  //当变量 i 的值大于0时,i 就减1
10          P1=0xff;  //熄灭 LED
11          i=57571;  //变量 i 初始值为57571,约0.5s
12          while(i>0)  i=i-1;  //当变量 i 的值大于0时,i 就减1
13      }
14  }
```

8个 LED
(LED0~LED7)闪烁

【参考程序分析】

07 行：将十六进制数 0x00[二进制为(0000 0000)B]赋给 P1 端口，点亮 8 个 LED。

08 行：为变量 i 赋值 57 571，变量 i 由原来的初始值 0 变成 57 571。

09 行：执行 57 571 次 while 循环语句进行延时。

10 行：将十六进制数 0xff[二进制为(1111 1111)B]赋给 P1 端口，熄灭 8 个 LED。

i 等于 57 571，延时约 0.5s 的 Keil 软件测试方法如下。

步骤 1：设置单片机的晶振频率为 11.059 2MHz。单击 Keil 软件工具栏中的按钮，弹出图 2-3-1 所示的对话框，在“Xtal(MHz)”框中输入硬件电路时间的晶振频率 11.059 2MHz，单击“OK”按钮。

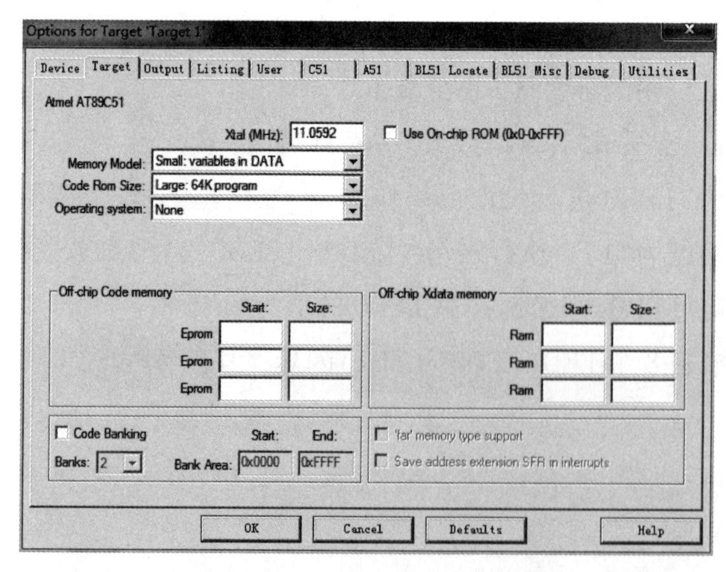

图 2-3-1　设置单片机的晶振频率

步骤 2：打开 Keil 软件，将光标移到需要设置断点的位置，然后按 F9 键，设置两个端点并按“Ctrl+F5”组合键进入 Keil 软件的模拟仿真界面，如图 2-3-2 所示。将工程管理栏“Project Workspace”中“sec”后的数字记录下来，这里是 0.000 422 09，单位为 s。然后按 F5 键，黄色光标移动到第二个断点，如图 2-3-3 所示，记录此时“sec”后的数字，此处为 0.500 417 75。

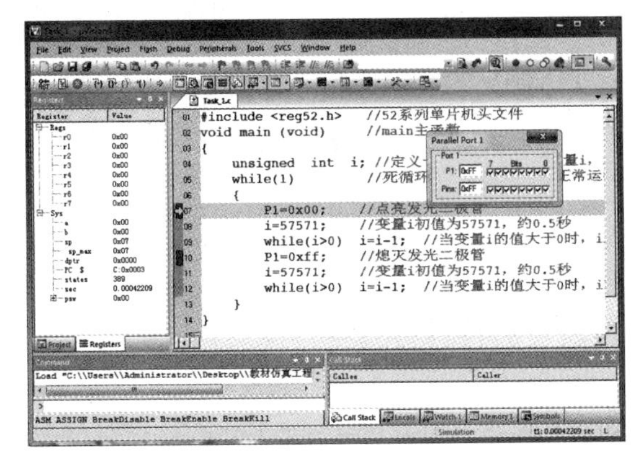

图 2-3-2　Keil 软件的模拟仿真界面

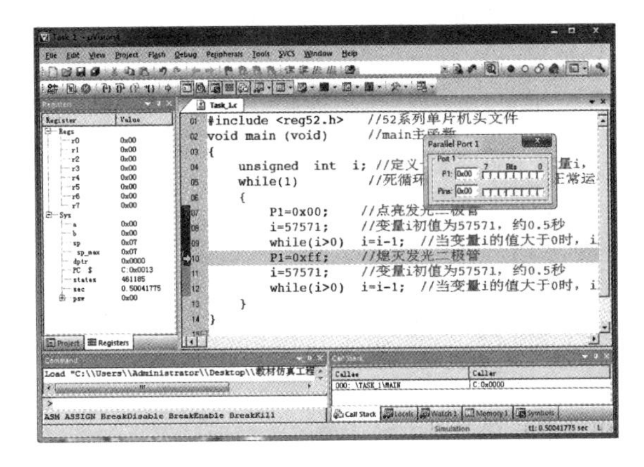

图 2-3-3　按 F5 键后的模拟仿真界面

第三步：计算延时时间 = 0.500 417 75 − 0.000 422 09 = 0.499 995 66(s)，约为 0.5s。

(5)将单片机 I/O 控制 8 个 LED(LED0～LED7)闪烁的参考程序的 while 循环语句修改如下。

```
1  while(1)  //死循环,用于保证主程序正常运行
2  {
3      P1=~P1;  //点亮 LED
4      i=57571;  //变量 i 初始值为57571,约为0.5
5      while(i>0)  i=i-1;  //当变量 i 的值大于0时,i 就减1
6  }
```

利用“～”运算符实现 LED0～LED7闪烁

【参考程序分析】

03 行：51 单片机的 P1 端口默认电平是高电平[P1=0xff，二进制为(1111 1111)B]，“～”是按位取反的位操作运算符，将 P1 端口每一位 I/O 的状态取反后[即由初始的(1111 1111)B 变为(0000 0000)B]，再赋给 P1 端口，这样连接在 P1 端口上的 LED 点亮；当执行第二次“～”按位取反后，P1 端口上的每一位 I/O 状态从 0000 0000 变为 1111 1111，这样延时后 P1 端口上的 I/O 状态不断取反变化，就可以看到 8 个 LED 闪烁了。

04、05 行：延时约 0.5s 时间。

四、应知应会知识链接

1. 变量与常量

设 X=10，Y=A，Z=X+Y，求 Z=？在这个例子中，将 10 和 A 分别赋给 X 和 Y，再将 X+

Y 赋给 Z，由于 10 已经固定，所以称 X 为“常量”；由于 Y 的值随 A 的值的变化而变化，Z 的值随 X+Y 的值的变化而变化，所以称 Y 和 Z 为“变量”。

在计算时，X 和 Y 的值可以为任意大小的数。但是，当给单片机编程时，在单片机的运算中，“变量”数据的大小是有限制的，不能随意为一个变量赋任意的值，因为变量在单片机的内存中要占据空间，变量的大小不同，其所占据的空间就不同。为了合理利用单片机内存空间，在编写程序时要设定合适的数据类型，不同的数据类型代表不同的十进制数据，因此在设定一个变量之前，必须要给编译器声明变量的类型，以便让编译器提前从单片机内存中为这个变量分配合适的空间。

1）常量

在程序执行过程中，其值不发生改变的量称为常量。其分类如下。

直接常量（字面常量）。

整型常量，如 12、0、-3。

实型常量，如 4.6、-1.23。

字符常量，如' a' 、' b' 。

符号常量：用标示符代表一个常量。在 C 语言中，可以用一个标识符表示一个常量，称之为符号常量，其常用预处理命令#define 定义。符号常量的应用例子如下。

```
01  #include<reg52.h>//52单片机头文件
02  #define PRICE 30   //定义符号常量 PRICE
03  void main(void)
04  {
05      unsigned char num;   //定义无符号字符变量 num,取值范围为0~255
06      num=5;  //为变量 num 赋值5
07      P1=~(num*PRICE);   //5×30=150,按位取反显示在 LED 上
08  }
```

可以用计算机自带的计数器进行验证，（150）D 的二进制为（1001 0110）B。

注意：符号常量与变量不同，它的值在其作用域内不能改变，也不能再被赋值。

使用符号常量的好处是：① 含义清楚；② 能做到“一改全改”。

常量还可以用常量关键字 const 来定义，其一般形式如下：

const 数据类型 常量名 = 常量值

例如：将上例中的“#define PRICE 30”改为“const unsigned char PRICE =30”后，其结果是一样的。

2）变量

其值可以改变的量称为变量。一个变量应该有一个名称，在内存中占据一定的存储单元。变量定义必须放在变量使用之前，一般放在函数体的开头部分。要注意变量名和变量值是两

个不同的概念。

注意：变量名可以由字母、数字、下划线组成，但必须以字母或者下划线开始。变量的结构如图 2-3-4 所示。

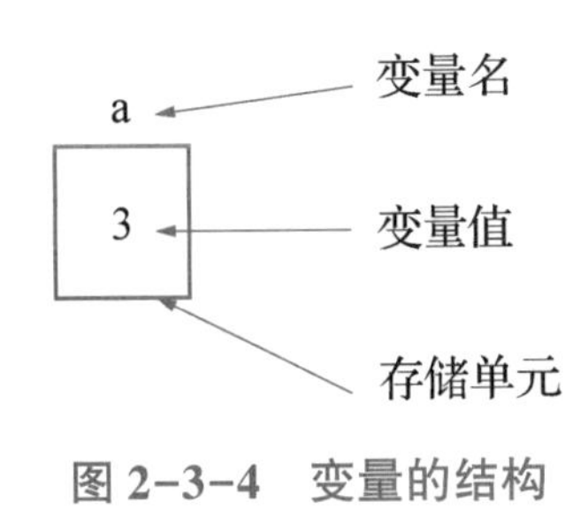

图 2-3-4　变量的结构

在编写程序的时候，经常会遇到只需声明一个变量，无须对这个变量进行赋值的情况，这个变量的值是不固定的，它的值是随机变化的。但有些时候，需要对一个变量赋初始值。为变量赋初始值一般使用“=”，这里“=”不是数学中“等于”的意思，而是“赋值”的意思。

声明变量的合法格式如下：

[存储类型]　数据类型　[存储器类型]　变量名

除了数据类型和变量名是必要的之外，其他都是可选项。

例如：

char x=0，y=8；//x、y 为字符型变量，为 x 赋值十进制数“0”，为 y 赋值十进制数“8”。

int a=0xff，r；//a、r 为整型变量，为 a 赋值十六进制数“0xff”，r 的值随机而定。

float x，y；//x、y 为实型变量，值随机而定。

从上面的例子可以看出，在声明变量的时候，可以全部赋值，也可以只对特定需要的某个变量赋值，同时还可以不对其赋值，其值随机而定。

变量的存储类型有 4 种：自动(auto)、外部(extern)、静态(static)和寄存器(register)。在定义一个变量时如果省略存储类型选项，则该变量将为自动(auto)变量，也就是说自动变量可省去 auto，这里只介绍 auto，其他变量存储类型在后续介绍。

自动变量具有以下特点。

(1)由于自动变量的作用域和生存期都局限于定义它的函数或复合语句内，所以不同的个体中允许使用同名的变量而不会混淆。即使在函数内定义的自动变量也可与该函数内部的复合语句中定义的自动变量同名。自动变量的作用域仅限于定义该变量的个体内。在函数中定义的自动变量，只在该函数内有效，在复合语句中定义的自动变量只在该复合语句中有效。

(2)自动变量属于动态存储方式，只有在使用它，即定义该变量的函数被调用时才给它分配存储单元，开始它的生存期。函数调用结束，释放存储单元，结束生存期。因此，函数调用结束之后，自动变量的值不能保留。在复合语句中定义的自动变量，在退出复合语句后也不能再使用，否则将引起错误。

定义一个变量时，除了需要说明其数据类型之外，C51 编译器还允许说明变量的存储器类型。C51 编译器完全支持 8051 单片机的硬件结构，可以访问其硬件系统的所有部分。对于每个变量，可以准确地赋予其存储器类型，从而可使其能够在单片机系统内准确地定位。表 2-3-1 所示为 C51 编译器可以定义的存储器类型。

定义变量时如果省略“存储器类型”选项，则按编译模式 SMALL、COMPACT 或 LARGE 所规定的默认存储器类型确定变量的存储区域，不能位于寄存器中的参数传递变量和过程变量也保存在默认的存储区域。C5l 编译器的 3 种存储器模式(默认的存储器类型)对变量的影响如下。

(1)SMALL 模式：变量被定义在 8051 单片机的内部数据存储器中，因此对这种变量的访问速度最快。

表 2-3-1 C51 编译器可以定义的存储器类型

存储器类型	地址范围	说明
DATA	00H～7FH	直接访问内部 RAM，访问速度最快
BDATA	20H～2FH	可位寻址内部 RAM，允许位与字节混合访问
IDATA	00H～FFH	间接访问内部 RAM，允许访问全部地址
PDATA	0000H～00FFH	分页外部 RAM
XDATA	0000H～FFFFH	外部 RAM
CODE	0000H～FFFFH	ROM

(2)COMPACT 模式：变量被定义在分页外部数据存储器中，外部数据段的长度可达 256 字节。这时对变量的访问是通过寄存器间接寻址进行的，堆栈位于 8051 单片机内部数据存储器中。

(3)LARGE 模式：变量被定义在外部数据存储器中(最大可达 64KB)，使用数据指针 DPTR 间接访问变量。这种访问数据的方法效率不高，尤其是对于 2 个或多个字节的变量，用这种数据访问方法相当影响程序的代码长度。注意：变量的存储种类与存储器类型是完全无关的。例如：

```
01  satic unsigned char data i;  /*在内部数据存储器中定义一个静态无符号字符型变量 i */
02  int y;  /*定义一个自动整型变量 y,它的存储器类型由编译模式确定*/
03  char data temp1;  /* 在 data 区定义字符型变量 temp1 */
04  int idata temp2;  /* 在 idata 区定义整型变量 temp2 */
05  int a=5;  /* 定义变量 a,同时赋初始值5,变量 a 位于由编译模式确定的默认存储区 */
```

在定义变量时，应注意以下几点。

(1)允许在一个数据类型说明符后，说明多个相同类型的变量，各变量名之间用逗号间

隔，类型说明符与变量名之间至少用一个空格间隔。

例如："unsigned int a，b，c，d;"，此处定义了 a、b、c、d 都为无符号整型数据。

(2)最后一个变量名之后必须以";"号结尾。

(3)变量说明必须放在变量使用之前，一般放在函数体的开头部分。

2. Keil C 语言的数据类型

如表 2-3-2 所示，Keil C 语言支持的数据类型包括基本类型和指针类型，其中基本类型又可分为：位型(bit)、字符型(char)、整型(int)、长整型(long)、浮点型(double)(在标准的 C 语言中数据类型分为 char、int、short、long、float、bouble，而在 Keil C 语言中 int 和 short 相同，而 float 和 double 相同)。

表 2-3-2　Keil C 语言的数据类型

数据类型	名称	长度	值域
unsigned char	无符号字符型	单字节	0~255
signed char	有符号字符型	单字节	-128~+127
unsigned int	无符号整型	双字节	0~65 535
signed int	有符号整型	双字节	-32 768~+32 767
unsigned long	无符号长整型	4 字节	0~4 294 967 295
signed long	有符号长整型	4 字节	-2 147 483 648~+2 147 483 647
float	浮点型	4 字节	+ -1. 175 494E-38~+-3. 402 823E+38
*	指针型	1~3 字节	对象地址
bit	位类型	位	0 或 1
sbit	可寻址位	位	0 或 1
sfr	特殊功能寄存器	单字节	0~255
sfr16	16 位特殊功能寄存器	双字节	0~65 535

1)char(字符型)

(1)字符型是在 51 单片机编程中用得最多的一种数据类型，字符型数可以加上不同的修饰符，常用的有两种类型，分别为有符号类型与无符号类型。

Keil 系统默认为 signed char 有符号字符型，字长为 1 字节，共 8 位二进制数，数值范围是 -128~+127。unsigned char 为无符号字符型，字长为 1 字节，共 8 位二进制数，数值范围是 0~255。

(2)以下是字符型变量的合法定义。

"char a，b;"意思是：a、b 被定义为有符号字符型变量。

“unsigned char c;”意思是：c 被定义为无符号字符型变量。

2) int(整型)

(1) 整型在单片机编程中用得也比较多，整型数可以加上不同的修饰符，整型数有以下两种类型。

Kile 系统默认为 signed int 有符号整型，字长为 2 字节，共 16 位二进制数，数值范围是 -32 768～+32 767。unsigned int 为无符号整型，字长为 2 字节，共 16 位二进制数，数值范围是 0～65 535。

(2) 以下是整型变量的合法定义。

“int a，b;”意思是：a、b 被定义为有符号整型变量。

“unsigned int c;”意思是：c 被定义为无符号整型变量。

3) long(长整型)

(1) 由于长整型字节比较长，而单片机的内存空间比较小，使用长整型数会令单片机的运速度变慢，所以一般情况下不使用长整型数据。长整型数可以加上不同的修饰符，长整型数有以下两种类型。

Kile 系统默认为 signed long 有符号长整型，字长为 4 字节，共 32 位二进制数，数值范围是 -2 147 483 648～2 147 483 647。unsigned long 为无符号长整型，字长为 4 字节，共 32 位二进制数，数值范围是 0～4 294 967 295。

(2) 以下是长整型变量的合法定义。

“long a，b;”意思是：a、b 被定义为有符号长整型变量。

“unsigned long c;”意思是：c 被定义为无符号长整型变量。

4) float(浮点型)

(1) 浮点型同样占用内存比较多，而单片机的空间比较小，使用浮点型数会令单片机的运行速度变慢，因此一般情况下不使用浮点型数。Keil C 中的浮点型字长为 4 个字节，共 32 位二进制数，数值范围是±1. 175 494E-38 ～±3. 402 823E+38。说明：浮点型数均为有符号浮点型数，没有无符号浮点型数。

(2) 以下是浮点型变量的合法定义。

“float a，f;”意思是：a、f 被定义为浮点型变量。

5) *(指针型)

指针型可以说是 C 语言中最难的，也是最有用的一种数据类型，有人认为只有精通指针，才能精通 C 语言。指针本身就是一个变量，在这个变量中存放着另一个数据地址，指针变量要占据一定的内存单元，总的来讲“指针就是一个地址”。本书后面详细介绍指针的知识。

6) bit(位类型)

(1) Keil C 支持位操作(有某些单片机的编绎器是不支持位操作的，如 AVR 系列单片机的

ICCAVR 编绎器）。位类型的数据值只可以是“0”或“1”。说明：位类型没有有符号与无符号之分。

（2）以下是位类型变量的合法定义。

“bit a，f;”意思是：a、f 被定义为位类型变量。

7）sbit（可寻址位）

在前面章节中已经有详细的讲解，这里不赘述。

8）sfr（特殊功能寄存器）与 sfr 16（16 位特殊功能寄存器）

它们是 Keil C 语言扩展的关键字，但是这两个特殊功能寄存器在 Keil 软件中自带的头文件已经被定义，编写程序时不用对其太过操心。

注意：在编写程序的时候，如果要用到有符号数（例如 signed char），完全可以写成 char，因为 Keil 软件把 signed char 默认为 char，也就是 char 已经代表了有符号数，如果把其写成 signed char 也没有错误，但是这是完全多余的。

3. 关系运算符与表达式（用于比较运算）

Keil C 语言的关系运算符如表 2-3-3 所示，两个表达式用关系运算符连接起来就成为关系表达式，通常关系运算符用来判别某个条件是否成立。当条件成立时，运算的结果为真；当条件不成立时，运算的结果为假。用关系运算符进行运算的结果只有“0”和“1”两种。

表 2-3-3　Keil C 语言的关系运算符

符号	功能	范例	说明
==	相等	x==y	比较变量 x 与 y 的值，相等则结果为 1，不相等则结果为 0
!=	不相等	x!=y	比较变量 x 与 y 的值，不相等则结果为 1，相等则结果为 0
>	大于	x>y	若变量 x 的值大于变量 y 的值，其结果为 1，否则为 0
<	小于	x<y	若变量 x 的值小于变量 y 的值，其结果为 1，否则为 0
>=	大于等于	x>=y	若变量 x 的值大于或等于变量 y 的值，其结果为 1，否则为 0
<=	小于等于	x<=y	若变量 x 的值小于或等于变量 y 的值，其结果为 1，否则为 0

“==”→ 相等。测试符号两边是否相等。如 4==5，测试 4 与 5 是否相等，结果不相等，则为假，其值为 0。

“!=”→ 不相等。如 2!=3，成立，结果为 1（真）。

“>”→ 大于。如 a>20，假设 a 的值为 6，则 a 是小于 20 的，为假（0）；假设 a 的值为 21，则 a 是大于 20 的，为真（1）。

“<”→ 小于。如 5<6，为真。

“>=”→ 大于等于。如 2>=2、3>=1，都为真。

“<=”→ 小于等于。如 12<=12 为真；13<=11 为假。

例如：

```
01  char a,b,c;  //定义字符型变量 a、b、c
02  a=5;b=7;  //为变量赋初始值
03  c=(5<7);  //因为5小于7,5<7条件成立,所以 c=1
04  c=(5>7);  //因为5小于7,5>7条件不成立,所以 c=0
05  c=(5==7);  //因为5小于7,5==7条件不成立,所以 c=0
```

4. 算术运算符与表达式(用于各类数值运算)

顾名思义，算术运算符就是执行算术运算的操作符号。除了人们所熟悉的四则运算(加、减、乘、除)外，还有取余数运算，如表 2-3-4 所示。

表 2-3-4　Keil C 语言的算术运算符

符号	功能	范例	说明
+	加	A=x+y	将变量 x 与 y 的值相加，其和放入变量 A
-	减	B=x-y	将变量 x 的值减去变量 y 的值，其差放入变量 B
*	乘	C=x * y	将变量 x 与 y 的值相乘，其积放入变量 B
/	除	D=x/y	将变量 x 的值除以变量 y 的值，其商数放入变量 D
%	取余数	E=x%y	将变量 x 的值除以变量 y 的值，其余数放入变量 E

(1)加法运算符“+”应有两个变量参与加法运算，例如 a+b、5+2 等。

(2)减法运算符“-”也可用作负值运算符。例如-x、-5、7-4 等。

(3)乘法运算符“ * ”的范例如 7 * 4、5 * 6 等。

(4)对于除法运算符“/”，参与运算的变量均为整型数时，结果也为整型数，舍去小数部分，例如 6/2=3、7/2=3。

(5)求余运算的值为两数相除后的余数。例如 10 除以 3 所得的余数为 1。求余运算符“%”要求参与运算的变量均为整型数。例如：10%3 的值为 1。

(6)自增 1 运算符为“++”，其功能是使变量的值自增 1。

(7)自减 1 运算符为“--”，其功能是使变量的值自减 1。

自增 1、自减 1 运算符可有以下几种形式。

++i 的意思是：i 自增 1 后再参与运算。

--i 的意思是：i 自减 1 后再参与运算。

i++的意思是：i 参与运算后，i 的值再自增 1。

i--的意思是：i 参与运算后，i 的值再自减 1。

在理解和使用上容易出错的是 i++和++i，特别是当它们出现在较复杂的表达式或语句当中时。例如：

若 i=5，则执行 y=++i 时，先使 i 加 1，即 i=i+1=6，再引用其结果，即 y=6，运算结果为 i=6，y=6。

若 i=5，则执行 y=i++时，先引用 i 的值，即 y=5，再使 i 加 1，即 i=i+1=6，运算结果为 i=6，y=5。

5. 逻辑运算符与表达式（用于逻辑运算）

我们曾经在数字电路中学习过与逻辑、非逻辑等电路，逻辑用数字来表示就只有两种状态：逻辑“0”和逻辑“1”，或者真和假。

用逻辑运算符将关系表达式或逻辑量连接起来就是逻辑表达式。

逻辑非的语法格式为：!条件式

逻辑非运算是把当前的结果取反，作为最终的运算结果。例如：

```
01  char a=3;  //定义字符型变量 a,初始值为3
02  char i=9,j=3;  //定义字符型变量 i 和 j,初始值分别为9和3
03  a=!(i>j)  //运行的结果是:(i>j)为真,因此 a=0
```

6. 位运算符与表达式（参与运算的量按二进制数进行运算）

位运算符的作用是按位对变量进行二进制运算，但是并不改变参与运算的值。要记住，浮点数是不能进行位操作的。

位运算符的语法格式为：变量 1 位运算符 变量 2 或位运算符 变量。

按位取反位运算符的语法格式为：~ 变量。

按位取反位运算是把当前的结果取反，作为最终的运算结果。例如：

```
01  char a=0x55;  //定义字符型变量 a,初始值为0x55,二进制形式为(0101 0101)B
02  char i=9,j;  //定义字符型变量 i 和 j,初始值分别为9和0,二进制形式为(0000 1001)B
03  a = ~ a;  //运行的结果是 a=1010 1010
04  j = ~ i;  //运行的结果是 j=1111 0110,i=0000 1001
```

五、写一写

(1)什么是变量和常量？举例说明。

(2)将 Keil C 语言的数据类型表写出来。

(3)什么是关系表达式？举例说明。

(4)判断下列表达式的真/假。

①5==8；②1234>2345；③45!=45

④a!=12，设 a 为 11；⑤i<=8，设 i 为 3。

(5)判断变量 i 的取值范围。

①unsigned char i；②bit i；

③unsigned int i；④signed int i。

六、动手试一试

(1)利用总线操作方式完成下列任务(闪烁时间为0.5s)。

①设计控制电路并安装连接线路，用所学过的C语言知识编写程序：用单片机P1端口的P1.0、P2.3、P3.6引脚分别控制3个LED的闪烁。

②设计控制电路并安装连接线路，用所学过的C语言知识编写程序：用单片机P1端口同时控制连接在P1.1、P1.3、P1.5、P1.7引脚上的4个LED闪烁，同时控制连接在P1.0、P1.2、P1.4、P1.6引脚上的4个LED闪烁。

(2)利用位操作法实现下面的控制任务(闪烁时间自定)。

设计控制电路并安装连接线路，用单片机P1端口的P1.0、P1.1、P1.2、P1.3引脚控制4个LED灯同时闪烁，并同时控制连接在P1.4、P1.5、P1.6、P1.7引脚上的4个LED灯闪烁。

(3)利用位操作法加宏定义实现下面的控制任务(闪烁时间为0.5s)。

设计控制电路并安装连接线路，用单片机P1端口的P1.0、P1.1、P1.6、P1.7引脚控制4个LED灯同时闪烁，并同时控制连接在P1.0、P1.3、P1.4、P1.7引脚上的4个LED灯闪烁。

任务四 延时函数在LED闪烁中的运用

一、任务书(一)

用单片机P1端口控制LED0闪烁，调用延时子函数进行闪烁时间的控制，仿真电路图如图2-1-1所示。

二、任务分析

在控制LED以不同频率点亮和熄灭的参考程序中，如果需要很多不同的熄灭、点亮时间，则需要不断地给延时变量重新赋初始值，这样的做法一来使主程序变得很长，二来产生很多重复工作。因此，为了提高编程的效率、灵活性和方便性，使主函数的程序看上去不冗繁，这里引入C语言中的函数(或子程序)。

一个实用的C程序总是由多个不同的函数构成，其中每一个函数扮演功能不同的角色。但是，无论一个C程序中有多少个函数，程序总是从主函数开始执行。在C语言中函数可以

分为两类：一类为库函数(又称为标准库函数)；另一类为用户自定义函数。

所有函数在定义时是相互独立的，它们之间是平行关系，因此不能在一个函数内部定义另一个函数，即不能嵌套定义。函数之间可以互相调用，main( )是主函数，它可以调用其他函数，而不允许被其他函数调用。因此，C 程序的执行总是从 main( )函数开始，完成对其他函数的调用后再返回到 main( )函数，最后由 main( )函数结束整个程序。一个 C 程序必须有，也只能有一个主函数 main( )。

如果在编写程序的过程中，涉及数值的转换问题，可以不用进行烦琐的计算。在计算机中有一个非常好用的工具，在桌面左下角选择“开始”→“程序”→“附件”→“计算器”选项，就会弹出图 2-4-1 所示的计算器工具，它是 Windows 系统自带的，在“查看”菜单中有多种形式供用户选择。

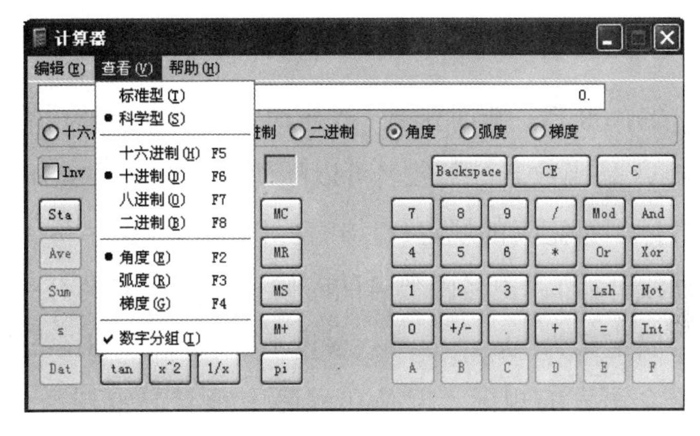

图 2-4-1　Windows 系统自带的计算器界面

三、单片机控制程序

参考程序综述

● 不带形式参数(以下简称“形参”)延时函数和带形参延时函数的声明、调用方法及使用范围。

● 有函数返回值的带形参函数的使用方法。例如“unsigned int max (unsigned int a , unsigned int b)”，利用 return 语句进行函数值的返回。

● 利用 for 循环语句实现长延时的不带形参延时函数和带形参延时函数的应用。

(1)利用单片机 P1.0 引脚控制 LED0 闪烁，其参考程序如下。

```
01  #include <reg52.h>//调用52单片机头文件 reg52.h
02  sbit LED0=P1^0;  /*定义 P1.0引脚名为 LED0,P 要大写*/
03  void delay(void)/*函数定义,函数名:delay*/  //函数头
04  {
05      unsigned int i;  //定义一个无符号的整型变量 i(最大值的65536)
06      i=57571;  //变量 i 初始值为57571
07      while(i>0)  i=i-1;  //当变量 i 的值大于0时,i 就减1
08  }
09  void main (void)  //主函数
10  {
11      while(1)  //死循环
```

无参延时函数控制 LED0闪烁时间

```
12      {
13          LED0=0;     //点亮 LED0
14          delay();    //调用延时函数
15          LED0=1;     //熄灭 LED0
16          delay();    //调用延时函数
17      }
18  }
```

【参考程序分析】

03~08 行：延时函数(或延时子程序)，其位置在主函数的前面，兼有函数声明的作用。“delay”是函数名，函数名可以随便起，但是注意不要和 C 语言中的关键字相同，还要符合 C 语言标识符定义的规定(C 语言标识符名称由字母、数字、下划线组成，并且必须以字母或者下划线开始)，声名函数名的时候，最好选取具有一定意义的名词，例如延时 1ms 的延时函数就可以定义为“delay_ms”，尽量不要取“aa”“bb”“tt”等没有特定意义的函数名，这样虽然没有违反 C 语言的规则，但是在程序中很容易混淆，今后在编写程序的时候一定要养成良好的习惯。

在函数名 delay 前面的 void 表示这个函数执行完后不返回任何数据，即它是一个无返回值的函数。紧跟在函数名 delay 后面的是一个小括号，这个小括号中有一个 C 语言关键字 void，表示小括号中没有参数(即 C 语言中的“形式参数”)，因此这个函数是一个无参函数。

13 行：给 P1.0 引脚赋低电平，点亮 LED0。

14、16 行：调用延时函数 delay()。

注意：调用函数时除了写函数名外，还必须写小括号并以分号“;”结尾，小括号是函数的标志。

15 行：为 P1.0 引脚赋高电平，熄灭 LED0。

一般函数定义的语法格式如下：

```
[返回类型] 函数名 ([参数1],[参数2],… ,[参数 n])
{
    声明部分;
    程序语句组;
}
```

说明：

①“返回类型”就是当函数被调用之后所返回的数据类型，这与前面所讲述的数据类型是相同的，如 unsigned char。但是，如果不需要返回任何数据，也可以写为“void”，表示无类型数据。

②函数名是由用户自定义的，而后面必须跟一个“()”，如果是无参函数，一般在小括号

内写入“void”表明无参数的传递。

③返回类型标识符与函数名为函数头，函数头的下方必定用一个“{}”将声明部分和程序语句组括起来。注意：声明部分指的是在当前函数体内所用到的一些变量声明，声明部分一定要在程序语句组之前，否则会出现语法错误。

④函数应该先定义，后使用。参考程序如下。

```
01 #include <reg52.h>//调用52单片机头文件 reg52.h
02 sbit LED0=P1^0;   /*定义 P1.0引脚名为 LED0,P 要大写*/
03 void delay(void);   //延时函数的声明
04 void main (void)   //主函数
05 {
06     while(1)   //死循环
07     {
08         LED0=0;      //点亮 LED0
09         delay();     //调用延时函数
10         LED0=1;      //熄灭 LED0
11         delay();     //调用延时函数
12     }
13 }
14 void delay(void)/*函数定义,函数名为 delay*/
15 {
16     unsigned int i;  //定义一个无符号的整型变量 i(最大值为65536)
17     i=57571;  //变量 i 初始值为57571
18     while(i>0)  i=i-1;  //当变量 i 的值大于0时,i 就减1
19 }
```

无参延时函数先定义,后使用

【参考程序分析】

03 行：进行延时函数的声明，声明方法是将函数头部分写一遍，并在小括号后加上分号。

14~19 行：延时子函数，其位置在主函数 main()的后面。

注意：功能子函数可以写在主函数的前面或后面，但是不可以写在主函数里面。当写在主函数 main()的后面时，必须在主函数之前声明功能子函数。当功能子函数写在主函数 main()的前面时，不需要声明，因为写函数体已经相当于声明了函数本身。

实际上，声明功能子函数的目的是使编译器在编译主程序，遇到该功能子函数的函数名时知道有这样一个功能子函数存在，并且知道它的类型和带参数情况等信息，以便为这个功能子函数分配必要的存储空间。

⑤这里以延时函数为例说明函数的调用和返回过程，如图 2-4-2 所示。

图中，“①”为调用的路线，“②”为执行函数的声明和语句组部分，“③”为函数执行完后返回到主函数下一条语句继续执行主函数的其他程序。

延时函数调用过程说明如下。

当主程序执行到“delay( );”处时，遇到函数名“delay”，则程序立即停止顺序向下执行，跳转到函数“void delay(void)”处执行函数内部的声明部分和程序语句组，这个过程叫作函数“调用”，而主函数中的“delay( );”称为主调用函数，延时函数(或延时子程序)“void delay(void)”称为被调用函数。

当函数内部语句组执行完毕后，程序跳回到调用函数前的位置继续执行它后面的程序语句，这个过程叫作“返回”。

(2)调用带形参函数，实现LED0的闪烁功能，其参考程序如下。

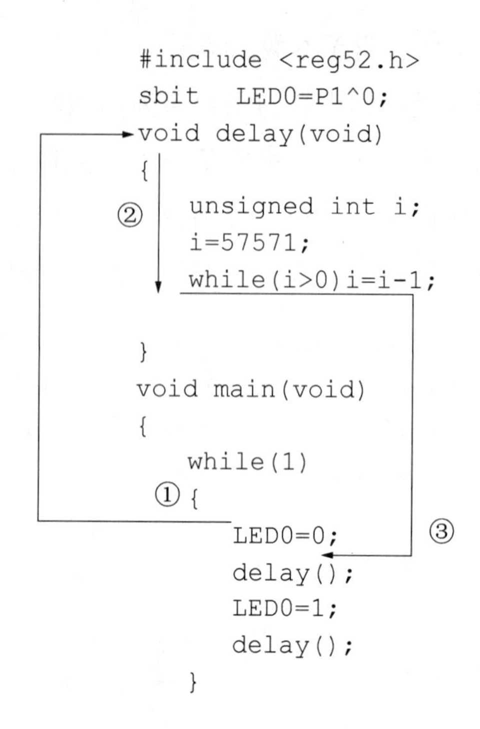

图2-4-2 函数的调用和返回过程

```
01  #include <reg52.h>//调用52单片机头文件 reg52.h
02  sbit LED0=P1^0;  /*定义 P1.0引脚名为 LED0,P 要大写*/
03  /*函数定义,函数名为 delay,形参为无符号整型变量 i  (最大值为65536) */
04  void delay(unsigned int i)
05  {
06      while(i>0)  i=i-1;  //当变量 i 的值大于0时,i 就减1
07  }
08  void main (void)  //主函数
09  {
10      while(1)  //死循环
11      {
12          LED0=0;           //点亮 LED0
13          delay(57571);     //调用延时函数
14          LED0=1;           //熄灭 LED0
15          delay(57571);     //调用延时函数
16      }
17  }
```

带参延时函数控制LED0闪烁时间

【参考程序分析】

04~07行：带形参延时函数，i为形参变量，“unsigned int”是变量i的数据类型，表示变量i为无符号整型变量，其取值范围为0~65 535，不能取负数，没有执行到主调用函数时，被调用函数的形参变量i的值默认为0。

12、14行：给P1.0引脚赋低/高电平，点亮/熄灭LED0。

13、15 行：执行主调用函数，并将主调用函数的实参值 57 571 传递给被调用函数的形参变量 i，这样被调用函数体中的所有变量 i 的值都变为 57 571。

注意：给延时子函数传递参数时，不一定使用实际数字(常量 57571)，可以将变量作为实参传递给延时函数的形参变量 i，但实参变量必须是一个确定的数值。

函数的参数分为形参和实参两种。

在 C 语言中，主调用函数与被调用函数之间有数据传递的关系。数据的传递是双方面的，一定要有一个发送者与一个接收者才能实现数据的传递。其中实参扮演了发送者的角色，实参出现在主调用函数中，离开了主调用函数实参就不能使用；形参扮演了接收者的角色，形参要在被调用函数内定义，此定义的形参只在该函数中有效，离开了该函数则不能使用。

图 2-4-3 所示为函数调用时形参和实参的传递关系。其中 x 为主调用函数的实参，y 为被调用函数的形参。首先，当主调用函数调用被调用函数时，将实参 x 的值传送给形参 y。而当被调用函数被主调用函数调用完之后，因为实参与形参之间数据的传递是单向的，所以即使形参 y 的值发生了变化，实参 x 的值也不会随之发生改变。

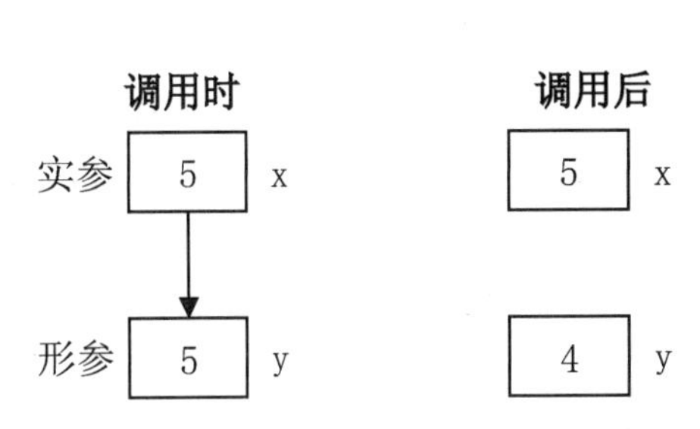

图 2-4-3　函数调用时形参和实参的传递关系

参考程序如下。

```
01  #include<reg52.h>
02  /*函数定义,函数名为 delay,形参为无符号整型变量 i  (最大值为65536) */
03  void delay_us(unsigned int i) {
04      while(i>0)  i=i-1;  //当变量 i 的值大于0时,i 就减1
05  }
06  /*函数定义,函数名为 compare,形参为无符号整型变量 y  (最大值为65536) */
07  void compare(unsigned  int  y) {
08      y--;  //自减1
09      P1=y;  //输出 y 的值
10  }
11  void main(void){
12      unsigned int x;  //定义无符号整型变量 x
13      while(1) {
14          x=5;                //为 x 赋初始值
15          compare(x);         //将实参 x 传送给形参 y
16          delay_us (57571);   //调用延时函数
17          P1=x;               //输出 y 的值
18          delay_us (57571);   //调用延时函数
19      }
20  }
```

【参考程序分析】

03~06行：带有形参的延时函数delay，i为形参变量，变量i为无符号整型变量，初始默认值为0。

08~12行：带有形参的函数compare，y为无符号整型的形参变量，初始默认值为0。10行是将形参变量y的值自减1，11行是将y的值赋给P1端口输出显示。

由上可见实参与形参之间的数据传递是单向的，实参的值不会因为形参的值改变而改变。

注意：

①实参与形参的类型、数量、顺序应保持一致，否则会在编绎的时候出现警告或者程序运行结果出现错误。

②被调用函数的形参只有被调用的时候才会被分配内存空间，在调用结束时，即刻释放所分配的内存空间，因此函数调用结束返回主调用函数后则不能再使用该形参变量。

③实参在调用前一定要有确定的值，因此在函数调用前必须先赋予实参一个确定的值。

④函数调用中发生的数据传递是单向的，即只能把实参的值传递给形参，而不能把形参的值反向地传递给实参。因此，在函数调用过程中，形参的值发生改变，而实参的值不会变化。

思考：如何将被调用函数的值传递出去？

函数的返回值与前面介绍的函数参数可以看作同一个概念，只是传递的方向对调，被调用函数扮演发送者，而主调用函数则扮演接收者。

(3)P1端口上的LED显示整型函数返回值，其参考程序如下。

```
01  #include<reg51.h>
02  /*************************************************************************
03  函数功能:计算两个无符号整数的和,并将其和返回给主调用函数
04  *************************************************************************/
05  unsigned int sum(unsigned int a , unsigned int b)
06  {
07      unsigned int s;  //定义无符号整型变量 s
08      s=a+b;  //计算 a、b 的和,赋给变量 s
09      return (s);  //将变量 s 的值返回到主调用函数
10  }
11  /************************************************
12  函数功能:主函数
13  ************************************************/
14  void main(void)
15  {
16      unsigned int z;  //定义无符号整型变量 z
17      z=sum(20,77);    //调用被调用函数,并将函数返回值赋给变量 z
```

LED 显示整型函数返回值

```
18      P1=z;          //将 z 值赋给 P1 端口输出显示
19      while(1);      //单片机停在此处
20  }
```

【参考程序分析】

05~10 行：计算两个无符号整数和的功能子函数，函数名为 sum，函数返回类型为无符号整型(unsigned int)，小括号里定义两个无符号整型形参变量 a、b。08 行进行形参 a、b 的求和运算，并将结果保存到变量 s 中，09 行利用 C 语言关键字 return 将变量 s 中的数值返回给主调用函数。

17 行：执行主调用函数“sum(20，77)；”，并将实参值 20 和 77 传送给形参 a 和 b，然后将被调用函数的返回值(97)赋给变量 z，即 z=97，97 的二进制形式为(0110 0001)B。

18 行：将变量 z 的值输出到 P1 端口用 LED 显示。

函数返回值说明如下。

①函数的值只能通过 return 语句返回给主调用函数。

return 语句的一般格式如下：

　　return 表达式；

或者

　　return (表达式)；

该语句的功能是计算表达式的值，并返回给主调用函数。在函数中允许有多个 return 语句，但每次调用只能有一个 return 语句被执行，因此只能返回一个函数值。

②函数值的类型和函数定义中函数的类型应保持一致。如果两者不一致，则以函数类型为准，自动进行类型转换。

③如函数值为整型，在函数定义时可以省去类型说明。

④不返回函数值的函数，可以明确定义为空类型，类型说明符为“void”。如上例中函数 sum( )并不向主函数返函数值，因此可定义为：

```
void sum(unsigned int a , unsigned int b)
{  ……
}
```

一旦函数被定义为空类型后，就不能在主调用函数中使用被调用函数的函数值。例如，在定义 sum( )为空类型后，在主函数中执行下述语句：

　　z=sum (20，77)；

就是错误的。

注意：为了使程序有良好的可读性并减少出错，凡不要求返回值的函数的都应定义为空类型。

（4）定义一个函数，用于求两个数中的大数，并用 P1 端口上的 LED 显示大数的函数返回值，其参考程序如下。

```
01  #include<reg51.h>
02  unsigned intmax (unsigned int a , unsigned int b)
03  {
04      if(a>b)return a;  //将变量 a 的值返回到主调用函数
05      elsereturn b;  //将变量 b 的值返回到主调用函数
06  }
07  void main(void)
08  {
09      unsigned int a=240,b=2;  //定义无符号整型变量 a、b 并赋初值
10      P1 = max (a,b);           //调用被调用函数,并将函数返回值赋给 P1端口输出显示
11      while(1);                 //单片机停在此处
12  }
```

LED 显示大数，
判断函数返回值

【参考程序分析】

02～06 行：求两个数中大数的功能子函数，函数名为 max，函数返回类型为无符号整型（unsigned int），小括号里定义两个无符号整型形参变量 a、b。04 行利用 if 语句判断 a、b 的大小，利用 C 语言关键字 return 将变量 a、b 中的大数返回给主调用函数。判断语句 if 在后续介绍。

09 行：定义无符号整型变量 a、b 并赋初始值分别为 240、2。

10 行：调用函数，并将实参 a、b 的值传递给形参，将函数 max( ) 的返回值[返回值为 240，二进制形式为(1111 0000)B]输出到 P1 端口用 LED 显示出来。

四、任务书(二)

利用单片机 P1 端口控制 8 个 LED(LED0～LED7) 的闪烁，其点亮和熄灭的时间都是 1s，仿真电路图如图 2-1-1 所示。

五、任务分析

本任务中 8 个 LED 的闪烁时间较长，在前面已经介绍过下面的延时程序：

```
i=57571;  //约0.5s
while(i>0)  i=i-1;
```

变量 i 定义为无符号整型，其取值范围是 0～65 535，因此最长的延时时间也只能约为 0.6s，离 1s 时间还差很多，这时需要采用其他方法进行长延时。根据以前学习的知识，可以

将变量 i 定义为无符号长整型，其取值范围是 0~4 294 967 295，这样足以可以延时超过 1s。另一个方法就是利用循环嵌套让单片机执行循环语句进行延时。

六、单片机控制程序

(1)利用长整型变量进行 1s 的长延时，其参考程序如下。

```
01  #include <reg52.h>//调用52单片机头文件 reg52.h
02  void main (void)   //主函数
03  {  //定义一个无符号长整型变量 i,i 的最大值为4294967295
04      unsigned long i;
05      while(1)//死循环
06      {
07          P1=0x00;                  //点亮 LED
08          i=20034;                  //变量 i 初始值为20034,约1s
09          while(i>0)  i=i-1;        //当变量 i 的值大于0时,i 就减1
10          P1=0xff;                  //熄灭 LED
11          i=20034;                  //变量 i 初始值为20034,约1s
12          while(i>0)  i=i-1;        //当变量 i 的值大于0时,i 就减1
13      }
14  }
```

利用长整型变量进行1s 的长延时

【参考程序分析】

07 行：将十六进制数 0x00[二进制形式为(0000 0000)B]赋给 P1 端口，点亮 8 个 LED。

08 行：给变量 i 赋值 20 034，变量 i 由原来的初始值 0 变成 20 034。i 等于 20 034 延时约 1s 是 Keil 软件在单片机晶振频率为 11.0592MHz 时测试出来的，方法参见前面的介绍。

09 行：执行 20 034 次 while 循环语句“i=i-1”进行延时(约 1s)。

10 行：将十六进制数 0xff[二进制形式为(1111 1111)B]赋给 P1 端口，熄灭 8 个 LED。

11、12 行：同 08、09 行。

对变量 i 进行的两种定义“unsigned int i”和“unsigned long i”进行比较分析如下。

① 当变量 i 定义为无符号整型(unsigned int i)时，利用 Keil 软件进行编译后占用单片机资源为：

Program Size：data=9.0，xdata=0，code=54(占用 RAM 的 9 字节，ROM 的 54 字节)。

② 当变量 i 定义为无符号长整型(unsigned long i)时，利用 Keil 软件进行编译后占用单片机资源为：

Program Size：data=13.0，xdata=0，code=149(占用 RAM 的 13 字节，ROM 的 149 字节)。

经过简单比较后可以知道，变量 i 定义为“unsigned int i”比定义为“unsigned long i”对单片机内部资源占用少得多，因为 51 单片机的内部 RAM 本身比较小，所以尽量将变量定义为占用内存字节数较少的数据类型，原则是首先考虑定义为字符型，然后才是整型，最后根据实际需要定义为长整型或浮点型。

当然，此处的程序较小，因为实现的功能较简单，所以可以将变量 i 定义为无符号长整型（unsigned long i），但在实际应用中变量定义要遵循上述原则。

（2）利用 for 循环语句实现 8 个 LED 闪烁的延时，其参考程序如下。

```
01  #include <reg52.h>//调用52单片机头文件 reg52.h
02  void main (void)  //主函数
03  {
04      unsigned int i;  //定义一个无符号整型变量 i,i 的最大值为65536
05      while(1)  //死循环,用于保证主程序正常运行
06      {
07          P1=0x00;                //点亮 LED
08          i=57571;                //变量 i 初始值为57571,约0.5s
09          for(; i>0;)  i=i-1;     //当变量 i 的值大于0时,i 就减1
10          P1=0xff;                //熄灭 LED
11          i=57571;                //变量 i 初始值为57571,约0.5s
12          for(; i>0;)  i=i-1;     //当变量 i 的值大于0时,i 就减1
13      }
14  }
```

利用 for 循环语句实现 8个 LED 闪烁的延时

【参考程序分析】

09、12 行：for 循环语句，在 C 语言中，for 语句的使用最为灵活，它完全可以取代 while 循环语句。for 循环语句和 while 循环语句的执行过程如图 2-4-4 所示。

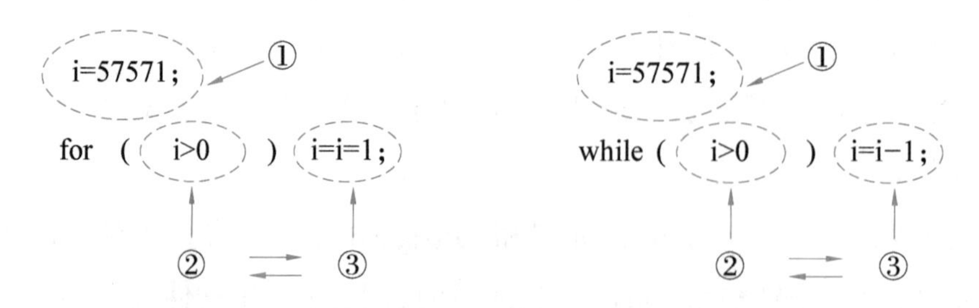

图 2-4-4　for 循环语句和 while 循环语句的执行过程

说明：for、while 实现一定次数的循环，都经过如下过程。

①：给循环变量（i）赋初值 57 571。

②：判断条件表达式 i>0 是否成立，如果成立则跳到③处执行；如果 i>0 不成立，则跳出循环，往后顺序执行后续程序。

③：在 for、while 语句组中必须对循环变量 i 进行递增或递减，否则条件表达式 i>0 就会一直成立，程序进入死循环。循环变量 i 递增或递减之后跳到②处执行。

将上例的主循环 while(1)修改如下。

```
01  while(1)  //死循环,用于保证主程序正常运行
02  {
03      P1=0x00;  //点亮 LED
04      for(i=57571;i>0;i=i-1);  //当变量 i 的值大于0时,i 就减1,约0.5s
05      P1=0xff;  //熄灭 LED
06      for(i=57571;i>0;i=i-1);  //当变量 i 的值大于0时,i 就减1,约0.5s
07  }
```

【参考程序分析】

04、06 行：for 循环语句的另一种形式，这种形式是最简单的应用形式，也是最容易理解的形式。其基本语法格式如下：

for (循环变量赋初始值；循环条件表达式；循环变量的增/减)

{程序语句组；}

“循环变量赋初始值”总是一个赋值语句，它用来给循环变量赋初始值，循环变量赋初始值只执行一次；循环条件是一个关系表达式，它决定什么时候退出循环；“循环变量的增/减”定义循环变量每循环一次后进行增加或减小的变化。这 3 个部分之间用“；”隔开。for 循环语句的执行流程如图 2-4-5 所示。

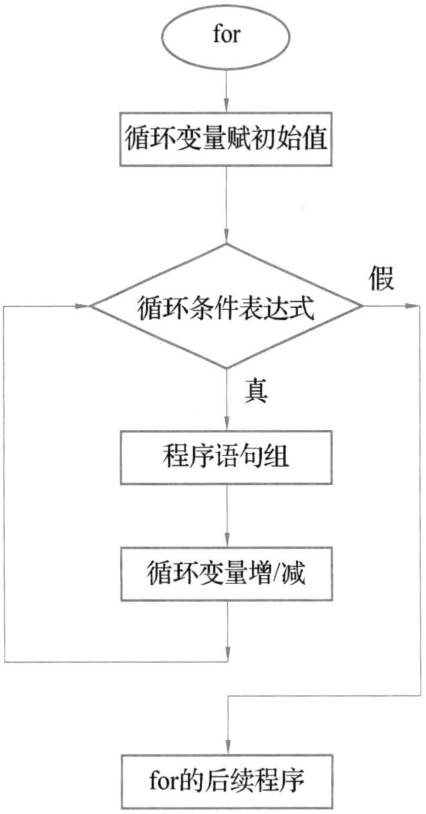

图 2-4-5　for 循环语句的执行流程

例如：

for(i=1；i<=100；i++)sum=sum+i；

先给循环变量 i 赋初始值 1，判断 i 是否小于等于 100，若是则执行语句“sum=sum+i;”，然后跳到小括号中执行“i++”，使循环变量 i 值自加 1，再重新判断 i 是否小于等于 100，直到 i>100，即循环条件表达式为假时，结束循环。

再如：

for(i=57571；i>0；i=i-1)；

先给循环变量 i 赋初始值 57 571，判断 i 是否大于 0，若是则执行语句“；”(即执行的是一个分号，为空操作)，然后跳到小括号中执行“i=i-1”，使循环变量 i 值自减 1，再重新判断 i 是否大于 0，直到 i=0，即循环条件表达式为假时，结束循环。

for 循环语句根据“程序语句组”的多少分为以下几种格式。

①for(…; …; …);　　//没有语句，只有一个分号，常用来进行简单延时。

②for(…; …; …) 语句;　　//只有一条语句，省略大括号“{}”。

③for(…; …; …)

```
{	语句 1;
	语句 2;
	……
	语句 n;	//包含若干条语句
}
```

(3)利用 for 循环语句嵌套进行 1s 的长延时，其参考程序如下。

```
01 #include <reg52.h>//调用52单片机头文件 reg52.h
02 void main (void)  //主函数
03 {
04     unsigned int i,j;  //定义无符号整型变量 i 和 j
05     while(1)  //主函数中的大循环
06     {
07         P1=0x00;  //点亮 LED
08         for(i=1000;i>0;i=i-1)  //两个 for 循环语句实现1s 延时
09             for(j=114;j>0;j=j-1);
10         P1=0xff;  //熄灭 LED
11         for(i=1000;i>0;--i)
12             for(j=114;j>0;--j);  //两个 for 循环语句实现1s 延时
13     }
14 }
```

利用 for 循环语句嵌套实现1s 的长延时

【参考程序分析】

07 行：将十六进制数 0x00[二进制形式为(0000 0000)B]赋给 P1 端口，点亮 8 个 LED。

08、09 行：for 延时程序，延时时间=i 的值×j 的值=1 000×114≈1(s)。

模拟测试延时时间的方法参考任务三，如图 2-4-6 和图 2-4-7 所示，查看“sec”的时间显示为 1.000 863 72s，若忽略 ms，则测试的延时时间约为 1s。

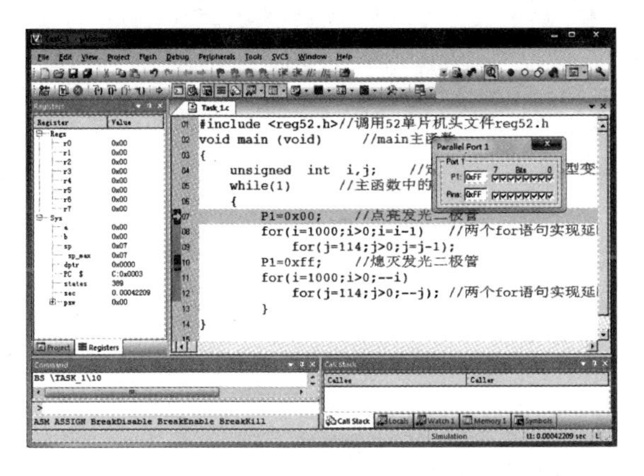

图 2-4-6　Keil 软件的模拟仿真界面

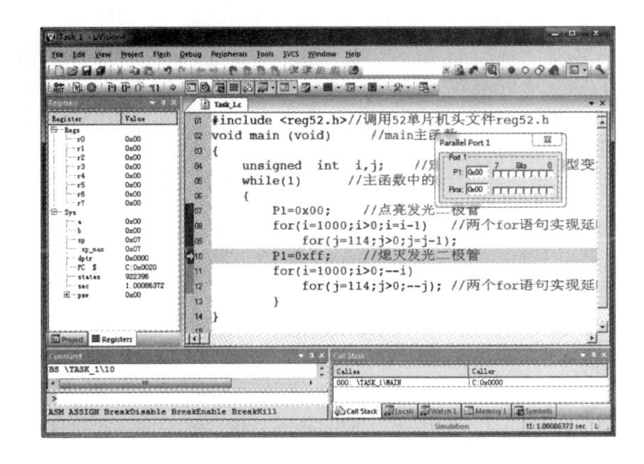

图 2-4-7　按 F5 键后的模拟仿真界面

循环的嵌套是指一个循环体内又包含另一个完整的循环结构。08 行是一个 for 循环语句，08 行 for 循环语句的“程序语句组；”中又是一个完整的 for 循环结构(09 行)，所以 08 行的 for 循环语句嵌套了一个 09 行的 for 循环语句。

11、12 行：同 08 和 09 行。

当然，内嵌的循环体中还可以嵌套循环，这就是多层嵌套循环。例如：

```
01  #include <reg52.h>
02  void main()
03  {
04      unsigned  char i, j, k;
05      while(1)  //主函数中的大循环
06      {
07          P1 = ~P1;  //P1端口的电平按位取反
08          for (i=0; i<200; i++)  //for 嵌套延时
09              for(j=0; j<200; j++)
10                  for(k=0; k<200; k++);
11      }
12  }
```

(4)利用 for 循环嵌套的延时函数进行 1s 的长延时。

①不带形参 for 循环嵌套延时函数的参考程序如下。

```
01  #include <reg52.h>//调用52单片机头文件 reg52.h
02  void delay(void)  //约1s
03  {
04      unsigned int i,j;  //定义无符号整型变量 i 和 j,
05      for(i=1000;i>0;--i)
06      for(j=114;j>0;--j);
07  }
08  void main (void)  //主函数
```

不带形参 for 循环嵌套延时函数演示

```
09 {
10     while(1)  //主函数中的大循环
11     {
12         P1=0x00;  //点亮 LED
13         delay();  //调用延时子函数
14         P1=0xff;  //熄灭 LED
15         delay();  //调用延时子函数
16     }
17 }
```

【参考程序分析】

02~07 行：无返回值、无形参的延时函数，函数名为 delay。05、06 行是一个 for 循环嵌套，利用两层嵌套进行长延时(约 1s)。

②带形参 for 循环嵌套延时函数的参考程序如下。

```
01 #include <reg52.h>//调用52单片机头文件 reg52.h
02 void delay_1ms(unsigned  int x)  //约1ms
03 {
04     unsigned int i,j;  //定义无符号整型变量 i 和 j,
05     for(i=x;i>0;--i)
06         for(j=114;j>0;--j);
07 }
08 void main (void)  //主函数
09 {
10     while(1)  //主函数中的大循环
11     {
12         P1=0x00;  //点亮 LED
13         delay_1ms (1000);  //调用延时子函数,参数为1000,约1s
14         P1=0xff;  //熄灭 LED
15         delay_1ms (1000);  //调用延时子函数,参数为1000,约1s
16     }
17 }
```

带形参 for 循环嵌套延时函数演示

【参考程序分析】

02~07 行：带形参延时函数，函数名为 delay_1ms，x 为形参变量，变量 x 为无符号整型变量，x 初始默认值为 0。05 行将形参变量 x 的值赋给局部变量 i，判断 i>0 是否成立，成立就执行 06 行的 for 循环；否则结束函数 delay_1ms( )，返回到主函数处继续往下执行语句。

13、15 行：执行主调用函数 delay_1ms( )，并将主调用函数的实参值 1 000 传递给被调用函数的形参变量 x，这样被调用函数体中所有变量 x 的值变为 1 000。

七、应知应会知识链接

1. 函数的概念和分类

先来看看数学课里用过的函数——余弦函数 cos(α)，它有如下几个性质。

(1)函数名：cos；

(2)参数：角度变量 α；

(3)功能：计算余弦值；

(4)返回：返回计算结果，如 $x=\cos(60°)$，则 x 的值为 0.5。

从函数定义的角度，函数可分为库函数和用户定义函数两种。

(1)库函数：由 C 语言系统提供，用户无须定义，也不必在程序中进行类型说明，只需在程序前包含有该函数原型的头文件即可在程序中直接调用。printf( )、scanf( )、getchar( )、putchar( )、gets( )、puts( )、strcat( )等函数均属此类。

(2)用户自定义函数：由用户按需要编写的函数。对于用户自定义函数，不仅要在程序中定义函数本身，在主调用函数模块中还必须对该被调用函数进行类型说明，然后才能使用。

2. 函数的调用

(1)函数调用的语法格式如下：

函数名（实参列表)；

其中实参可以是变量、常量表达式、函数等；如果被调用函数是无参的，那么可以省略实参列表，具体语法格式如下：

函数名( )；

下面讨论几种常用的函数调用方式。

第 1 种，函数语句。在函数的后面加上"；"就成了函数语句。

例如：

```
count( );    //调用无参函数
```

或者

```
count(4);    //调用有参函数
```

第 2 种，调用一个函数，使其返回一个函数值来参与某种特定的运算。在这种情况下被调用函数一定要包含 return 返回语句。

例如：k = 3 * sum(a, b)；

上面的程序语句是调用 sum( )函数，然后返回一个函数值再与 3 进行运算，将运算的结果赋给变量 k。

第 3 种，将函数调用语句作为另一个函数的实参。

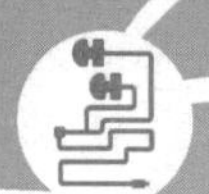

例如：i = display(a，count(x，y))；

上面的程序语句先调用count()函数，返回的值作为display()函数的实参进行调用，再将返回的结果赋给变量i。

(2)一个函数调用另一个函数之前，必须满足以下条件。

① 所调用的函数必须是已经被定义的函数。

② 如果所调用的函数为一个库函数或者不在同一个文件中的函数，那么一定要利用#include命令进行文件包含，把相应的头文件包含到当前文件中。在系统编译时会把头文件的函数调到原程序中从而产生代码。

例如：

```
#include<stdio.h>//包含标准 I/O 的头文件
#include<reg52.h>//包含 AT89S52单片机寄存器的头文件
```

③ 关于函数的声明。如果主调用函数定义在被调用函数之前，那么在主调用函数调用被调用函数之前应进行函数原型的声明。

(3)被调用函数声明的语法格式如下：

类型说明符 被调函数名(类型 形参，类型 形参)；

其实被调用函数(函数原型)的声明非常简单，只是在原来定义函数的基础上在最后加一个“；”，如下面的程序所示。下面程序的第一，二行就是对函数delay_ms()、delay_us()进行的声明。

```
unsignedchar delay_ms(unsigned int a);  //函数原型声明
unsignedchar delay_us (unsigned int b);  //函数原型声明
void main(void)
{
    ……
}
unsignedchar delay_ms(unsigned int a)
{
    ……
}
unsignedchar delay_us (unsigned int b)
{
    ……
}
```

但是，如果主调用函数定义在被调用函数之后，那么在主调用函数调用被调用函数之前不需要进行函数原型的声明，因为编译器在编译主调用函数之前，已经预先知道被调用函数的存在，并自行加以处理。

例如：

```
unsignedchar delay_ms(unsigned int a)
{
    ……
}
unsignedchar delay_us (unsigned int b)
{
    ……
}
void main(void)
{
    ……
}
```

3. C 程序的组成结构

C 程序是由函数构成的，一个 C 程序至少包括一个函数(主函数)。一个 C 程序可以包含各种函数，但只能有一个为 main()。因此，函数是 C 程序的基本单位。

函数后一定有一对大括号“{}”，在大括号中书写程序。C 程序总是从 main()函数开始执行的，不管物理位置上 main()函数放在什么地方。main()函数通过直接书写语句和调用其他功能子函数来实现有关功能，这些功能子函数可以是 C 语言本身提供的库函数，也可以是用户自己编写的函数。具体格式如下。

```
预处理命令    include<  >
              //变量、常量声明部分;
功能子函数1   delay(  )
              {
                  变量声明部分;
                  程序语句组;
              }
功能子函数2   light1(  )
              {
                  变量声明部分;
                  程序语句组;
              }
              ……
功能子函数n   light n(  )
              {
                  变量声明部分;
                  程序语句组;
              }
```

```
主函数    void main(void)
          {
            变量声明部分;
              //在此处编写让单片机只执行一次的程序语句
              while(1)
              {
                  程序语句组;
              }
          }
```

4. 局部变量

局部变量也称为内部变量。局部变量是在函数内定义声明的，其作用域仅限于函数内，离开该函数后再使用这个变量是非法的。例如：

```
unsignedint delay_ms (unsigned  int a)  /*函数 delay_ms() */
{     //a,b,c 只在函数 delay_ms()内有效,在其他地方不能使用
      unsigned  int b,c;
      ……
}
unsignedint delay_us (unsigned  int x)  /*函数 delay_us() */
{     //x,y,z 只能在函数 delay_us()内有效,在其他地方不能使用
      unsigned  int y,z
      ……
}
main()
{
      unsigned  int m,n;  //m,n 只在主函数 main()内有效,在其他地方不能使用
      ……
}
```

在函数 delay_ms( )内定义了 3 个变量，a 为形参，b、c 为一般变量。在 delay_ms( )的范围内 a、b、c 有效，或者说 a、b、c 变量的作用域限于 delay_ms( )内。同理，x、y、z 的作用域限于 delay_us( )内。m、n 的作用域限于 main( )函数内。关于局部变量的作用域还要说明以下几点。

(1) 主函数中定义的变量只能在主函数中使用，不能在其他函数中使用。同时，在主函数中也不能使用在其他函数中定义的变量，因为主函数也是一个函数，它与其他函数是平行关系。这一点是与其他语言不同的，应予以注意。

(2) 形参变量是属于被调用函数的局部变量，实参变量是属于主调用函数的局部变量。

(3) 允许在不同的函数中使用相同的变量名，它们代表不同的对象，被分配不同的存储空间，互不干扰，也不会发生混淆。如在前例中，形参和实参的变量名都为 a、b，这是完全允

许的。

(4)在复合语句中也可以定义变量，其作用域只在复合语句范围内。

例如：

```
void main (void)
{
    unsigned int i,j;
    ……
    {
        unsigned  int k;
        i = j+k;
        ……                      /*k 作用域*/
    }
    ……                          /*i、j 作用域*/
}
```

【例 2-1】

```
01  #include<reg52.h>
02  void main (void)
03  {
04      unsigned  int i=2,j=3,k;
05      k=i+j;
06      {
07          unsigned  int k=8;
08          P0=k;
09          P1=i;
10      }
11      P1=k;
12  }
```


本程序在 main( )中定义了变量 i、j、k，其中 k 未赋初始值。在复合语句内又定义了一变量 k，并赋初始值为 8。应该注意这两个 k 不是同一个变量。在复合语句外由 main( )定义的 k 起作用，而在复合语句内则由在复合语句内定义的 k 起作用。因此，程序 04 行的 k 为 main( )所定义，05 行计算后其值应为 5。08 行输出 k 值，该行在复合语句内，由复合语句内定义的 k 起作用，其初始值为 8，故输出值为 8。i 在整个程序中有效，04 行为 i 赋值 2，故 09 行输出也为 2。11 行已在复合语句之外，输出的 k 应为 main( )所定义的 k，此 k 值由 05 行计算结果为 5，故输出也为 5。

5. 讨论 for 循环语句的其他用法

for 循环语句的通用语法格式如下：

```
for(表达式 1; 表达式 2; 表达式 3)
{
    循环体语句组;
}
```

说明：

(1)for 循环语句中的“表达式 1(循环变量赋初始值)”“表达式 2(循环条件)”和“表达式 3(循环变量增量)”都是选择项，即可以缺省，但“;”不能缺省。

(2)省略“表达式 1(循环变量赋初始值)”，表示不对循环变量赋初始值。

(3)省略“表达式 2(循环条件)”，则不做其他处理时便成为死循环。

例如：

```
for(i=1;  ;  i++)  P1= i;
```

相当于

```
i=1;
while(1)
    {P1= i;
    i++;}
```

(4)省略“表达式 3(循环变量增量)”，则不对循环变量进行操作，这时可在语句体中加入修改循环变量的语句，这样可以更好地控制什么时候退出循环。

例如：

```
for(i=1; i<=100;)
{   P1=1+i;
  i++;}
```

(5)省略“表达式 1(循环变量赋初始值)”和“表达式 3(循环变量增量)”。

例如：

```
for(  ;  i<=100;   )
{P1=i;
i++;}
```

相当于

```
while(i<=100)
    {P1= i;
    i++;}
```

(6)3 个表达式都可以省略。

例如：

```
for(;;) 语句;
```

相当于

```
while(1) 语句;
```

(7)表达式 1 可以是设置循环变量初始值的赋值表达式，也可以是其他表达式。

例如：

```
for(P1=0xFF; i<=100; i++)   P1= i;
```

(8)表达式 1 和表达式 3 可以是一个简单表达式，也可以是逗号表达式。

```
for(P1=0xFF, i=1; i<=100; i++)   P1=i;
```

或者

```
for(i=0, j=100; i<=100; i++, j--)   P1=i+j;
```

八、写一写

(1)什么是形参和实参？举例说明。

(2)将一般函数的格式和两个延时子函数写出来。

(3)将“单片机 C 程序基本结构框架”写出来。

(4)下列程序执行完后 i 等于多少？假设 i 初始值为 0。

```
while(i < 200)
{
    i = i+1;
}
```

(5)如何理解局部变量？举例说明。

(6)for 循环语句的通用格式是什么？举例说明其工作原理。

(7)写出 for 循环语句的其他形式，并举例说明。

九、动手试一试

(1)利用总线操作方式完成下列控制任务。

①设计控制电路并安装连接线路，用所学过的 C 语言知识编写程序：用单片机 P1 端口的 P1.7、P2.7、P3.7 引脚分别控制 3 个 LED 的闪烁，其闪烁时间分别为 1s、1.5s 和 2s。

②设计控制电路并安装连接线路，用所学过的 C 语言知识编写程序：用单片机 P1 端口同时控制连接在 P1.1、P1.3、P1.5、P1.7 引脚上 4 个 LED 的闪烁，闪烁时间为 1s，并且同时控制连接在 P1.0、P1.2、P1.4、P1.6 引脚上的 4 个 LED 的闪烁，闪烁时间为 2s。

(2)利用位操作方式完成下列控制任务。

设计控制电路并安装连接线路，用单片机 P1 端口的 P1.0、P1.1、P1.2、P1.3 引脚控制 4 个 LED 同时闪烁，闪烁时间为 1s，并且同时控制连接在 P1.4、P1.5、P1.6、P1.7 引脚上的 4 个 LED 的闪烁，闪烁时间为 2s。

(3)利用位操作加宏定义完成下列控制任务。

设计控制电路并安装连接线路，用单片机 P1 端口的 P1.0、P1.1、P1.6、P1.7 引脚控制 4 个 LED 同时闪烁，闪烁时间为 0.5s，并且同时控制连接在 P1.0、P1.3、P1.4、P1.7 引脚上的4个LED的闪烁，闪烁时间为2s。

(4)用单片机P1端口的P1.0、P1.1、P1.2、P1.3引脚控制4个LED的闪烁，要求亮(长)和灭(短)的时间不同。尝试同时控制连接在P1.4、P1.5、P1.6、P1.7上的4个LED的闪烁，要求亮(短)和灭(长)的时间不同。

任务五 单片机控制LED的特效发光或闪烁

一、任务书

用C语言的标识符、数据类型、运算符进行编程，实现单片机控制LED的特效发光或闪烁。

二、任务分析

仿真电路图如图2-1-1所示，该电路可以实现不同LED的发光或熄灭控制，也可以使一个或多个LED发光或熄灭。正确连线，接通直流5V电源，即做好了单片机硬件的准备工作。

从前面几个任务中可知，要实现LED的发光、熄灭和闪烁有很多方法，本任务利用已学过的Keil C语言的知识去实现LED发光、熄灭和闪烁的多种控制。

三、单片机控制程序

参考程序综述

- 初始化程序(只执行一次)的使用方法、利用带形参延时函数实现闪烁(亮、灭)时间不一致的C语言编程方法。
- 利用while循环语句实现闪烁次数的C语言编程技巧。
- 利用for循环语句实现闪烁次数的C语言编程技巧。
- 利用do…while循环语句实现闪烁次数的C语言编程技巧。
- 位运算符与表达式的应用及注意事项。
- 利用for循环语句实现LED逐渐变亮的应用和PWM技术应用。

(1)单片机上电后LED0点亮1s后熄灭，LED1开始以0.5s的间隔闪烁，其参考程序如下。

```
01  #include <reg52.h>//调用52单片机头文件 reg52.h
02  sbit LED0=P1^0;  /*定义 P1.0引脚名为 LED0,P 要大写*/
03  sbit LED1=P1^1;  /*定义 P1.1引脚名为 LED1,P 要大写*/
04  void delay_1ms(unsigned  int x)  //带形参 x 的延时函数,约1ms
05  {
```

```
06      unsigned int i,j;  //定义无符号整型变量 i 和 j,
07      for(i=x;i>0;--i)
08          for(j=114;j>0;--j);
09  }
10  void main (void)  //主函数
11  {                             //在此处编写让单片机只执行一次的程序语句
12      LED0=0;                   //点亮 LED0
13      delay_1ms(1000);          //延时1s
14      LED0=1;                   //熄灭 LED0
15      while(1)                  //大循环,用于保证主程序正常运行
16      {
17          LED1=!LED1;           //LED1取反
18          delay_1ms(500);       //延时0.5s
19      }
20  }
```

LED0点亮1s 后,LED1开始以0.5s 的间隔闪烁

【参考程序分析】

12~14 行：学习单片机初始化的方法，只需将初始化程序(一般只执行一次的程序)放在大循环的前面即可。12 行点亮 LED0，13 行调用延时函数延时 1s，14 行熄灭 LED0，之后单片机进入大循序“while(1)”中执行。

(2)单片机控制 LED0 闪烁 5 次后熄灭，其参考程序如下。

```
01  #include <reg52.h>//调用52单片机头文件 reg52.h
02  sbit LED0=P1^0;  /*定义 P1.0引脚名为 LED0,P 要大写*/
03  /*函数定义,函数名为 delay_us,参数变量为 i  (最大值为65536) */
04  void delay_us (unsigned int i)
05  {
06      while(i>0)  --i;  //当变量 i 的值大于0时,i 就减1,--i 相当于 i=i-1
07  }
08  void main (void)  //主函数
09  {   unsigned  int  k;  //定义无符号整型变量 k
10      k=5;  //循环次数为5,LED0闪烁5次
11      while(1)  //死循环
12      {
13          while(k>0)//判断 LED0闪烁次数是否达到了5
14          {
15              LED0=0;  //LED0点亮
16              delay_us (57571);  //调用延时函数,长延时
17              LED0=1;  //LED0熄灭
18              delay_us (57571);  //调用延时函数,长延时
19              k=k-1;  //闪烁次数减1
```

LED0闪烁5次后熄灭演示

```
20            }
21        }
22  }
```

【参考程序分析】

13行：利用while循环语句判断循环变量k是否大于0，如大于0则执行while循环语句大括号中的程序；否则不执行。

利用位取反指令实现的参考程序如下，与前面相同的部分程序省略。

```
01  void main (void)   //主函数
02  {   unsigned  int  k;  //定义无符号整型变量k
03      k=10;  //循环次数为10,LED0闪烁5次
04      while(1)   //死循环
05      {
06          while(k>0)//判断 LED0闪烁次数是否达到了5
07          {
08              LED0=!LED0;   //LED0取反
09              delay_us (57571);   //调用延时函数,长延时
10              k=k-1;   //闪烁次数减1
11          }
12      }
13  }
```

利用for循环语句实现的参考程序如下，与前面相同的部分程序省略。

```
01  void main (void)   //主函数
02  {   unsigned  int  k;
03      k=5;  //循环次数为5,LED0闪烁5次
04      while(1)   //死循环
05      {
06          for(;k>0;k--){
07              LED0=0;   //LED0点亮
08              delay_us (57571);   //调用延时函数,长延时
09              LED0=1;   //LED0熄灭
10              delay_us (57571);   //调用延时函数,长延时
11          }
12      }
13  }
```

【参考程序分析】

06行：for循环语句，首先判断变量k的值是否大于0，如大于0则执行for循环语句大括号中的程序，否则不执行；执行完for循环语句大括号中的语句后，变量k自减1，然后判断k

的值是否大于 0。

07~10 行：LED0 闪烁程序。

利用 do…while 循环语句实现的参考程序如下，与前面相同的部分程序省略。

```
01  void main (void)   //主函数
02  {   unsigned  int  k;
03      k=5;  //循环次数为5,LED0闪烁5次
04      while(1)  //死循环
05      {   do
06          {
07              LED0=0;  //LED0点亮
08              delay_us (57571);  //调用延时函数,长延时
09              LED0=1;  //LED0熄灭
10              delay_us (57571);  //调用延时函数,长延时
11              k=k-1;  //闪烁次数减1
12          }  while(k>0);  //变量 k 大于0,继续执行循环体语句
13          while(1);  //LED0闪烁5次后,单片机停在此处
14      }
15  }
```

利用 do…while 循环语句实现 LED0 闪烁5次后熄灭

【参考程序分析】

05~12 行：do…while 循环语句，其语法格式如下：

do

{

　　循环体语句;

}　while(条件表达式);

do…while 循环语句执行流程如图 2-5-1 所示。

do…while 循环语句同样可以实现循环功能，其与 while 循环语句的不同之处在于：do…while 循环语句先执行一次循环体中的语句，然后判断条件表达式是否成立，如果成立，则继续循环；如果不成立，则退出循环。因此，do…while 循环语句至少执行循环体一次。

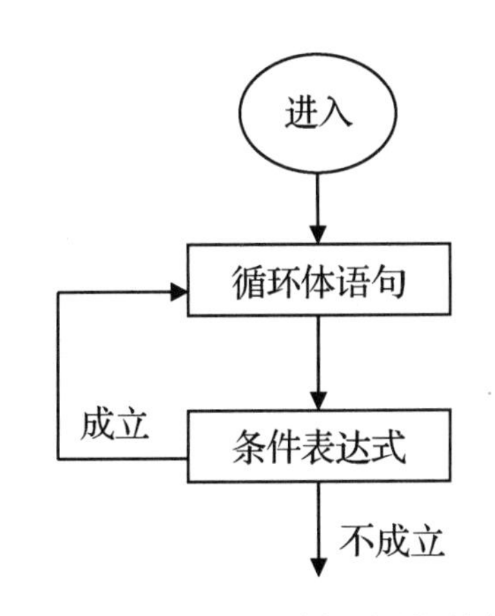

图 2-5-1　do…while 循环语句执行流程

13 行：LED0 闪烁结束后，单片机停止在此处(死循环)。

(3) 利用单片机 P1.0 引脚控制 LED0 快闪 10 次，再慢闪 5 次，然后重新开始，不断重复。参考程序如下，与前面相同的部分程序省略。

```
01  void main (void)   //主函数
02  {   unsigned int k;
03      while(1)   //死循环
04      {
05          k=20;   //循环次数为20,LED0闪烁10次
06          while(k>0){
07              LED0=!LED0;   //LED0灯取反
08              delay_us (5000);   //调用延时函数,短延时
09              k=k-1;   //次数减1
10          }
11          k=10;   //循环次数为10,LED0闪烁5次
12          while(k>0){
13              LED0=!LED0;   //LED0灯取反
14              delay_us (57571);   //调用延时函数,长延时
15              k=k-1;   //闪烁次数减1
16          }
17      }
18  }
```

LED0快闪10次，再慢闪5次后重复演示

【参考程序分析】

05~10 行：LED0 快闪程序。

11~15 行：LED0 慢闪程序。

(4)定义 2 个无符号字符型局部变量 x、y 并赋初始值(x=57，y=136)，分别对 x、y 进行按位取反、按位与、按位或、按位异或、左移、右移等操作，并将结果输出到 8 个 LED 上显示。参考程序如下，与前面相同的部分程序省略。

```
01  void main(void)
02  {
03      unsigned char x=57,y=136;   //定义无符号字符型变量x、y
04      P1=~x;   //按位取反
05      delay_us(3000);
06      P1=~y;   //按位取反
07      delay_us(3000);
08      P1=x&y;   //按位与
09      delay_us(3000);
10      P1=x|y;   //按位或
11      delay_us(3000);
12      P1=x^y;   //按位异或
13      delay_us(3000);
14      P1=x<<1;   //左移1位
```

```
15        delay_us(3000);
16        P1=y<<2;  //左移2位
17        delay_us(3000);
18        P1=x>>2;  //右移2位
19        delay_us(3000);
20        P1=y>>1;  //右移1位
21        delay_us(3000);
22        while(1);
23  }
```

【参考程序分析】

03 行：利用计算机自带的计算器将变量 x 和 y 的值转换为二进制形式，分别是(0011 1001)B 和(1000 1000)B。

04 行：对变量 x 的值 0011 1001 按位取反变为 1100 0110。

06 行：对变量 y 的值 1000 1000 按位取反变为 0111 0111。

08 行：对变量 x&y 的值 0011 1001&1000 1000 按位与后变为 0000 1000。

10 行：对变量 x | y 的值 0011 1001 | 1000 1000 按位或后变为 1011 1001。

12 行：对变量 x^y 的值 0011 1001 ^ 1000 1000 按位异或后变为 1011 0001。

14 行：对变量 x<<1 的值 0011 1001 << 1 左移 1 位后变为 0111 0010。

16 行：对变量 y<<2 的值 1000 1000 << 2 左移 2 位后变为 0010 0000。

18 行：对变量 x>>2 的值 0011 1001 >> 2 右移 2 位后变为 0000 1110。

20 行：对变量 y>>1 的值 1000 1000 >> 1 右移 1 位后变为 0100 0100。

(5)定义 3 个无符号字符型变量 out、a、b，给变量 out、a、b 赋初始值，然后按公式 out=a+b 进行算术运算后，把运算结果显示在 LED 上，并用计算机自带的计算器检验其正误。参考程序如下，与前面相同的部分程序省略。

```
01  #include<reg52.h>
02  #define uchar unsigned char//将无符号字符型数据类型“unsigned char”宏定义为“uchar”
03  #define uint unsigned int  //将无符号整型数据类型“unsigned int”宏定义为“uint”
04  void main(void)
05  {   uchar a=1,b=2,out=0;  //定义变量并赋初始值
06      out=a+b;  //计算表达式
07      while(1)
08      {
09          P1=out;  //输出到P1端口显示结果
10      }
11  }
```

【参考程序分析】

①把b的初始值改为255，其LED显示的结果是全亮，为什么？(因为b定义为char类型，最大值为255，这样a+b=256大于255，所以要重新开始)，把b的初始值改为256试一试，是否计到1？

②把计算表达式out=a+b改为out=a-b，把a的初始值改为11，下载程序，观察LED的亮灭。

③把计算表达式out=a+b改为out=a-b，下载程序，观察到LED是全灭的，为什么？(因为a-b=-1，数据在内存中是以二进制形式存放的，实际上单片机存储的数值都是以补码表示的，正数的补码就是原码，负数的补码是将该数的绝对值的二进制数按位取反后再加1)可以用计算机自带的计算器进行检验。

(6)定义3个无符号字符型变量out、a、b，为变量out、a、b赋初始值，然后按公式out=a*b进行算术运算后，把运算结果显示在LED上，并用计算机自带的计算器检验其正误。参考程序如下，与前面相同的部分程序省略。

```
01 void main(void)  {
02     uchar a=60,b=4,out=0;  //定义变量并赋初始值
03     out=a*b;  //计算表达式[十进制形式为(240)D,二进制形式为(1111 0000)B]
04     while(1)  {
05         P1=out;  //输出到P1端口显示结果
06     }
07 }
```

【参考程序分析】

①把计算表达式out=a*b改为out=a/b，下载程序，观察LED的亮灭[十进制形式为(15)D，二进制形式为(0000 1111)B]。

②把计算表达式out=a*b改为out=a/b，把b的初始值改为40，下载程序，观察LED的亮灭[十进制形式为(1.5)D，二进制形式为(0000 0001)B]，这时“/”有取整数的含义，此功能很常用。

(7)定义3个无符号字符型变量out、a、b，为变量out、a、b赋初始值，然后按公式out=a%b进行算术运算后，把运算结果显示在LED上，并用计算机自带的计算器检验其正误。参考程序如下，与前面相同的部分程序省略。

```
01 void main(void) {
02     uchar a=35,b=20,out=0;  //定义变量并赋初始值
03     out=a% b;  //计算表达式[十进制形式为(15)D,二进制形式为(0000 1111)B]
04     while(1)  {
05         P1=out;  //输出到P1端口显示结果
06     }
07 }
```

【参考程序分析】

①把计算表达式 out=a%b 改为 out=a/b，下载程序，观察 LED 的亮灭(十进制形式为(1)D，二进制形式为(0000 0001)B]。

②把 b 的初始值改为 40，下载程序，观察 LED 的亮灭[十进制形式为(35)D，二进制形式为(0010 0011)B]。

③把 b 的初始值改为 5，下载程序，观察 LED 的亮灭[十进制形式为(0)D，二进制形式为(0000 0000)B]。

(8)定义 4 个无符号字符型变量 out、a、b、c，为 a、b、c 赋初始值，然后按公式 out=a+3*(b-c)/2 进行数学运算，将结果在 LED 上显示出来。参考程序如下，与前面相同的部分程序省略。

```
01  void main()  {
02      uchar a,b,c,out;  //定义无符号字符型变量
03      a=100;  //为变量赋初始值
04      b=60;
05      c=9;
06      out=a+3*(b-c) / 2;  //计算出来的值保存到变量 out 中
07      while(1)  {
08          P1=out;  //输出到 P1端口显示结果
09      }
10  }
```

(9)利用单片机 P1.0 端口控制 LED0 越闪越快，其参考程序如下，与前面相同的部分程序省略。

```
01  void main (void)  //主函数
02  {   unsigned int k;  //定义无符号整型变量,取值范围为0~65535
03      k=30000;
04      while(1)  //死循环
05      {
06          LED0=!LED0;  //LED0灯取反
07          delay_us (k);  //调用延时函数,实参为变量 k
08          k=k-500;  //变量 k 减500
09      }
10  }
```

LED0越闪越快演示

【参考程序分析】

实验发现，LED0 闪烁由慢变快之后，突然变慢，又变越来越快，这样重复。这是因为变量 k 被定义为无符号整型(unsigned int k)，其取值范围是 0~65 535，不能是负数。在做减法时，如果不够减，会产生硬件借位。借 1 作 65 536(十六进制形式为 0x10000)，再做减法，结

果数值反而变大。例如：k=2，则k-500会借位，即(65 536+2)-500=65 038。

(10)利用单片机P1.0引脚控制LED0逐渐变亮(由暗慢慢变亮)，其参考程序如下。

```
01  #include <reg52.h>//调用52单片机头文件 reg52.h
02  sbit LED0=P1^0;   /*定义 P1.0引脚名为 LED0,P 要大写*/
03  void main (void)  //主函数
04  {   unsigned int i , j;  //定义变量 i、j,i 是控制点亮时间,j 是控制熄灭时间
05      while(1)  //死循环
06      {
07          LED0=0;  //LED0点亮
08          for(j=0;j<i;j++);  //LED0点亮延时时间为 i
09          LED0=1;  //LED0点亮后熄灭
10          for(j=i;j<500;j++);  //LED0熄灭延时时间为500-i
11          i++;  //变量 i 自增1
12          while(i>=500) i=0;  //变量 i 增加到500时,i 变为0
13      }
14  }
```

LED0逐渐变亮演示

【参考程序分析】

08行：LED0点亮延时，延时时间由i决定，变量j由0变到i。

10行：LED0熄灭延时，延时时间由500-i决定，变量j由i变到500。

12行：变量i增加到500，则i清零，让LED0从暗变亮不断循环。

思考：如果控制LED0逐渐变暗(由亮慢慢变暗)，应如何编写程序？

(11)利用PWM技术控制LED渐亮，P1.1引脚的输出占空比为96%，其参考程序如下。

```
01  #include <reg52.h>
02  void main(void)
03  {
04      unsigned char i = 0;  //定义无符号字符型变量 i,控制 LED 点亮/熄灭的时间比
05      P1 = 0xFE;  //LED0点亮
06      while(1){
07          for(i=0; i<250; i++) {
08              if(i<10){
09                  P1 &= 0xFD;  //LED1点亮
10              }
11              else{
12                  P1 |= 0x02;  //LED1熄灭
13              }
14          }
15      }
16  }
```

【参考程序分析】

08 行：LED0 点亮延时，延时时间由常量 10 决定，变量 i 的值小于 10 时为 LED1 点亮的时间。

12 行：当延时变量 i 大于 10 时，LED1 熄灭。

P1.1 引脚输出占空比为 96%(点亮时间/周期 = 240/250 = 96%，这里观察变量 i 的值)的方波，P1.0 输出恒为低电平(图 2-5-2)。

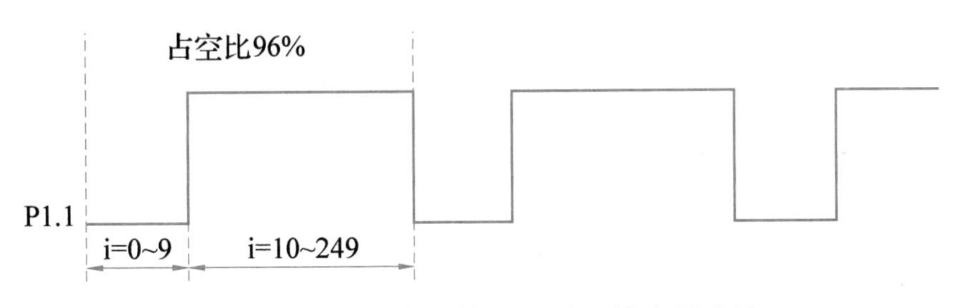

图 2-5-2　单片机某 I/O 端口输出的方波

从实际运行效果可以看到，LED0 比 LED1 亮。这里说明一点，当 P1.0 输出低电平时，LED0 亮。因此，PWM 的占空比越小越亮。

只需要将上述程序稍微改动，就可以看到通过改变 PWM 的占空比实现 LED1 渐亮的过程，参考程序如下。

```
01  #include <reg52.h>
02  void main(void)
03  {
04      unsigned char i = 0,j;
05      P1 = 0xFE;  //LED0亮
06      while(1){
07          for(i=0; i<250; i++) {
08              if(i<j){
09                  P1 &= 0xFD;  //LED1点亮
10              }
11              else{
12                  P1 |= 0x02;  //LED1熄灭
13              }
14          }
15          j++;
16      }
17  }
```

【参考程序分析】

04 行：定义两个无符号字符型变量 i 和 j，并且初始值都为 0。

08 行：LED1 点亮延时，延时时间由变量 j 决定，变量 i 的值小于变量 j 的值时为 LED1 点亮的时间。

12 行：当变量 i 大于 j 的值时，LED1 熄灭。

这样利用一个变量 j 来改变单片机 P1.1 引脚输出高/低电平的时间，即改变 PWM 的占空比。

利用函数实现不同位置 LED 的点亮，通过参数可以改变 LED 的亮度。参考程序如下。

```
01  #include <reg52.h>
02  /****************************************************
03      函数名:PWM_led
04      参数:led 为单片机引脚号,t 为 LED 点亮/熄灭的时间比
05  ****************************************************/
06  void PWM_led(unsigned char led ,unsigned char t)  {
07      unsigned char i = 0;
08      for(i=0; i<250; i++) {
09          if(i<t){
10              P1 &= (0xFE<<led|0xFE>>(8-led));  //第 n 个 LED 点亮
11          }
12          else{
13              P1 |= 0x01<<led;  //第 n 个 LED 熄灭
14          }
15      }
16  }
17  void main(void){
18      while(1){
19          PWM_led(2,10);
20      }
21  }
```

【参考程序分析】

06~16 行：单片机某个引脚实现 PWM 程序。

08 行：PWM 周期为 250。

09 行：LED 点亮延时，延时时间由变量 t 决定，变量 i 的值小于变量 t 的值时为 LED 点亮的时间；“(0xFE<<led|0xFE>>(8-led))”将单片机某位清零，如 led = 3，则对应 LED3 点亮，十六进制 0xFE 化为二进制形式为(1111 1110)B，先向左移动 led = 3 位，变为(1111 0000)B，

再向右移动 led=8-3 位，变为(0000 0111)B，然后将两个移位后的值进行位或，变为(1111 0111)B。这样“P1 &=0xf7”就将 LED3 变为 0。

13 行：当变量 i 大于 t 的值时，LED1 熄灭，熄灭时间为 250-t。将“0x01”移动 led 位后再置 1，使连接在 P1 端口上的第 led 位置 1。

19 行：调用函数 PWM_led( )，参数 2 对应单片机 P1.2 引脚，10 对应的 PWM 占空比为 96%。

四、应知应会知识链接

1. 位运算符与表达式(参与运算的量按二进制数进行运算)

位运算符(表 2-5-1)的作用是按位对变量进行运算，但是并不改变参与运算的值。要记住，浮点数不能进行位操作。位运算的语法格式如下：

变量 1　位运算符　变量 2

表 2-5-1　Keil C 语言的位运算符

符号	功能	范例	说明
&	按位相与	x&y	设 x=0101 1100，y=0011 1010，x&y=0001 1000
|	按位相或	x | y	设 x=0101 1100，y=0011 1010，x | y=0111 1110
^	按位异或	x^y	设 x=0101 1100，y=0011 1010，x^y=0110 0110
<<	左移	x<<2	设 x=0101 1100，x<<2=0111 0000
>>	右移	x>>2	设 x=0101 1100，x>>2=0001 0111

2. PWM 技术

脉冲宽度调制(Pulse Width Modulation，PWM)简称脉宽调制，是利用微处理器的数字输出对模拟电路进行控制的一种非常有效的技术，广泛应用在测量、通信、功率控制与变换等领域。

随着电子技术的发展，出现了多种 PWM 技术，其中包括相电压控制 PWM、脉宽 PWM、随机 PWM、SPWM、线电压控制 PWM 等。在镍氢电池智能充电器中采用脉宽 PWM，它是把每一脉冲宽度均相等的脉冲列作为 PWM 波形，通过改变脉冲列的周期可以调频，改变脉冲的宽度或占空比可以调压，采用适当控制方法即可使电压与频率协调变化。可以通过调整 PWM 的周期、PWM 的占空比达到控制充电电流的目的。

单片机的 I/O 端口只能输出高、低电平，如果单片机 I/O 端口输出的电平高低不断变化，则连接在单片机 I/O 端口上的 LED 就会闪烁；如果单片机 I/O 端口输出的电平高低变化非常快，根据视觉暂留原理，就可以看到 LED 不是在闪烁，而是保持某种程度的亮度。单片机 I/O 端口输出的 PWM 可以认为是一种方波，如图 2-5-3 所示。

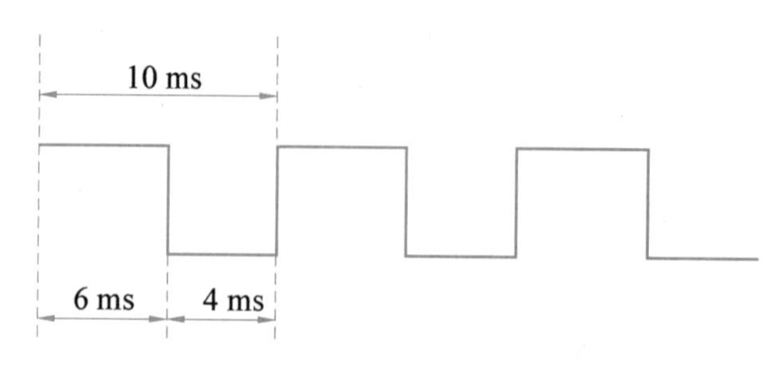

图 2-5-3　单片机 I/O 端口输出的方波

图中方波周期为 10ms，占空比为 60%(占空比是指高电平在一个周期之内所占的时间比率)。

五、写一写

(1)式子“i=i-1”和“--i”怎么理解？请举例说明计算过程和结果。

(2)利用 while 循环语句如何实现 LED 闪烁次数？举例说明。

(3)运算符“!”和“~”有何区别？举例说明。

(4)请分析下面延时子程序原理，设 i=10。

```
void delay(unsigned int i)
{
    while(i>0)  --i;
}
```

(5)请分析并写出下面延时子程序原理，设 x=2。

```
void delay(unsigned int x)
{
    unsigned int i,j;
    for(i=x;i>0;i=i-1)
        for(j=114;j>0;j=j-1);
}
```

六、动手试一试

(1)用单片机 P1 端口控制 8 个 LED 由快到慢闪烁。

(2)用单片机 P1 端口控制 P1.1 引脚连接的 LED 慢闪 3 次，P1.2 引脚连接的 LED 快闪 10 次，然后重复。

(3)用单片机 P1 端口控制 LED0～LED3 以不同速度点亮，要求 LED0 最慢、LED1 中速、LED2 快速、LED3 最快，然后重复。

(4)用单片机 P1 端口实现 8 个 LED 点亮 200ms，熄灭 800ms 进行闪烁。

(5)用单片机 P1 端口控制 P1.1 引脚连接的 LED 慢闪(1s)3 次，P1.2 引脚连接的 LED 快闪(0.2s)10 次，然后重复。

(6)用单片机 P1 端口控制 LED0～LED3 以不同速度点亮，要求 LED0 最慢(1s)、LED1 中速(0.8s)、LED2 快速(0.5s)、LED3(0.2s)最快，然后重复。

(7)把 8 个 LED 灯分成 LED1～LED4(第 1 组)和 LED5～LED8(第 2 组)共 2 组，使两组 LED 交替闪烁，即第 1 组 LED 点亮时第 2 组 LED 熄灭，反之，第 1 组 LED 熄灭时第 2 组 LED 点亮。另外要求：①每组 LED 点亮时间和熄灭时间相同(1s)；②每组 LED 灯点亮时间(1s)和熄灭时间(0.5s)不相同。

(8)编写程序实现 LED0 由亮逐渐变暗，且不断重复。

(9)利用 PWM 技术实现 LED0 占空比为 10%的亮度，LED1 占空比为 20%的亮度，LED2 占空比为 30%的亮度，LED3 占空比为 40%的亮度，LED4 占空比为 50%的亮度，LED5 占空比为 60%的亮度，LED6 占空比为 80%的亮度，LED7 占空比为 100%的亮度。

任务六 钮子开关的应用

一、任务书

利用钮子开关 SA 控制 LED 的点亮、熄灭或闪烁等不同的显示效果。仿真电路图如图 2-6-1 所示，指令模块钮子开关实物及内部电路如图 2-6-2 所示。

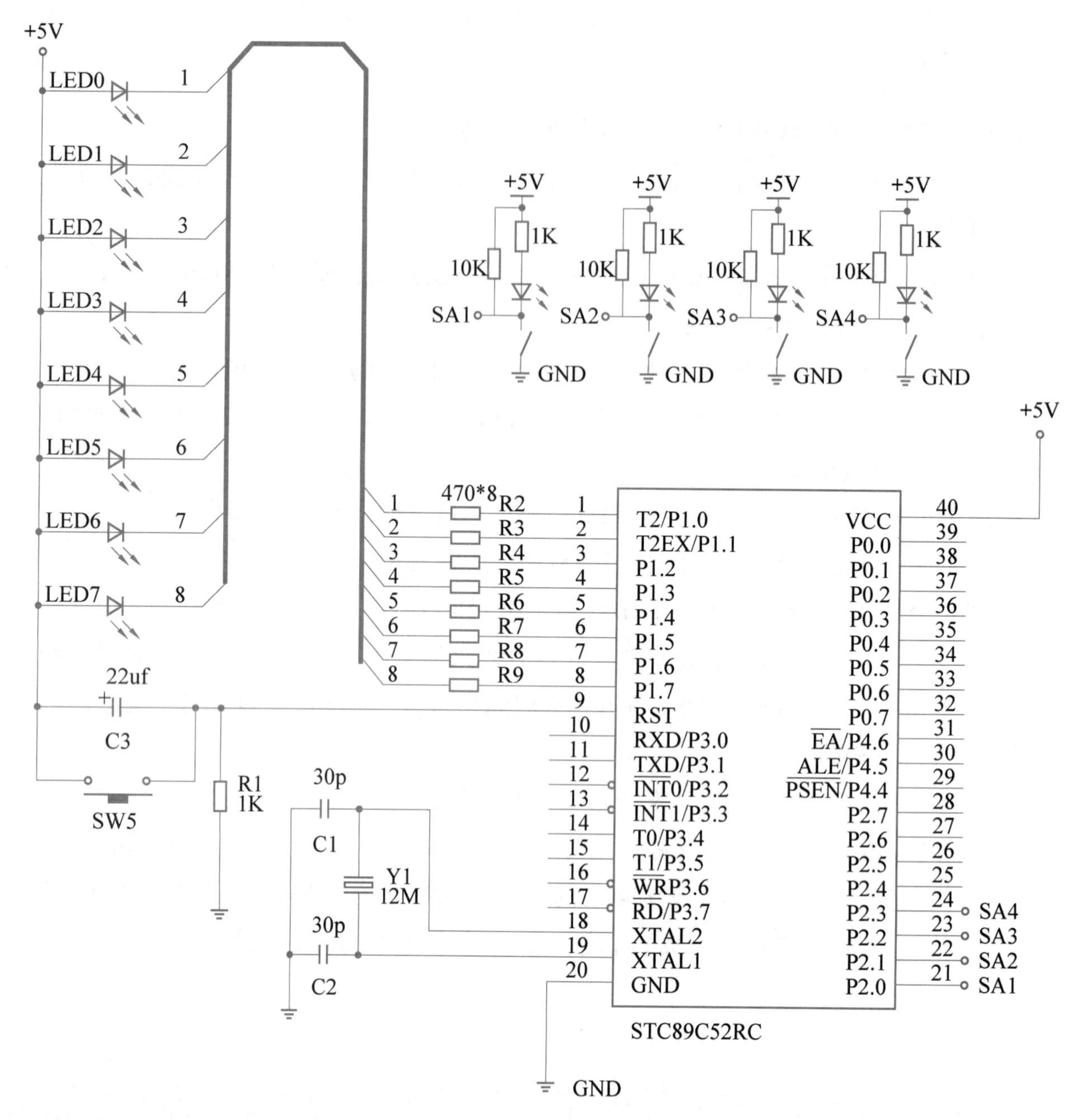

图 2-6-1　钮子开关连接单片机控制 LED 的仿真电路图

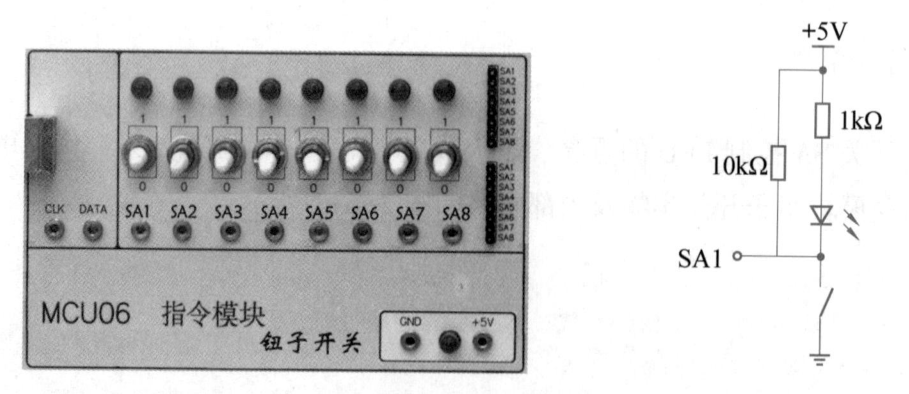

图 2-6-2　指令模块钮子开关实物及内部电路

二、任务分析

如图 2-6-1 所示，要用钮子开关控制 LED 点亮，可以直接将钮子开关与 LED 连接，为什么还要通过单片机操作？这是因为通过单片机检测钮子开关的通断状态来控制 LED 的亮灭会变得很灵活，并且可以实现很多复杂的功能。

从前面几个任务中可知，实现 LED 的发光、熄灭和闪烁有很多方法，本任务通过单片机程序判断钮子开关的通断状态，从而控制 LED 的亮灭或控制其他功能的实现。例如：如果 SA1=0，LED0 就点亮，如果 SA1=1，LED0 就熄灭，因此要编写具有判断功能的程序，在 C 语言中，具有判断功能的语句是 if 语句。

如图 2-6-2 所示，钮子开关拨向上侧为“断开”，即 SA=1，SA1 连接的单片机引脚会检测到高电平；钮子开关拨向下侧为“接通”，即 SA=0，SA1 连接的单片机引脚会检测到低电平。

三、单片机控制程序

参考程序综述

- 带自锁的钮子开关在单片机 C 程序中的编程应用。
- 不同形式结构判断语句 if(基本 if 结构和“二选一”结构)在单片机 C 程序中的编程应用，以及 if 语句嵌套的应用。
- 条件表达式(问号语句)、逻辑运算符的 C 语言编程应用。

1. 1 个钮子开关控制 LED0 点亮和熄灭示例

(1)利用 if 语句实现的参考程序如下。

```
01  #include <reg52.h>//调用52单片机头文件 reg52.h
02  sbit SA1=P2^0;   /*定义 P2.0引脚名为 SA1,P 要大写*/
03  sbit LED0=P1^0;   /*定义 P1.0引脚名为 LED0,P 要大写*/
04  void main (void)   //主函数
05  {
06      //在此处编写让单片机只执行一次的程序语句
07      while(1)   //死循环,用于保证主程序正常运行
08      {
09          if(SA1==0) {LED0=0;}   //点亮 LED
10          if(SA1==1)  {LED0=1;}   //熄灭 LED
11      }
12  }
```

1个钮子开关控制 LED0点亮和熄灭

【参考程序分析】

02 行：定义单片机 P2 端口的 0 位，式中“P1^0”表示 P2 端口的 P2.0 引脚。定义符号 SA1 表示 P2.0 引脚，这样程序中符号 SA1 值的变化就表示了 P2.0 引脚电平的变化。

09 行：if 判断语句。如果 SA1 是接通的(即 SA1 = 0，对应单片机引脚 P2.0 检测到低电平)，则 LED0 点亮(通过“LED0 = 0”给连接了 LED 的对应单片机引脚赋低电平“0”)。

10 行：if 判断语句。如果 SA1 是断开的(即 SA1 = 1，对应单片机引脚 P2.0 检测到高电平)，则 LED0 熄灭(通过“LED0 = 1”给连接了 LED 的对应单片机引脚赋高电平“1”)。

用 if 语句可以构成分支结构，它根据给定的条件进行判断，以决定执行哪个分支程序段。C 语言的 if 语句有 3 种基本形式。

第一种形式为基本 if 形式：

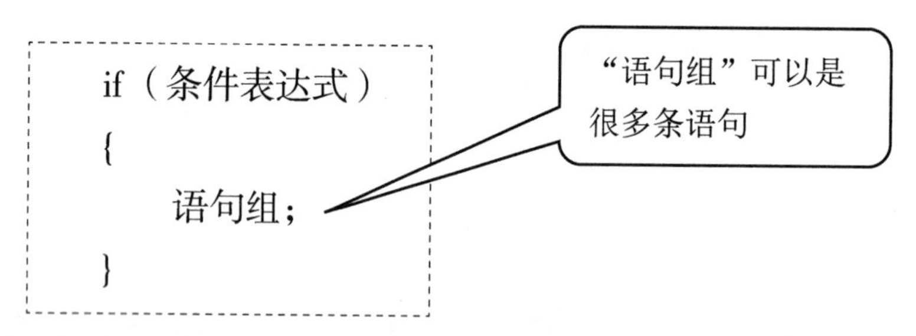

“if”译成中文为“如果，假如”。

如图 2-6-3 所示，if 语句的执行流程是：如果“条件表达式”成立(即表达式的值为真“1”)，则执行其大括号中的语句组，否则不执行大括号中的语句组，即跳过大括号中的语句组，执行后续的其他语句。

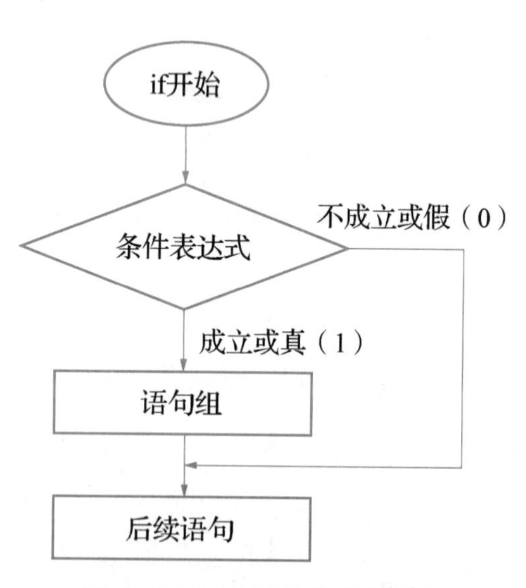

图 2-6-3　if 语句的执行流程

如果语句组中只有一条语句，则两个大括号可以省略，例如：

```
if(SA1==0)  {LED0=0;}
if(SA1==1)  {LED0=1;}
```

可以改为：

```
if(SA1==0)  LED0=0;
if(SA1==1)  LED0=1;
```

如果语句组中没有任何语句，那么条件表达式的判断也就失去了意义。

思考：在程序中同时出现了“==”和“=”这两个运算符，它们分别表示什么含义？

①在任务一中已经介绍过，“=”是“赋值”的意思，如“LED0=0;”表示将低电平“0”传送给单片机 P1.0 引脚，因为已经定义了“LED0”就是“P1.0”。

②在任务三中已经分析过关系表达式，“==”是“等于”的意思。例如：

if(SA1==0) {LED0=0;}　//点亮 LED

if(SA1==1) {LED0=1;}　//熄灭 LED

由于利用 C 语言关键字 sbit 定义了 SA1 就是单片机引脚 P2.0，所以：

“SA1==1”为判断，含义是：SA1(P2.0)等于高电平“1”；

“SA1==0”为判断，含义是：SA1(P2.0)等于低电平“0”。

(2)利用 if...else 语句实现的参考程序如下，与上例相同的部分程序省略。

```
01  while(1)  //死循环,用于保证主程序正常运行
02  {
03      if(SA1==0)  //开关是否闭合?
04          {LED0=0;}  //点亮 LED
05      else
06          {LED0=1;}  //熄灭 LED
07  }
```

【参考程序分析】

03~06 行：是 if 语句的“二选一”结构，“else”译成中文为“其他的、别的”。03 行进行判断，如果钮子开关拨向下侧为“接通”，即“SA==0”成立，则执行 04 行为 LED0 赋低电平“0”；如果钮子开关拨向上侧为“断开”，即“SA==0”不成立，则执行 06 行为 LED0 赋高电平“1”。

第二种 if 语句形式为“二选一”结构：

if(条件表达式)

{语句组 1;}

　else

{语句组 2;}

如图 2-6-4 所示，“二选一”结构的 if...else 语句的执行流程是：如果条件表达式的值为真，则选择执行语句组 1，否则选择执行语句组 2；语句组 1 和语句组 2 不会都不执行，始终会执行其中一个(根据条件表达式的值而定)。

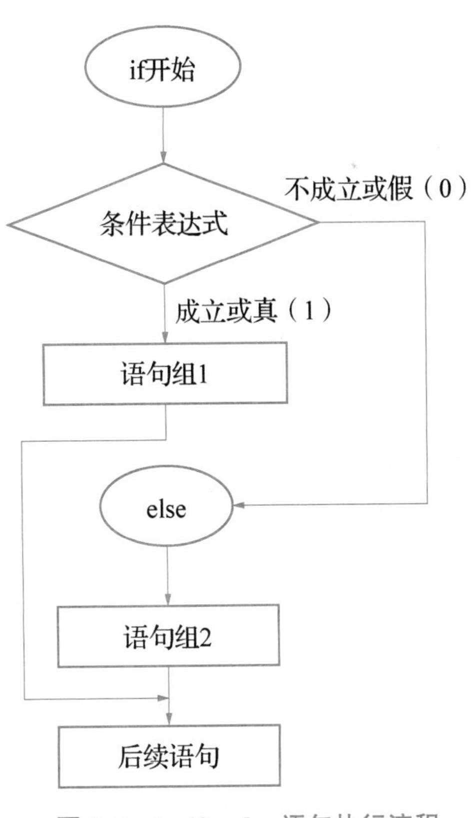

图 2-6-4　if...else 语句执行流程

如果语句组 1 或语句组 2 中只有一条语句，则两个大括号可以省略不写；如果语句组 1 或语句组 2 中没有任何语句，那么条件表达式的判断也就失去了意义。

(3)用“二选一”结构实现“两个值之间的选择”功能时，可以利用条件运算符(或称为问号语句)来实现，参考程序如下。

```
01  while(1)  //死循环,用于保证主程序正常运行
02  {
03      LED0=(SA1==0 ? 0 : 1);  //可以写成 LED0= SA1==0 ? 0 : 1;
04  }
```

【参考程序分析】

03行：判断“SA1 = = 0”是否成立，如果条件表达式“SA1 = = 0”成立，则取冒号前的值“0”；否则，取冒号后面的值“1”，然后将取得的值赋给LED0。

由条件运算符组成条件表达式的一般格式如下：

条件表达式 ？表达式值1：表达式值2；

其求值规则为：如果条件表达式成立或其值为真，则选择表达式值1，否则选择表达式值2。

注意：条件运算符“?”和“:”是一对运算符，不能分开单独使用。

(4)用其他方法实现的参考程序如下，与上例相同的部分程序省略。

```
01  while(1)  //死循环,用于保证主程序正常运行
02  {
03      LED0=SA1;  //将开关的状态值赋给 LED0
04  }
```

【参考程序分析】

03行：LED0的状态与钮子开关的状态有直接关系，因此将开关SA1的状态直接赋值给LED0。如果钮子开关拨向下侧“接通”，要让LED0熄灭，则将该行写成“LED0 = !SA1;”，将开关的状态值取反后赋给LED0。

2. 1个钮子开关控制多个LED的点亮、熄灭或闪烁示例

(1)1个钮子开关SA1控制LED0、LED1。当SA1 = 0时，LED0点亮，LED1熄灭；当SA1 = 1时，LED0熄灭，LED1点亮。利用if语句实现的参考程序如下。

```
01  #include <reg52.h>//调用52单片机头文件 reg52.h
02  sbit SA1=P2^0;  /*定义 P2.0引脚名为 SA1,P 要大写*/
03  sbit LED0=P1^0;  /*定义 P1.0引脚名为 LED0,P 要大写*/
04  sbit LED1=P1^1;  /*定义 P1.1引脚名为 LED1,P 要大写*/
05  void main (void)  //主函数
06  {
07      //在此处编写让单片机只执行一次的程序语句
```

1个钮子开关控制多个LED的点亮、熄灭或闪烁

```
08      while(1)  //死循环,用于保证主程序正常运行
09      {
10          if(SA1==0) {LED0=0; LED1=1;}  //点亮 LED0,熄灭 LED1
11          if(SA1==1) {LED0=1; LED1=0;}  //点亮 LED1,熄灭 LED0
12      }
13  }
```

【参考程序分析】

10 行：if 判断语句。如果 SA1 是接通的(即 SA1＝0，对应单片机引脚 P2.0 检测到低电平)，则执行“LED0＝0；LED1＝1；”。

11 行：if 判断语句。如果 SA1 是断开的(即 SA1＝1，对应单片机引脚 P2.0 检测到高电平)，则执行“LED0＝1；LED1＝0；”。

(2)利用 if…else 语句实现的参考程序如下，与上例相同的部分程序省略。

```
01  while(1)  //死循环,用于保证主程序正常运行
02  {
03      if(SA1==0)  //判断开关 SA1是否闭合
04          {LED0=0; LED1=1;}  //点亮 LED0,熄灭 LED1
05      else
06           {LED0=1; LED1=0;}  //熄灭 LED0,点亮 LED1
07  }
```

【参考程序分析】

03～06 行：是 if 语句的“二选一”结构的判断程序。03 行进行判断，如果钮子开关拨向下侧为“接通”，即“SA＝＝0”成立，则执行 04 行；如果钮子开关拨向上侧为“断开”，即“SA＝＝0”不成立，则执行 06 行。

将上述程序改写如下，请读者自行分析。

```
01  while(1)  //死循环,用于保证主程序正常运行
02  {
03      if(!SA1)  //判断开关 SA1是否闭合,即 SA1是否等于0
04          {LED0=SA1;LED1=!SA1;}  //点亮 LED0,熄灭 LED1
05      else
06          {LED0=SA1;LED1=!SA1;}  //点亮 LED1,熄灭 LED0
07  }
```

(3)利用总线操作方式实现的参考程序如下，与上例相同的部分程序省略。

```
01 while(1)  //死循环,用于保证主程序正常运行
02 {
03     if(SA1==0)//可以改为"if(!SA1)"
04         {P1=0xfe;}  //(11111110)B,点亮 LED0,熄灭 LED1
05     else
06         {P1=0xfd;}  //(11111101)B,点亮 LED1,熄灭 LED0
07 }
```

可以将04、06行改为：当SA1接通时单数的LED点亮，即“P1=0xaa；”，否则双数的LED点亮，即“P1=0x55;”。

(4)利用宏定义实现的参考程序如下。

```
01 #include <reg52.h>//调用52单片机头文件 reg52.h
02 sbit SA1=P2^0;  /*定义 P2.0引脚名为 SA1,P 要大写*/
03 sbit LED0=P1^0;  /*定义 P1.0引脚名为 LED0,P 要大写*/
04 sbit LED1=P1^1;  /*定义 P1.1引脚名为 LED1,P 要大写*/
05 #define  on  0
06 #define  off  1
07 void main (void)
08 {    //在此处编写让单片机只执行一次的程序语句
09     while(1)
10     {
11         if(SA1==0)  //判断开关 SA1是否闭合
12             {LED0=on;LED1=off;}  //点亮 LED0,熄灭 LED1
13     else
14         {LED0=off;LED1=on;}  //点亮 LED1,熄灭 LED0
15     }
16 }
```

【参考程序分析】

05、06行：利用关键字define定义两个标识符代替常量。用“off”代表高电平“1”，用“on”代表低电平“0”。

11~14行：是if语句的“二选一”结构的判断程序。11行进行判断，如果钮子开关拨向下侧为“接通”，即“SA==0”成立，则执行12行；如果钮子开关拨向上侧为“断开”，即“SA==0”不成立，则执行14行。也可以将“if(SA1==0)”改为“if(! SA1)”进行判断。

(5)当钮子开关SA1接通时，LED0闪烁(时间为0.5s)，LED1熄灭；当SA1断开时，LED0熄灭，LED1闪烁(时间为1s)，参考程序如下。

```
01  #include <reg52.h>//调用52单片机头文件 reg52.h
02  sbit SA1=P2^0;   /*定义 P2.0引脚名为 SA1,P 要大写*/
03  sbit LED0=P1^0;   /*定义 P1.0引脚名为 LED0,P 要大写*/
04  sbit LED1=P1^1;   /*定义 P1.1引脚名为 LED1,P 要大写*/
05  voiddelay_1ms (unsigned  int x)  //延时函数,约1ms
06  {
07      unsigned int i,j;
08      for(i=x;i>0;--i)
09      for(j=114;j>0;--j);
10  }
11  void main (void)  //主函数
12  {
13      while(1){  //大循环
14          if(SA1==0){  //开关是否接通?
15              LED0=!LED0;  //LED0点亮
16              LED1=1;  //LED1熄灭
17              delay_1ms (500);  //调用延时函数,参数为500,约0.5s
18          }
19          else{
20              LED0=1;  //LED0熄灭
21              LED1=!LED1;  //LED1灯取反
22              delay_1ms (1000);  //调用延时函数,参数为1000,约1s
23          }
24      }
25  }
```

1个钮子开关控制 LED 的闪烁

【参考程序分析】

14~23 行：是 if 语句的“二选一”结构的判断程序。14 行进行判断，如果钮子开关拨向下侧为“接通”，即“SA = = 0”成立，则执行 15 ~ 17 行；如果钮子开关拨向上侧为“断开”，即“SA = = 0”不成立，则执行 20~22 行。

(6)8 个 LED 闪烁的参考程序如下。

```
01  void main (void) {  //主函数
02      while(1){  //大循环
03          if(SA1==0){  //开关是否接通?
04              P1=~P1;  //P1取反
05              delay_1ms (1000);  //调用延时函数,参数为1000,约1s
06          }
07          else{
08              P1=0xff;  //LED 熄灭
09          }
```

```
10        }
11    }
```

(7) 当开关的状态改变时，LED0 的状态也跟着改变，参考程序如下。

```
01  #include <reg52.h>//调用52单片机头文件 reg52.h
02  sbit SA1=P2^0;   /*定义 P2.0引脚名为 SA1,P 要大写*/
03  sbit LED0=P1^0;   /*定义 P1.0引脚名为 LED0,P 要大写*/
04  void main (void)    {  //主函数
05      bit bSA1;  //定义位变量
06      bSA1=SA1;  //保存开关 SA1的状态
07      LED0=0;  //初始化点亮 LED0
08      while(1) {  //大循环,用于保证主程序正常运行
09          if(SA1!=bSA1) {  //判断开关 SA1状态是否改变
10              LED0=!LED0;
11              bSA1=SA1;  //刷新位变量的值
12          }
13      }
14  }
```

LED 状态跟随钮子开关状态变化演示

【参考程序分析】

05 行：用关键字 bit 定义一个位变量作为“标志”，用来保存钮子开关的状态。

09 行：判断开关 SA1 是否被操作过。如果 if 语句小括号中的条件表达式成立，则表明被操作过。

10 行：开关 SA1 状态每变化一次，LED0 的状态就取反一次。

11 行：保存 SA1 改变后的状态，为下一次判断状态的改变做准备。

3. 多个钮子开关控制多个 LED 的点亮、熄灭或闪烁示例

(1) 利用 2 个钮子开关 SA1 和 SA2 控制 LED0~LED3。当 SA2SA1=00 时，LED0 点亮，其他 LED 熄灭；当 SA2SA1=01 时，LED1 点亮，其他 LED 熄灭；当 SA2SA1=10 时，LED2 点亮，其他 LED 熄灭；当 SA2SA1=11 时，LED3 点亮，其他 LED 熄灭。利用 if 语句实现的参考程序如下。

```
01  #include <reg52.h>//调用52单片机头文件 reg52.h
02  sbit SA1=P2^0;   /*定义 P2.0引脚名为 SA1,P 要大写*/
03  sbit SA2=P2^1;   /*定义 P2.1引脚名为 SA2,P 要大写*/
04  sbit LED0=P1^0;   /*定义 P1.0引脚名为 LED0,P 要大写*/
05  sbit LED1=P1^1;   /*定义 P1.1引脚名为 LED1,P 要大写*/
06  sbit LED2=P1^2;   /*定义 P1.2引脚名为 LED2,P 要大写*/
07  sbit LED3=P1^3;   /*定义 P1.3引脚名为 LED3,P 要大写*/
08  void main (void)   //主函数
```

用 if 语句实现2个钮子开关控制 LED0~LED3 的演示

```
09  {
10      //在此处编写让单片机只执行一次的程序语句
11      while(1)  {  //大循环,用于保证主程序正常运行
12          if(SA2==0&&SA1==0) {LED0=0; LED1=LED2=LED3=1;}  //点亮 LED0
13          if(SA2==0&&SA1==1) {LED1=0; LED0=LED2=LED3=1;}  //点亮 LED1
14          if(SA2==1&&SA1==0) {LED2=0; LED0=LED1=LED3=1;}  //点亮 LED2
15          if(SA2==1&&SA1==1) {LED3=0; LED0=LED1=LED2=1;}  //点亮 LED3
16      }
17  }
```

【参考程序分析】

12 行：if 语句使用了“复合”逻辑条件表达式。“&&”是“逻辑与”运算符，也称为“逻辑乘”运算符，表示它前后的两个条件必须同时成立，结果才成立。也就是说，只要“SA2==0”成立(为真“1”)，同时“SA1==0”也成立(为真“1”)，则该行可变为“if(1 && 1) {LED0=0; LED1=LED2=LED3=1;}”，“1 && 1”的意思是 1 乘以 1，结果还是 1，因此 if 语句的小括号中为“1”，则执行 if 语句大括号中的语句组。

(2)利用总线操作方式实现的参考程序如下。

```
01  #include <reg52.h>//调用52单片机头文件 reg52.h
02  void main (void)   {  //主函数
03      //在此处编写让单片机只执行一次的程序语句
04      while(1) {  //大循环
05          if(P2==0xfc) {P1=0xfe;}  //点亮 LED0
06          if(P2==0xfd) {P1=0xfd;}  //点亮 LED1
07          if(P2==0xfe) {P1=0xfb;}  //点亮 LED2
08          if(P2==0xff) {P1=0xf7;}  //点亮 LED3
09      }
10  }
```

【参考程序分析】

05 行：由于两个开关 SA1 和 SA2 连接在 P2.0 和 P2.1 引脚上，当 SA2SA1=00 时，对应的 P2 端口的十六进制值是 0xfc[二进制形式为(1111 1100)B]，只要判断 P2 端口是否等于 0xfc 即可判断 SA2SA1 是否为 00，然后执行相应的程序。

(3)在楼上和楼下各装有 1 个开关，不管什么时候上楼或下楼，转换任意开关，LED0 原来熄灭时就点亮，LED0 原来点亮时就熄灭。

分析：可以设两个开关都断开(00)或都接通(11)时，LED0 不亮；开关一个断开一个接通(01、10)时，LED0 点亮。

参考程序如下。

```
01  #include <reg52.h>//调用52单片机头文件 reg52.h
02  sbit SA1=P2^0;   /*定义 P2.0引脚名为 SA1,P 要大写*/
03  sbit SA2=P2^1;   /*定义 P2.1引脚名为 SA2,P 要大写*/
04  sbit LED0=P1^0;
05  void main (void)   {  //主函数
06      while(1) {  //大循环,用于保证主程序正常运行
07          if((SA2==0&&SA1==1)||(SA2==1&&SA1==0)) {LED0=0;}  //点亮 LED0
08          if((SA2==0&&SA1==0)||(SA2==1&&SA1==1)) {LED0=1;}  //熄灭 LED0
09      }
10  }
```

楼上、楼下开关控制LED0点亮、熄灭的演示

【参考程序分析】

07行：在C程序中，“‖”是“逻辑或”运算符，也称为“逻辑加”运算符。只要“SA2==0&&SA1==1”成立或者“SA2==1&&SA1==0”成立，就执行if语句大括号中的语句组“{LED0=0;}”。

08行：只要“SA2==0&&SA1==0”成立或者“SA2==1&&SA1==1”成立，就执行if语句大括号中的语句组“{LED0=0;}”。

可以将大循环中的if语句用“二选一”结构实现：

```
01  if((SA2==0&&SA1==1)||(SA2==1&&SA1==0)) {LED0=0;}  //点亮 LED0
02  else {LED0=1;}  //熄灭 LED0
```

可以利用总线操作方式实现：

```
01  if((P2==0xfe)||(P2==0xfd)) {P1=0xfe;}  //点亮 LED0
02  else {P1=0xff;}  //熄灭 LED0
```

可以利用不等于关系运算符实现：

```
01  if(SA2!=SA1)
02      {LED0=0;}  //点亮 LED0
03  else
04      {LED0=1;}  //熄灭 LED0
```

可以利用位运算符实现：

```
01  while(1)  //死循环,用于保证主程序正常运行
02  {
03      LED0=SA2^SA1;  //异或,相等为0,不等为1
04  }
```

从以上程序可以知道，实现相同的功能，编程的方法有很多种。不同的思路会产生不同的程序实现方法，这些方法就称为“算法”。编写程序最重要的环节就是找到一个好的算法，

好的算法不仅要正确，还要使程序简单可靠、可维护性好、执行效率高。算法是程序的灵魂，因此学习单片机 C 语言编程就是不断地研究程序对应的“好算法”。

四、应知应会知识链接

1. if 语句形式的说明

(1)在使用 if 语句时还应注意以下问题。

①在三种形式的 if 语句中，在 if 关键字之后均为“条件表达式”。该“条件表达式”通常是逻辑表达式或关系表达式，但也可以是其他表达式，如赋值表达式等，甚至可以是一个变量。

例如：

```
if(a=5) 语句;
if(b) 语句;
```

都是允许的，只要表达式的值为非“0”，即为“真”。

如在

```
if (5) …;
```

中，条件表达式的值永远为非“0”，因此其后的语句总是要执行的，当然这种情况在程序中不一定出现，但在语法上是合法的。

②在 if 语句中，条件表达式必须用小括号括起来，在语句之后必须加分号。

③在 if 语句的 3 种形式中，所有语句应为单个语句，如果要在满足条件时执行一组(多个)语句，则必须把这一组语句用“{}”括起来组成一个复合语句。需要注意的是，在“}”之后不能再加分号。

例如：

```
if(a>b){
    a++;
    b++;}
else
    {   a=0;
        b=10;}
```

(2)if 语句的嵌套。

① 当 if 语句中的执行语句又是 if 语句时，就构成了 if 语句的嵌套。

其一般格式如下：

```
if(表达式)
    if 语句;
```

或者

```
if(表达式)
    if 语句;
else
    if 语句;
```

② 在嵌套内的 if 语句可能是 if...else 型的，这时将出现多个 if 和多个 else 重叠的情况，这时要特别注意 if 和 else 的配对问题。

例如：

```
if(表达式 1)
    if(表达式 2)
        语句 1;
  else
语句 2;
```

其中的 else 究竟与哪个 if 配对？

以上示例应该理解为：

```
if(表达式 1)
    if(表达式 2)
        语句 1;
  else
        语句 2;
```

还是理解为：

```
if(表达式 1)
    if(表达式 2)
        语句 1;
else
    语句 2;
```

为了避免二义性，C 语言规定，else 总是与它前面最近的 if 配对，因此对上述示例应按前一种情况理解。

2. 条件表达式(问号语句)

如果在 if 语句中，只执行单个的赋值语句，则可使用条件表达式实现。这不但使程序简洁，还提高了运行效率。

使用条件表达式时，应注意以下几点。

(1)条件运算符的运算优先级低于关系运算符和算术运算符，但高于赋值运算符。

例如：

max=(a>b)? a: b

可以去掉括号写为：

max=a>b? a: b

(2)条件运算符的结合方向是自右至左。

例如：

a>b? a: c>d? c: d

应理解为：

a>b? a: (c>d? c: d)

这就是条件表达式嵌套的情形，即其中的表达式 3 又是一个条件表达式。

3. 逻辑运算符与表达式

(1)逻辑运算的值为“真”和“假”两种，用“1”和“0 ”来表示，求值规则如下。

① 与运算 &&：参与运算的两个量都为真时，结果才为真，否则为假。

例如：

5>0 && 4>2

由于 5>0 为真，4>2 也为真，相与的结果也为真。

② 或运算 ||：参与运算的两个量只要有一个为真，结果就为真；两个量都为假时，结果为假。

例如：

5>0 || 5>8

由于 5>0 为真，相或的结果也为真。

(2)虽然编译器在给出逻辑运算值时，以“1”代表“真”，以“0 ”代表“假”，但反过来在判断一个量是为真还是为假时，以“0”代表“假”，以非“0”的数值作为“真”。例如：由于 5 和 3 均为非“0”，因此 5&&3 的值为真，即为“1”。又如：5 || 0 的值为真，即为“1”。

(3)用逻辑运算符将关系表达式或逻辑量连接起来就是逻辑表达式。

① 逻辑与：表达式 1 && 表达式 2。

在逻辑与运算中，当表达式 1 的结果为真(即非“0”值)与表达式 2 的结果为真(即非“0”值)时，运算的结果为真。当表达式 1 的结果为假(“0”值)，运算的结果为假，意思是如果第一个表达式的结果为假，则不用判别表达式 2，直接输出结果为假。

例如：

```
char a;
char i=9, j=3, k=5;
a=(i>j)&&(j>k)
```

运行的结果是：(i>j)为真，(j>k)为假，因此 a=0。

② 逻辑或：表达式1 ‖ 表达式2。

在逻辑或运算中，当表达式1的结果与表达式2的结果有任何一个为真(即非“0”值)时，则输出的结果为真；只有两个同时为假时(“0”值)，输出的结果才为假(“0”值)。

例如：

```
char a;
char i=9, j=3, k=5;
a=(i>j) || (j>k)
```

运行的结果是：(i>j)为真，(j>k)为假，因此a=1。

五、写一写

(1)将3种形式的if语句写出来，并画出它们的执行流程图。

(2)设初始a=0，判断执行下列if语句执行后a的值。

①if(35>=35) a=123;

②if(35<=35) a=23;

③if(a>0) a=3;

else a=8;

(3)设初始SA=0，a=25，判断分别执行下列if语句后a的值。

①if(SA) a=123;

②if(!SA) a=a+23;

③if((!SA)>0) a=39-5;

④if(!SA) a=25-(!SA);

⑤if((!SA)!=0) a=10;

else a=89;

六、动手试一试

(1)利用钮子开关SA1控制LED0的点亮和熄灭。当SA1接通时，LED0点亮；当SA1断开时，LED0熄灭。请用不同的方法编程。

(2)比较两个变量a和b的大小，利用LED0进行指示。当变量a的值大于变量b的值时，LED0点亮；当变量b的值大于变量a的值时，LED0熄灭。设初始a=35，b=200。

(3)利用钮子开关SA1控制LED0~LED7的点亮和熄灭。当SA1接通时，LED0~LED3点亮，LED4~LED7熄灭；当SA1断开时，LED4~LED7点亮，LED0~LED3熄灭。请用2种不同的方法编程。

(4)比较两个变量a和b的大小，利用LED0~LED7进行指示。当变量a的值大于变量b

的值时，LED 显示 a 的值；当变量 b 的值大于变量 a 的值时，LED 显示 b 的值。设初始 a=35，b=200。

(5)利用 3 个钮子开关控制 LED0~LED7 的点亮和熄灭。要求：利用 3 个钮子开关的状态控制 8 个 LED 的其中一个 LED 点亮。思考可以用什么方法编程。

(6)利用 LED0~LED2 的点亮或熄灭表示 3 个钮子开关的接通或断开，即钮子开关是什么状态，LED 就是什么状态。要求：SA1 对应 LED0，SA2 对应 LED1，SA3 对应 LED2；3 个 LED 有优先级，不能同时点亮，LED2 优先级最高，LED0 优先级最低；如果 3 个钮子开关都闭合，则只有 LED2 点亮，其他 LED 不亮，如果这时 SA3 断开，则 LED1 点亮……

(7)利用 1 个钮子开关 SA1 控制 LED0、LED2、LED4、LED6 的闪烁。SA1 闭合时，4 个 LED 灯开始闪烁，时间为 0.6s；SA1 断开时，4 个 LED 熄灭。

(8)利用 2 个钮子开关 SA1 和 SA2 控制 LED0~LED3 的闪烁。SA1 为启动开关，SA2 为停止开关，要求停止开关优先。当 SA1 闭合时，4 个 LED 开始闪烁，时间为 0.5s；当 SA1 断开后，4 个 LED 停止闪烁并变成常亮；在任何时候按下 SA2，4 个 LED 都熄灭。

任务七　独立按钮的应用

一、任务书

利用独立按钮 SB 控制 LED 的点亮、熄灭和闪烁等不同的显示效果。仿真电路图如图 2-7-1 所示，指令模块独立按钮实物图及内部电路如图 2-7-2 所示。

二、任务分析

如图 2-7-1 所示，要用独立按钮 SB 控制 LED 点亮，和钮子开关一样，也可以将独立按钮与 LED 直接连接即可，为什么还要通过单片机操作呢？这是因为通过单片机检测独立按钮的通断状态来控制 LED 的亮灭会变得很灵活，还可以实现很多复杂的功能。但是，钮子开关与独立按钮是有区别的，钮子开关处于某个状态时，手离开后也会一直保持在该状态上，而独立按钮在被按下时处于一种状态，在被松开后会自动复位到没有外力作用时的状态，不能保持被按下的状态。

实现 LED 的点亮、熄灭和闪烁有很多方法，这些方法就是程序的算法。现在要通过单片机程序判断独立按钮的通断状态，从而控制 LED 的亮灭或控制其他功能的实现。例如：SB1=0 时，LED0 点亮，SB1=1 时，LED0 熄灭，需要利用 if 语句编写具有判断功能的程序。

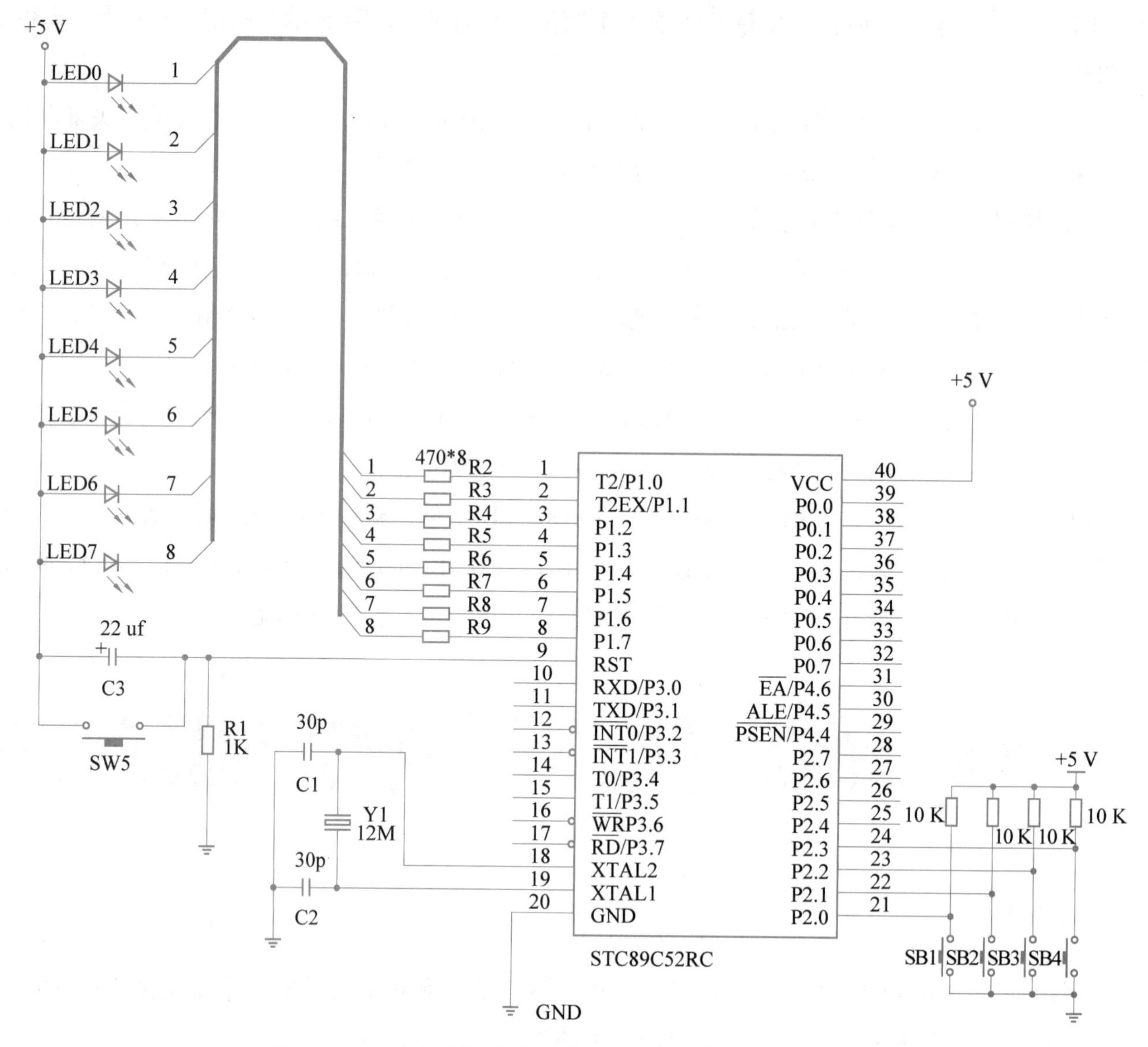

图 2-7-1　独立按钮连接单片机控制 LED 的仿真电路图

如图 2-7-2 所示，独立按钮被松开时为“断开”，即 SB1 = 1，SB1 连接的单片机引脚会检测到高电平；独立按钮被按下时为“接通”，即 SB1 = 0，SB1 连接的单片机引脚会检测到低电平。

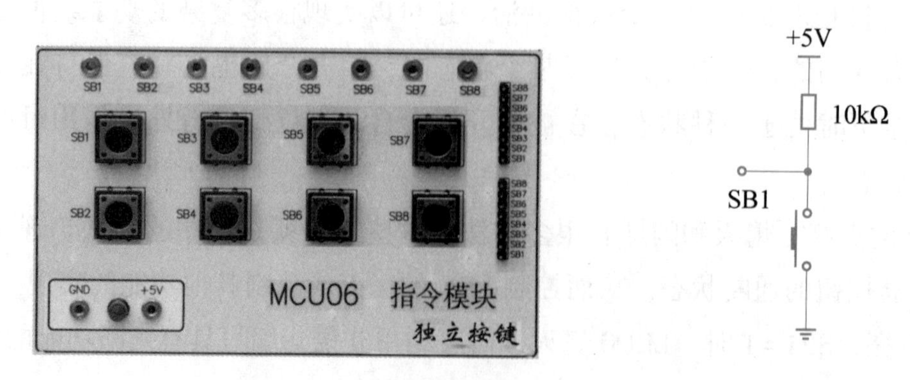

图 2-7-2　指令模块独立按钮实物图及内部电路

三、单片机控制程序

参考程序综述

- 自复位式独立按钮在单片机C程序中的编程应用，如利用if语句判断独立按钮的按下和释放。
- 优先级判断语句if和开关语句switch在单片机C程序编写方面的技巧和方法。
- 自复位式独立按钮被按下次数，独立按钮防抖动技术和按、松标志位的C程序编写技巧和方法的应用。

1. 1个独立按钮控制LED的点亮、熄灭和闪烁示例

(1)利用1个SB1控制LED0。下载单片机程序，上电后LED1点亮；当按下SB1时，LED0点亮；当松开SB1时，LED0熄灭。参考程序如下。

```
01  #include <reg52.h>//调用52单片机头文件 reg52.h
02  sbit SB1=P2^0;   /*定义 P2.0引脚名为 SB1,P 要大写*/
03  sbit LED0=P1^0;   /*定义 P1.0引脚名为 LED0,P 要大写*/
04  sbit LED1=P1^1;   /*定义 P1.1引脚名为 LED1,P 要大写*/
05  void main (void)  {  //主函数
06      LED1=0;  //在此处编写让单片机只执行一次的程序语句
07      while(1) {  //大循环
08          if(SB1==0) {LED0=0;}  //点亮 LED0,大括号可以去掉
09          if(SB1==1) {LED0=1;}  //熄灭 LED0,大括号可以去掉
10      }
11  }
```

1个独立按钮控制LED0点亮、熄灭演示

【参考程序分析】

06行：点亮LED1。单片机上电后，此语句只执行一次，相当于上电初始化过程。

08行：if语句。如果SB1被按下(即SB1=0，对应单片机引脚P2.0检测到低电平)，则LED0点亮(通过“LED0=0”给连接了LED的对应单片机引脚赋低电平“0”)。

09行：if语句。如果松开SB1(即SB1=1，对应单片机引脚P2.0检测到高电平)，则LED0熄灭(通过“LED0=1”给连接了LED的对应单片机引脚赋高电平“1”)。

(2)利用if…else语句实现大循环。参考程序如下，与上例相同的部分程序省略。

```
01  while(1){  //大循环
02      if(SB1==0)
03          {LED0=0;}  //按下 SB1,点亮 LED0
04      else
05          {LED0=1;}  //松开 SB1,熄灭 LED0
06  }
```

还可以将大循环改为如下参考程序一：

```
01 while(1)  //死循环
02 {
03     if(!SB1)  //判断开关 SB1是否闭合,即 SB1是否等于0
04         {LED0=SB1;}  //按下 SB1,点亮 LED0
05     else
06         {LED0=SB1;}  //松开 SB1,熄灭 LED0
07 }
```

参考程序二：

```
01 while(1)  //死循环
02 {
03     LED0=SB1;  //按下 SB1,点亮 LED0
04 }  //松开 SB1,熄灭 LED0
```

(3)以总线操作方式实现的参考程序如下。

```
01 #include <reg52.h>//调用52单片机头文件 reg52.h
02 void main (void)  {  //主函数
03     P1=0xfd;  //在此处编写让单片机只执行一次的程序语句
04     while(1)  {  //大循环
05         if(P2==0xfe)  {P1=P1&0xfe;}  //点亮 LED0
06         if(P2==0xff) {P1=P1|0x01;}  //熄灭 LED0
07     }
08 }
```

【参考程序分析】

03行：十六进制0xfd化为二进制(1111 1101)B，对应点亮LED1。

05行：位与运算符“&”，也称为“位乘”运算符。如表达式a&b，只有a、b中对应位都是1时结果才为1，否则为0。例如：a=(01010101)B，b=(00001111)B，则a&b的值为(00000101)B。可以看到a&b的值的高4位全部为0，所以给a的高4位清零。

位与运算符常用于某位的清零。如在程序中执行“P1=0xfd;”时，连接在单片机P1.1引脚上的LED1点亮；当单片机执行到“P1=P1&0xfe;”时，LED1保持原来点亮的状态，这里用到位与运算符，只是将P1端口的P1.0位清0，其他P1.1~P1.7位的电平保持不变。

06行：位或运算符“|”，也称为“位加运算符”。如表达式a|b。只有a、b中对应位都是0时结果才为0，否则为1。例如：a=(01010101)B，b=(00001111)B，则a|b的值为(01011111)B。注意：对应位进行的是逻辑加，不向高位产生进位。

位或运算符常用于某位的置“1”。如在程序中执行“P1=0xfd;”时，连接在单片机P1.1引脚上的LED1点亮；当单片机执行到“P1=P1|0x01;”时，LED1保持原来点亮的状态，这里用

到位或运算符，只是将 P1 端口的 P1.0 位置“1”，其他 P1.1~P1.7 位的电平保持不变。

(4)利用 1 个 SB1 控制 LED0。按一下 SB1，LED0 的状态改变一次，如此循环下去。

分析：“按一下”指的是按下独立按钮然后松开。编程时，首先判断独立按钮是否被按下，若被按下，就等待松开，松开后就完成一次“按一下”，然后 LED0 取反，实现点亮和熄灭的转换。

```
01  #include <reg52.h>//调用52单片机头文件 reg52.h
02  sbit SB1=P2^0;  /*定义 P2.0引脚名为 SB1,P 要大写*/
03  sbit LED0=P1^0;  /*定义 P1.0引脚名为 LED0,P 要大写*/
04  void main (void)   {  //主函数
05      while(1) {  //大循环
06          if(SB1==0)  //SB1被按下
07          {
08              while(SB1==0);  //没有松开 SB1,原地等待松开 SB1
09              LED0=!LED0;  //松开 SB1,LED0反转
10          }
11      }
12  }
```

独立按钮 SB1“按一下”实现 LED0点亮和熄灭演示

在实际测试时，按下独立按钮，有时结果正常，有时结果错误，可能你会怀疑独立按钮有问题。是的，这确实是独立按钮的问题。独立按钮在接通和断开的瞬间会产生触点抖动。独立按钮被按下和松开瞬间的电压波形如图 2-7-3 所示。

抖动是独立按钮内部金属触点“通”和“断”两种状态的快速转变，然后逐渐稳定。抖动会产生多次按下独立按钮的效果，而独立按钮的“通”和“断”次数不确定。由于单片机程序运行非常快，所以虽然独立按钮抖动时间很短暂，但仍会被单片机捕捉到，原本只按了一下独立按钮，结果独立按钮抖动了几下，这样就无法确定独立按钮“通”和“断”次数。如果独立按钮被按下的次数与程序有关，会让程序做出错误判断，这样产生的效果就与实际不符。

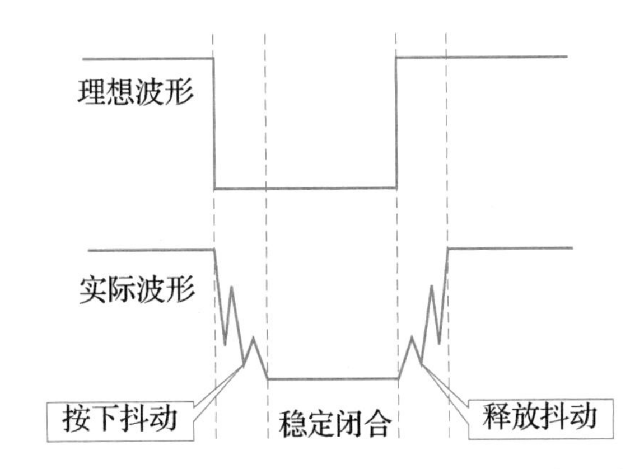

图 2-7-3　独立按钮被按下和松开瞬间的电压波形

因此，在编写程序时，对于与独立按钮被按下次数有关的功能，必须进行“防抖动”处理，最简单的方法就是“延时”，即通过延时跳过“抖动期”，一般需要延时 5~20ms。

加入独立按钮防抖动的参考程序如下。

```
01  #include <reg52.h>//调用52单片机头文件 reg52.h
02  sbit SB1=P2^0;   /*定义 P2.0引脚名为 SB1,P 要大写*/
03  sbit LED0=P1^0;   /*定义 P1.0引脚名为 LED0,P 要大写*/
04  void main (void)   {  //主函数
05      while(1) {  //大循环
06          if(SB1==0) {  //判断 SB1是否被按下
07              delay_1ms (10);  //延时10ms,防抖动
08              if(SB1==0){  //确认 SB1被按下
09                  while(SB1==0);  //没有松开 SB1,原地等待松开 SB1
10                  LED0=!LED0;  //松开 SB1,LED0取反
11              }
12          }
13      }
14  }
```

"防抖动"独立按钮SB1"按一下"实现LED0点亮和熄灭演示

【参考程序分析】

处理独立按钮的步骤：首先判断独立按钮是否被按下→延时消抖→确认独立按钮被按下→等待独立按钮被释放→实现功能。

实际观察到，只有松开独立按钮后 LED 才发生变化，但有时需要一按下独立按钮，立即产生效果，则只需要将 09 行和 10 行程序颠倒即可。

(5)SB1 控制 LED0~LED3 的点亮和熄灭。

①单片机上电后，LED0 亮 1s，然后熄灭，其他 LED 都不亮。

②按下 SB1 第一次，LED0 点亮；第二次 LED1 点亮；第三次 LED2 点亮；第四次 LED3 点亮；第五次全部 LED 点亮；第六次全部 LED 熄灭；没有要求点亮的 LED 为熄灭状态，如此不断循环。

参考主程序如下，其他部分省略。

```
01  #include <reg52.h>//调用52单片机头文件 reg52.h
02  sbit SB1=P2^0; sbit LED0=P1^0; sbit  LED1=P1^1;
03  sbit LED2=P1^2; sbit LED3=P1^3;
04  void delay_1ms (unsigned int x)   //约1ms
05  {   unsigned int i,j;
06      for(i=x;i>0;--i)   for(j=114;j>0;--j);
07  }
08  void main (void)  {  //主函数
09      unsigned char k;
10      LED0=0;
11      delay_1ms (1000);
12      LED0=1;
13      while(1) {  //大循环
```

SB1控制LED0~LED3的灯亮和熄灭演示

```
14          if(SB1==0){  //判断 SB1是否被按下
15              delay_1ms (10);  //延时10ms,防抖动
16              if(SB1==0){  //确认 SB1被按下
17                  ++k;  //次数变量 k 加1
18                  while(SB1==0);  //没有松开 SB1,原地等待松开 SB1
19              }
20          }
21          if(k>=6)k=0;  //判断变量 k 是否增加到6,若增加到6则清零重新计数
22          if(k==0){LED0=LED1=LED2=LED3=1;}  //初始和按第6次,LED 全灭
23          if(k==1){LED0=0;}  //按第1次,LED0点亮
24          if(k==2){LED0=1;LED1=0;}  //按第2次, LED1点亮,其他灭
25          if(k==3){LED1=1;LED2=0;}  //按第3次, LED2点亮,其他灭
26          if(k==4){LED2=1;LED3=0;}  //按第4次, LED3点亮,其他灭
27          if(k==5){LED0=LED1=LED2=LED3=0;}  //按第5次,全部点亮
28      }
29  }
```

利用 if…else…if 语句实现的大循环参考程序部分如下。

```
01  while(1) {  //大循环
02      if(SB1==0){  //判断 SB1是否被按下
03          delay_1ms (10);  //延时10ms,防抖动
04          if(SB1==0){  //确认 SB1被按下
05              k=(k+1)% 6;  //次数变量 k 加1
06              while(SB1==0);  //没有松开 SB1,原地等待松开 SB1
07          }
08      }
09      if(k==0){LED0=LED1=LED2=LED3=1;}  //初始和按第6次,LED 全灭
10      else if(k==1){LED0=0;}  //按第1次,LED0点亮
11      else if(k==2){LED0=1;LED1=0;}  //按第2次, LED1点亮,其他灭
12      else if(k==3){LED1=1;LED2=0;}  //按第3次, LED2点亮,其他灭
13      else if(k==4){LED2=1;LED3=0;}  //按第4次, LED3点亮,其他灭
14      else if(k==5){LED0=LED1=LED2=LED3=0;}  //按第5次,全部点亮
15  }
16  }
```

【参考程序分析】

05 行：用变量 k 记忆独立按钮被按下的次数。程序中利用语句“k=(k+1)%6;”进行计数，同时给变量 k 清零。“%”不是“百分号”，在这里是取余数的含义。当做除法时，应该有一个商，还有一个余数。例如：设 k=2，则执行“(k+1)%6;”后，(2+1)%6→3%6，计算的结果是商为 0，余数为 3，因为 3 不能被 6 整除，所以执行“(k+1)%6;”后的结果为 3。

15~20行：利用if语句判断计数变量k的值，从而选择LED的不同显示效果。

if…else…if的一般格式如下：

```
if(表达式1)
        语句组1;
    else   if(表达式2)
        语句组2;
        …
    else   if(表达式n)
        语句组n;
    else
        语句组n+1;
```

如图2-7-4所示，if…else…if语句的执行流程是：依次判断表达式的值，当出现某个值为真时，则执行其对应的语句组，然后跳到整个if语句之外继续执行程序；如果所有的表达式均为假，则执行语句组n+1，然后继续执行后续程序。

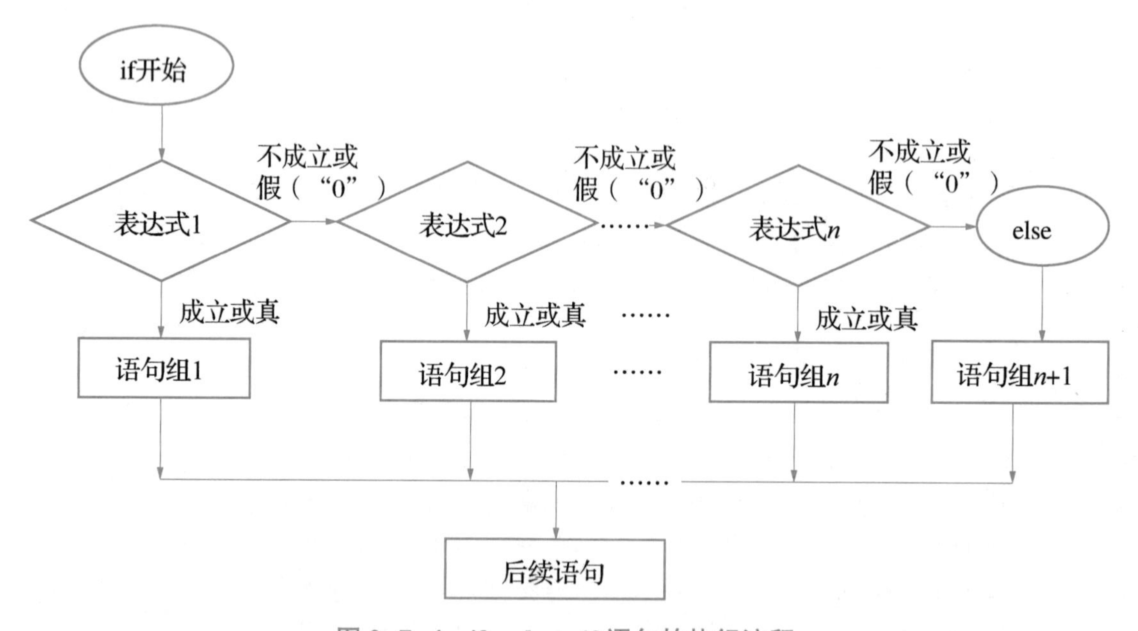

图2-7-4　if…else…if语句的执行流程

注意：if…else…if语句具有优先选择功能，例如，如果表达式1和表达式2同时成立，程序只执行语句组1，然后跳出来执行后续语句，而不会执行语句组2。

例如：

```
01  #include <reg52.h>//调用52单片机头文件reg52.h
02  sbit LED0=P1^0;  /*定义P1.0引脚名为LED0,P要大写*/
03  sbit LED1=P1^1;
```

```
04  sbit LED2=P1^2;
05  sbit LED3=P1^3;
06  void main(void)
07  {   unsigned char k1,k2,k3,k4,k5,k6;  //定义6个无符号字符型变量
08      k1=k2=1;  //给变量 k1、k2赋初始值为1
09      k3=k4=k5=k6=4;  ////给变量 k3~k6赋值为4
10      while(1) {
11          if(k1==0){LED0=LED1=LED2=LED3=1;}  //LED 全灭
12          else if(k2==1){LED0=0;}  //LED0点亮
13          else if(k3==2){LED0=1;LED1=0;}  //LED1点亮,其他灭
14          else if(k4==3){LED1=1;LED2=0;}  //LED2点亮,其他灭
15          else if(k5==4){LED2=1;LED3=0;}  //LED3点亮,其他灭
16          else if(k6==5){LED0=LED1=LED2=LED3=0;}  //全部点亮
17      }
18  }
```

由以上程序可以知道，变量 k2 的值为 1，变量 k5 的值为 4，可以说 12 行和 15 行按理应该被执行，去点亮 LED0 和 LED3，但是实际测试时只有 LED0 点亮。原因是 if…else…if 语句具有优先选择功能，排在最前面的表达式优先级最高，即使后面有表达式成立，其也不会被执行。

利用开关语句 switch 替换 if…else…if 语句实现功能的参考程序如下。

```
09  switch(k)  {
10      case 0:LED0=LED1=LED2=LED3=1;break;  //初始和按第6次 LED 全灭
11      case 1:LED0=0; break;  //按第1次,LED0点亮
12      case 2:LED0=1;LED1=0; break;  //按第2次, LED1点亮,其他灭
13      case 3:LED1=1;LED2=0; break;  //按第3次, LED2点亮,其他灭
14      case 4:LED2=1;LED3=0; break;  //按第4次, LED3点亮,其他灭
15      case 5:LED0=LED1=LED2=LED3=0; break;  //按第5次,全部点亮
16  }
```

【参考程序分析】

09 行：switch 语句的小括号中是计次数变量 k，程序从这里利用 k 的值与“case”后面的常量比较，若相等则直接跳到该处执行其后的语句。

10~15 行：进入程序。例如 k=4，则程序直接由 09 行跳到 14 行执行。

关键字 break 是“跳出”标记，若程序执行时遇到 break 就跳出 switch 语句的大括号往下继续执行其他程序。

讨论！

在上述程序中将“while(SB1==0);”语句删掉会产生什么样的效果？实际表明，去掉此语

句会出现意想不到的效果，LED 的点亮和熄灭变得不确定。语句"while(SB1==0);"在主循环"while(1)"中，主循环中的所有程序是不断被反复执行的，而且这种循环的速度非常快。按下独立按钮到立刻松开独立按钮这个动作(即"按一下")至少需要 10ms 以上的时间，在这个时间里主循环中的所有程序已经被执行了数十遍，甚至上百遍。如果要求"按一下"独立按钮，数据只加 1，则在程序中没有"while(SB1==0);"语句就会造成"按一下"按钮，数据增加很多，甚至很快达到上限或溢出，这样的结果是编程人员不想要的，因此只能在程序中加入"while(SB1==0);"语句来等待独立按钮被释放，以避免独立按钮没有被释放就继续往下执行程序。

请看下面这个例子，要求用单片机 P1 端口显示独立按钮被按下的次数，同时要求连接在 P0.0 引脚上的 LED0 以 0.5s 的时间间隔进行闪烁。参考程序如下。

```
01 #include <reg52.h>//调用52单片机头文件 reg52.h
02 sbit SB1=P2^0; sbit LED0=P0^0;
03 void delay_1ms(unsigned int x)//延时函数,约1ms
04 {   unsigned int i,j;
05     for(i=x;i>0;--i)   for(j=114;j>0;--j);
06 }
07 void main (void)   {  //主函数
08     unsigned char k,count;  //定义两个无符号字符型变量
09     while(1){  //主循环
10         if(SB1==0) {  //SB1是否被按下?
11             delay_1ms(10);  //延时10ms,防抖动
12             if(SB1==0){  //确认 SB1被按下
13                 ++count;  //SB1被按下次数变量 count 加1
14                 while(SB1==0);  //没有松开 SB1,原地等待松开 SB1
15             }
16         }
17         P1=~count;  //SB1被按下次数按位取反后送 P1端口显示
18         if(k<100)    {delay_1ms(5);k=k+1;}  //不到0.5s 就延时且 k 计数加1
19         if(k==100) {LED0=!LED0;k=0;}  //0.5s 延时时间到 LED0反转
20     }
21 }
```

P1端口显示独立按钮被按下次数对 LED0 闪烁影响的演示

【参考程序分析】

实际效果是，当按下独立按钮不放时，LED0 的闪烁就停止了。原因是当按住独立按钮不放时，程序执行到"while(SB1==0);"语句时就停在此处，这样单片机就不能执行主循环中的其他程序，造成单片机"死机"现象。

特别是到后期在主循环中使用"动态扫描"进行数码管显示时，按住独立按钮不放会造成数码管显示消失。那么如何解决这种问题呢？

①防止数码管不能进行动态扫描而显示消失的方法，让程序一边等待独立按钮被松开，

一边进行数码管扫描显示，例如：

```
while(SB1==0)smg_xianshi();  //smg_xianshi()为数码管扫描显示函数
```

②利用按下标志位，让程序不能进行“原地踏步”等待松开独立按钮。部分程序示例如下：

```
01  bit bSB;  //定义独立按钮按下标志位
02  while(1) {  //主循环
03      if(SB1==0&&bSB==0) {  //SB1被按下且标志位为0时
04          delay_1ms(10);  //延时10ms,防抖动
05          if(SB1==0){  //确认 SB1被按下
06              bSB=1;  //SB1标志位置“1”,记录按下了1次
07              ++count;  //次数变量 k 加1
08          }
09      }
10      if(SB1)bSB=0;  //SB1被松开后,SB1标志位置“0”
11      P1=~count;  //SB1被按下次数按位取反后送 P1端口显示
12      if(k<100)   {delay_1ms(5);k=k+1;}  //不到0.5s 就延时且 k 计数加1
13      if(k==100)   {LED0=!LED0;k=0;}  //延时时间到 LED0反转
14  }
```

利用标志位解决独立按钮被按下对 LED0 闪烁影响的演示

【参考程序分析】

这个独立按钮处理程序没有等待独立按钮被松开语句“while(SB1==0);”，所以执行完独立按钮被按下程序后立即处理主循环中的其他程序，防止单片机的“死机”现象。如果一直按下独立按钮不松开，“++count;”也不会被执行很多次，因为独立按钮在第一次被按下后将“bSB”置“1”，而独立按钮被按下的判断语句“if(SB1==0&&bSB==0)”的小括号中的条件表达式是不会成立的，则 if 语句也就不会被执行。只有独立按钮被松开后，将“bSB”置“0”才能再次响应独立按钮被按下的状态。

上述参考程序是独立按钮被按下(下降沿)后立即处理的程序，下面给出独立按钮被按下再被松开(上升沿)后处理的参考程序。

```
01  bit SB1_down,SB1_up;  //定义独立按钮被按下/松开标志位
02  while(1) {  //主循环
03      if(SB1==0&&SB1_down ==0)  //SB1被按下,且被按下标志位为“0”
04      {  delay_1ms(10);  //延时10ms,防抖动
05          if(SB1==0) SB1_down =1;  //SB1被按下,被按下标志位置“1”
06      }
07      if(SB1==1&&SB1_down ==1){  //如果被按下又被松开
08          SB1_down =0;  //按下标志位置“0”
09          SB1_up =1;  //松开标志位置“1”
10      }
11      if(SB1_up ==1) {
```

```
12            SB1_up =0;  //松开标志位置"0"
13            ++count;  //SB1被按下又被松开后,次数变量 k 加1
14        }
15        P1=~count;  //SB1被按下次数按位取反后送 P1端口显示
16        if(k<100)    {delay_1ms(5);k=k+1;}  //不到0.5s 就延时且 k 计数加1
17        if(k==100)    {LED0=!LED0;k=0;}  //延时时间到 LED0反转
18    }
```

2. 多个独立按钮控制 LED 的点亮、熄灭和闪烁示例

(1)SB1(启动按钮)控制 LED0 的点亮；SB2(停止按钮)控制 LED0 的熄灭，停止按钮优先。参考程序如下。

```
01    #include <reg52.h>//调用52单片机头文件 reg52.h
02    sbit SB1=P2^0;   /*定义 P2.0引脚名为 SB1,P 要大写*/
03    sbit SB2=P2^1;   /*定义 P2.1引脚名为 SB2,P 要大写*/
04    sbit LED0=P1^0;   /*定义 P1.0引脚名为 LED0,P 要大写*/
05    void main (void)  {  //主函数
06        while(1) {  //大循环
07            if(SB1==0&&SB2==1) {LED0=0;}  //点亮 LED0
08            if(SB2==0) {LED0=1;}  //熄灭 LED0
09        }
10    }
```

启动按钮 SB1和停止按钮 SB2控制 LED0点亮、熄灭的演示

【参考程序分析】

07 行：如果 SB1 被按下，同时 SB2 没有被按下，LED0 才点亮。在 LED0 点亮的条件表达式中增加“SB==1”就能实现停止按钮优先。

08 行：if 语句。如果 SB2 被按下(即 SB2=0，对应单片机引脚 P2.1 检测到低电平)，则 LED0 熄灭(通过“LED0=1”给连接了 LED 的对应单片机引脚赋高电平“1”)。

(2)利用 SB1 控制 LED0。单片机上电后 LED1 点亮，当按一次 SB1 后，LED0 点亮；然后延时 20s，LED0 自动熄灭；在任何时候按下 SB2，LED1 立即熄灭。

```
01    #include <reg52.h>//调用52单片机头文件 reg52.h
02    sbit SB1=P2^0;   /*定义 P2.0引脚名为 SB1,P 要大写*/
03    sbit SB2=P2^1;   /*定义 P2.1引脚名为 SB2,P 要大写*/
04    sbit LED0=P1^0;   /*定义 P1.0引脚名为 LED0,P 要大写*/
05    sbit LED1=P1^1;   /*定义 P1.1引脚名为 LED1,P 要大写*/
06    void main (void)   {  //主函数
07        LED1=0;  //在此处编写让单片机只执行一次的程序语句
08        while(1)   {
09            if(SB1==0) {  //SB1是否被按下?
```

长延时对停止按钮 SB2被按下影响的演示

```
10              LED0=0;  //SB1被按下,LED0点亮
11              delay_1ms (20000);  //延时20s
12              LED0=1;  //延时时间到,LED0熄灭
13          }
14          if(SB2==0) LED1=1;  //按下 SB2,LED1熄灭
15      }
16  }
```

【参考程序分析】

09 行：判断 SB1 是否被按下，若被按下就执行 10~13 行的程序。注意这里没有进行防抖动处理，因为独立按钮被按下次数不影响程序的功能，按一次 LED0 点亮，按 *n* 次 LED0 还是要点亮。

19 行：按下 SB2，LED1 熄灭。

实际效果是有时 SB2 失效，过了很久 SB2 才有效，原因是单片机进入延时函数 delay_1ms()，单片机正在处理延时，即其进入长延时的“假死”状态，只有延时的时间(20s)到之后，才能处理 SB2。改进后的参考程序如下。

```
01 void main (void)   {  //主函数
02     unsigned  char k;  //定义无符号字符型变量 k
03     LED1=0;  //在此处编写让单片机只执行一次的程序语句
04     while(1) {  //大循环
05         if(SB1==0)   {LED0=0;k=0;}  //按下 SB1,LED0点亮
06         if(k<200)    {delay_1ms (100);k=k+1;}  //不到20s 就延时且 k 计数加1
07         if(k==200) LED0=1;  //延时时间到,LED0熄灭
08         if(SB2==0) LED1=1;  //按下 SB2,LED1熄灭
09     }
10 }
```

解决长延时对停止按钮 SB2 被按下影响的演示

【参考程序分析】

06 行：变量 k 小于 200，则调用一次延时函数 delay_1ms()，且变量 k 自加 1。用 k 对调用延时函数 delay_1ms（100)的次数进行计数，因为调用 delay_1ms（100)延时 0.1s，所以变量 k 总共要计数 200 次，200×0.1s=20s。

调用一次延时函数只消耗了 0.1s，不会出现长时间使其他功能的程序“失控”的现象。在程序中应避免长延时，长延时可用单片机内部定时器实现。

程序中“k=k+1;”语句是将变量 k 自加 1，假设原来 k=2，执行一次“k=k+1;”语句后，k 的值变成 3，再执行一次“k=k+1;”语句，k 的值变成 4……“k=k+1;”语句相当于“++k;”，因此在程序中，可以用“++k;”语句代替“k=k+1;”语句，它们实现的是同一个功能，就是变量 k 自加 1。

(3)利用 LED 模拟电动机的正转和反转。LED1 点亮代表电动机正转，LED2 点亮代表电动机反转转，LED 熄灭代表正/反转停止；SB1 控制 LED1，SB2 控制 LED2，要求有按钮互锁。没有停止按钮，SB1 和 SB2 既作启动按钮，也作停止按钮，按第 1 次点亮 LED，按第 2 次熄灭 LED。参考程序如下。

```
01 #include <reg52.h>//调用52单片机头文件 reg52.h
02 sbit SB1=P2^0;sbit SB2=P2^1; sbit LED1=P1^1;sbit LED2=P1^2;
03 void delay_1ms(unsigned int x) {  //约1ms
04     unsigned int i,j;
05     for(i=x;i>0;--i)  for(j=114;j>0;--j);
06 }
07 void main (void)   {  //主函数
08     bit key1=1,key2=1;  //SB1标志位为 key1, SB2标志位为 key2
09     while(1) {  //主循环
10         if(SB1==0&&key2==1) {  //按下 SB1, 反转是否启动?
11             delay_1ms (10);  //延时10ms,防抖动
12             if(SB1==0) {  //确认 SB1被按下
13                 key1=! key1;
14                 while(SB1==0);  //没有松开 SB1,原地等待松开 SB1
15             }
16         }
17         if(SB2==0&&key1==1) {  //按下 SB2,正转是否启动?
18             delay_1ms (10);  //延时10ms,防抖动
19             if(SB2==0) {  //确认 SB2被按下
20                 key2=! key2;
21                 while(SB2==0);  //没有松开 SB2,原地等待松开 SB2
22             }
23         }
24         LED1=key1;  //SB1标志位
25         LED2=key2;  //SB2标志位
26     }
27 }
```

LED 模拟电动机正转和反转的演示

【参考程序分析】

13 行：独立按钮被按下，取反标志变量(“0”变“1”，“1”变“0”)。key1、key2 是 LED1 和 LED2 点亮的依据，只要 key1、key2 的值改变，LED 的状态也随着改变。

24、25 行：将标志位 key1、key2 的值直接传送给单片机的引脚 P1.1、P1.2。

创建标志变量，是程序各个部分之间沟通的重要方法，请读者认真学习并掌握。

(4)利用 SB1 控制 LED0。单片机上电后 LED0 点亮，1s 后熄灭。当按一下 SB1 后，LED0 开始以 1s 的时间间隔不停闪烁，直到按下 SB2 后，LED0 停止闪烁并熄灭。参考主程序如下。

```
01 void main (void)   {   //主函数
02     bit key1=1;   //定义启动/停止标志位,"1"为停止,"0"为启动
03     LED0=0;   //点亮 LED0
04     delay_1ms (1000);   //延时1s
05     LED0=1;   //熄灭 LED0
06     while(1) {   //主循环
07         if(SB1==0) key1=0;   //启动
08         if(SB2==0) key1=1;   //停止
09         if(key1==0) {   //按下启动按钮,标志位 key1等于0
10             LED0=0;   //点亮 LED0
11             delay_1ms (1000);   //延时1s
12             LED0=1;   //熄灭 LED0
13             delay_1ms (1000);   //延时1s
14         }
15     }
16 }
```

长延时解决方法的仿真演示

【参考程序分析】

实际测试表明，该参考程序在按下停止按钮时，停止按钮响应较慢，只有按下很久才响应。原因在于 LED0 闪烁时调用了长延时函数，只有处理完一个闪烁周期才能去扫描停止按钮程序。

在没有学习单片机内部定时器之前，下面给出 3 种解决长延时的编程方法。

改进参考程序一如下。

```
01 #include <reg52.h>//调用52单片机头文件 reg52.h
02 sbit SB1=P2^0; sbit SB2=P2^1; sbit LED0=P1^0;
03 void delay(unsigned int x)   //延时函数,约1ms
04 {   unsigned int i,j;
05     for(i=x;i>0;--i)
06         for(j=90;j>0;--j) if(SB2==0) break;   //如果按下停止按钮,则立刻跳出延时程序
07 }
08 void main (void)   //主函数
09 {   bit key1=1;
10     LED0=0;   //点亮 LED0
11     delay(1000);   //延时1s
12     LED0=1;   //熄灭 LED0
13     while(1)   {   //主循环
14         if(SB1==0) key1=0;
15         if(SB2==0) {key1=1;LED0=1;}   //标志位 key1和 LED0置"1"
16         while(key1==0){   //利用 while 语句进行循环
```

```
17              LED0=0;  //点亮 LED0
18              delay(1000);  //延时1s
19              if(SB2==0) break;  //按下停止按钮,立刻跳出 while 循环
20              LED0=1;  //熄灭 LED0
21              delay(1000);  //延时1s
22          }
23      }
24  }
```

上述程序巧妙地利用关键字 break 实现功能，请读者自行分析程序。

改进参考程序二如下。

```
01  #include <reg52.h>//调用52单片机头文件 reg52.h
02  sbit SB1=P2^0;sbit SB2=P2^1; sbit LED0=P1^0;
03  void delay_1ms(unsigned int x)  //延时函数,约1ms
04  {   unsigned int i,j;
05      for(i=x;i>0;--i)   for(j=114;j>0;--j);
06  }
07  void main (void)  //主函数
08  {   unsigned char i,j;
09      bit key1=1;
10      LED0=0;  //点亮 LED0
11      delay_1ms (1000);  //延时1s
12      LED0=1;  //熄灭 LED0
13      while(1)  {  //主循环
14          if(SB1==0) key1=0;  //按下 SB1,标志变量 key1置"0"
15          if(SB2==0) {key1=LED0=1;i=j=0;}  //按下 SB2,标志变量 key1、LED0置"1"
16                                            //变量 i 和 j 清零
17          while(key1==0){  //标志变量 key1
18              if(i<100){
19                  LED0=0;  //点亮 LED0
20                  delay_1ms (10);  //延时10ms
21                  ++i;
22                  break;  }
23              if (j<100){
24                  LED0=1;  //熄灭 LED0
25                  delay_1ms (10);  //延时10ms
26                  ++j;
27                  break;  }
28          }
29          if(j==100) i=j=0;  //变量 i 和 j 清零
30      }
31  }
```

利用“break;”跳出“while(key1==0)”循环，跳到“while(key1==0)”的大括号后面执行“if(j==100) i=j=0;”。程序中“unsigned char i(或 j);”定义一个无符号字符变量 i 或 j(取值范围：0~255)，其定义方法在前面的学习中已经介绍。用 i(或 j)对调用延时函数 delay_1ms (10)的次数进行计数，因为调用 delay_1ms (10)是延时 0.01s，所以变量 k 总共要计数 100 次，100×0.01s=1s。

改进参考程序三如下。

```
01 #include <reg52.h>//调用52单片机头文件 reg52.h
02 sbit SB1=P2^0; sbit SB2=P2^1; sbit LED0=P1^0;
03 unsigned int miao;  //定义计秒的全局变量
04 unsigned int ms_miao;  //定义计毫秒的全局变量
05 void delay(void){  //延时函数
06     unsigned  int  j;  //定义局部变量 j,只能在函数 delay()中使用
07     while(ms_miao<1000)  {  //1000为1s,500为0.5s
08         for(j=114;j>0;--j);  //11.0592MHz,则 j=114约延时1ms,12MHz 晶振改为124Hz
09         ++ms_miao;  //毫秒变量 ms_miao 加1
10         break;  }
11         if(ms_miao==1000){  //清零毫秒变量 ms_miao
12             ms_miao=0;
13             miao++;  }  //秒变量加1
14 }
15 void main(void){  //主函数
16     bit key1=1;  //定义启动/停止标志位
17     LED0=0;  //LED0点亮
18     while(miao<1) delay();  //等待延时到1s
19     LED0=1;  //LED0熄灭
20     miao=0;  //miao 变量清零
21     while(1)//主循环
22     {
23         if(SB1==0){key1=0;LED0=0;}  //按下 SB1,标志变量 key1置“0”,LED0点亮
24         if(SB2==0){key1=1;LED0=1;ms_miao=miao=0;}  //按下 SB2,标志变量 key1置“1”
25         if(key1==0){  //按下 SB1
26             if(miao==1){LED0=!LED0;miao=0;}  //等于1s,则 LED0取反
27             delay();  //不断刷新延时时间
28         }
29     }
30 }
```

【参考程序分析】

03、04 行：定义计秒“miao”和计毫秒“ms_miao”两个全局变量，说明在定义它们之后的所有程

序都可以使用它们。可以看到在延时函数 delay( )和主函数 main( )中都用到了这两个全局变量。

07~10 行：利用了一个 while 循环进行毫秒的计数，在 while 循环中又用到了一个 for 循环进行微妙的计数，for 循环中变量 j=114，然后变量 j 自减 1(执行"--j;"语句)，变量 j 减了 114 次等于 0 所用的时间大约是 1ms，等到变量 j 减到 0 后就跳出 for 循环，执行毫秒加 1 指令(即执行"++ms_miao;"语句)，接下来执行"break;"语句提前结束 while 循环，因为计毫秒变量 ms_miao 还没有加到 1 000(1s)，所以退出循环，等待下次计毫秒变量 ms_miao 再加一次 1，直到 ms_miao 加到等于 1 000(就是 1s)，之后执行 11~13 行的程序，将计秒全局变量加 1，并同时将计毫秒变量 ms_miao 清零，为下次计 1 秒做准备。

当然这个改进过的延时子函数还是有缺点的，缺点就是这个延时子函数必须不断地在程序中进行扫描，刷新时间的变换值，如果程序很长，那么这个延时子函数的延时时间的误差会较大，解决的办法如下。

①在主程序中多处放置该子函数，让其扫描频率增高，但这势必影响其他程序的执行效率。

②利用单片机内部的定时器，这是解决定时精确、长延时的最佳方法，效率也非常高，当然也有其他方法。

注意：长延时是编写单片机程序的大敌，在编写程序时一定要尽量避免。如果需要长延时，可以利用单片机的内部定时器实现。

四、应知应会知识链接

1. switch 开关语句

switch 开关语句是一种多分支选择语句，是用来实现多方向条件分支的语句。虽然从理论上讲采用条件语句也可以实现多方向条件分支，但是当分支较多时条件语句的嵌套层次太多，程序冗长，可读性降低。开关语句可直接处理多分支选择，使程序结构清晰，使用方便。

switch 开关语句的语法格式如下：

```
switch(表达式) {
    case 常量表达式 1: {语句组 1;} break;
    case 常量表达式 2: {语句组 2;} break;
    ……
    case 常量表达式 n: {语句组 n;} break;
    default: {语句组;} break;     //这里的 break 语句可有可无
}
```

switch 开关语句与 if…else…if 语句的执行流程是相似的。其执行流程是：计算表达式的值，然后与 case 后面的常量表达式比较，假如相同，则执行其后的语句组。表达式的值与所

有 case 后面的常量表达式均不相同时，则执行 default 后面的语句组。

例如：

char a, b;

switch(a) {

case 1: b=a*2;

case 2: b=a*3;

case 3: b=a*4;

case 4: b=a*5;

case 5: b=a*6;

default: b=a*7;

}

switch 开关语句与前面讲的 if…else…if 语句的语法格式有一点不同，就是 switch 开关语句的 case 常量表达式后面有一个 break 关键字。如果没有 break 关键字会怎样呢？如上例所示，假设 a 的值为 2，如果想要的结果只是 a 的值与 3 相乘再赋给 b，则结果 b 的值为 6。但是程序的执行并不是这样，它会继续往下执行，直至到执行完"default: b=a*7;"为止，最后的结果为 14。显然这不是想要的运行结果。因此，应该如下例所示，在后面添加一个 break 关键字。

char a, b;

switch(a) {

case 1: b=a*2; break;

case 2: b=a*3; break;

case 3: b=a*4; break;

case 4: b=a*5; break;

case 5: b=a*6; break;

default: b=a*7;

}

应特别注意：为了避免上述情况，C 语言提供了一种 break 语句，专用于跳出 switch 开关语句，break 语句只有关键字 break，没有参数。

如果没有 break 语句，则 switch 开关语句就永远地循环下去，参考程序如下。

```
01  unsigned char k=0;//定义变量 k,初始值为0
02  while(1){  //主循环
03      switch(k)  {
04          case 0:LED0=LED1=LED2=LED3=1;delay_1ms(500);  //LED 全灭
05          case 1:LED0=0; delay_1ms(500);  //LED0点亮
06          case 2:LED0=1;LED1=0; delay_1ms(500);  //LED1点亮,其他灭
07          case 3:LED1=1;LED2=0; delay_1ms(500);  //LED2点亮,其他灭
```

```
08          case 4:LED2=1;LED3=0; delay_1ms(500);   //LED3点亮,其他灭
09          case 5:LED0=LED1=LED2=LED3=0; delay_1ms(500);  //LED全部点亮
10      }
11  }
```

上述程序的实际效果是所有 case 语句循环不断地执行。

在使用 switch 开关语句时还应注意以下几点。

(1)在 case 后的各常量表达式的值不能相同，否则会出现错误。

(2)在 case 后允许有多个语句，可以不用“{}”括起来。

(3)各 case 和 default 子句的先后顺序可以变动，不会影响程序的执行结果。

(4)default 语句可以省略不用。

2. break 语句

break 语句通常用在循环语句和 switch 开关语句中，break 语句可以退出 switch 开关语句，如果没有 break 语句，那么 switch 开关语句就永远地循环下去。在循环语句 do…while、for、while 中，break 语句起到提前结束循环的作用。在循环语句中，break 语句常与 if 语句结合使用，如以下示例程序所示。

示例程序 1：

```
for(i=0;i<10;i++) {
    if(i==5)break;  //如果变量 i 等于5,则结束此次循环
    P1=i;  //P1端口显示变量 i 的值
}
```

示例程序 1 将 0~10 的数输出到单片机 P1 端口，用 LED 显示出来，但是其中出现了一个 if 语句，意思是：假如 i 的值为 5 的条件成立，则退出循环体，即提前结束循环。这样 P1 端口只能显示变量的值为：0，1，2，3，4。在使用 break 语句前要注意两点：①break 语句在 if…else 语句中不起作用；②当有多层循环语句嵌套的时候，break 语句只退出本层的循环，如示例程序 2 所示。

示例程序 2：

```
for(i=0;i<50;i++) {
    for(y=0;y<10;y++) {
        if(y==5) break;  //如果变量 y 等于5,则结束此次循环
        P1=y;  //P1端口显示变量 y 的值
    }
}
```

在示例程序 2 中，当 y 的值为 5 的条件成立时，break 语句只可以退出本层的循环，最外层的循环不会因为 break 语句而提前退出，除非当 i<50 的条件不成立，否则会继续循环。

3. continue 语句

continue 语句的作用是跳过循环体中剩余的语句而强行执行下一次循环。continue 语句只用在 for、while、do…while 等循环体中，常与 if 语句一起使用，用来加速循环。

示例程序 3：

```
for(i=0;i<10;i++) {
    if(i% 2==0) continue;  //如果变量 i 为偶数,则结束本次循环
    P1=i;  //将变量 i 的值输出到单片机 P1端口,用 LED 显示
}
```

示例程序 3 中本来应该进行 10 次循环，从而输出从 0~9 的 10 个数，但是程序中出现了一句"continue;"，即当 i 除以 2 的余数为 0 时，跳过本次的循环。最后输出的值为 1，3，5，7，9，送到 P1 端口的 LED 显示。

4. 全局变量

全局变量是指在程序开始处或各个功能函数的外面所定义的变量。

(1) 程序开始处定义的全局变量 miao 和 ms_miao 在整个程序中都可以使用，可供程序中所有的函数共同使用。参考程序如下。

```
#include <reg52.h>//调用52单片机头文件 reg52.h
unsigned int miao;  //定义计秒的全局变量
unsigned int ms_miao;  //定义计毫秒的全局变量
void delay_ms (unsigned  int a)  /*函数 delay_ms()*/
{     //a,b,c 是局部变量,只在函数 delay_ms()内有效,在其他地方不能使用
     unsigned  int b,c;
     ……
}
void delay_us (unsigned  int x)  /*函数 delay_us()*/
{     //x,y,z 是局部变量,只在函数 delay_us()内有效,在其他地方不能使用
     unsigned  int y,z
     ……
}
void main(void)
{
    unsigned  int m,n;  //m,n 只在主函数 main()内有效,在其他地方不能使用
    ……
}
```

(2) 在各功能函数外面定义的全局变量只对从定义处开始往后的各个函数有效，只有从定义处往后的各个功能函数可以使用该变量，定义处前面的函数则不能使用该变量。参考程序如下。

```
#include <reg52.h>//调用52单片机头文件 reg52.h
  void delay_ms (unsigned  int a)  /*函数 delay_ms()*/
  {   //a,b,c 是局部变量,只在函数 delay_ms()内有效,在其他地方不能使用
      unsigned  int b,c;
      ……
  }
unsigned  int i,j;  //变量 i,j 只能供定义后面的所有程序使用,在定义前面的 delay_ms()函数就不能使用
void delay_us (unsigned  int x)  /*函数 delay_us */
{  //x,y,z 是局部变量,只在函数 delay_us()内有效,在其他地方不能使用
   unsigned  int y,z
   ……
}
void main(void)
{
  unsigned  int m,n;  //m,n 只能在主函数 main 内有效,其他地方不能使用
  ……
}
```

五、写一写

(1)分别计算(A | B)和(A & B)的值。

①设 A=123，B=25；②设 A=0xbc，B=0xf0；

③设 A=35，B=0x0a；④设 A=01011100，B=11100011。

(2)i=i+1 和++i 有什么区别？举例说明。

(3)分别计算 A 的值。

①设 A=123，则 A=A%2；②设 A=32，则 A=A%2；

③设 A=35，则 A=A%46；④设 A=0，则 A=A%20；(5)设 A=1，则 A=A%21。

六、动手试一试

(1)编写单片机控制程序，用独立按钮控制某一端口 1 个 LED 的点亮与熄灭，要求一个独立按钮控制 LED 点亮，一个独立按钮控制 LED 熄灭。

(2)编写单片机控制程序，上电后 LED1 点亮，按下启动按钮 SB1 后 LED2 和 LED3 点亮，LED1 熄灭；按下停止按钮 SB2 后 LED2 和 LED3 熄灭，LED1 点亮。LED 接 P1 端口，独立按钮接 P2 端口。

(3)编写单片机控制程序，上电后 LED1 点亮，按下启动按钮 SB1 后 LED2 和 LED3 点亮；松开启动按钮 SB1 后 LED2 和 LED3 熄灭。LED1 保持点亮。LED 用 P1 端口控制。

(4)编写单片机控制程序，上电后 LED 是熄灭的，按下启动按钮 SB1 后 LED1 和 LED2 点亮；按下启动按钮 SB2 后 LED3 和 LED4 点亮；按下停止按钮 SB3 后 LED2 和 LED3 熄灭，LED1 和 LED4 灯点亮；按下停止按钮 SB4 后 LED1 和 LED4 也熄灭。注意：在任何情况下按下 SB5，LED5 都能实现点动功能。

(5)编写单片机控制程序，利用 SB1 控制 LED 的点亮，按下 SB1 后，LED0 点亮，延时 2s 后熄灭，同时 LED1 点亮，延时 5s 后 LED2 点亮，直到按下 SB2，在任何时候按下 SB2，所有 LED 熄灭。如果要重复，需重新按下 SB1。

(6)编写单片机控制程序，上电后 LED1 点亮，按下启动按钮 SB1 后 LED2 和 LED3 点亮 5s；5s 后 LED4 点亮 10s 后熄灭。在任何时候按下停止按钮 SB2，所有 LED 熄灭。需启动时可重新按下 SB1。

(7)编写单片机控制程序，利用 SB1 控制 8 个 LED 的点亮，按下第 1 次，LED0 点亮，其他 LED 熄灭；按下第 2 次，LED1 点亮，其他 LED 熄灭；按下第 3 次，LED2 点亮，其他 LED 熄灭；按下第 4 次，LED3 点亮，其他 LED 熄灭；按下第 5 次，LED4 点亮，其他 LED 熄灭；按下第 6 次，LED5 点亮，其他 LED 熄灭；按下第 7 次，LED6 点亮，其他 LED 熄灭；按下第 8 次，LED7 点亮，其他 LED 熄灭；按下第 9 次，全部 LED 熄灭；然后重复。

任务八　单片机控制流水灯的显示

一、任务书

编程实现利用单片机控制 LED 的流水或花样显示，并有机结合钮子开关 SA 或者独立按钮 SB 进行综合应用。仿真电路图如图 2-7-1 和图 2-6-1 所示。

二、任务分析

流水灯就是用很多 LED 排成一行，按一定规律顺序点亮，形成流动或花样显示的效果。LED 的显示方式有很多种，一般可以分为花样显示和按一定顺序显示。LED 显示的方式不同，采用的编程方法就不同，当然，一种显示方式也可有很多种编程方法，但要讲究流水灯程序的执行效率，就必须有一个好的程序算法。

三、单片机控制程序

参考程序综述

- 利用 sbit 定义位操作方法和利用字节(总线)操作方法实现流水灯 C 程序编写的技巧和应用。

- 利用移位指令“<<”“>>”和 C51 库自带函数_crol_()、_cror_()在单片机中实现流水灯 C 程序编写的技巧和应用。
- 利用一维数组和二维数组实现流水灯 C 程序编写的技巧和应用。
- 自复位式独立按钮在流水灯 C 程序中作为启动按钮和停止按钮的应用。

(1)利用位操作方法实现流水灯，时间间隔为 1s，显示示意如图 2-8-1 所示。

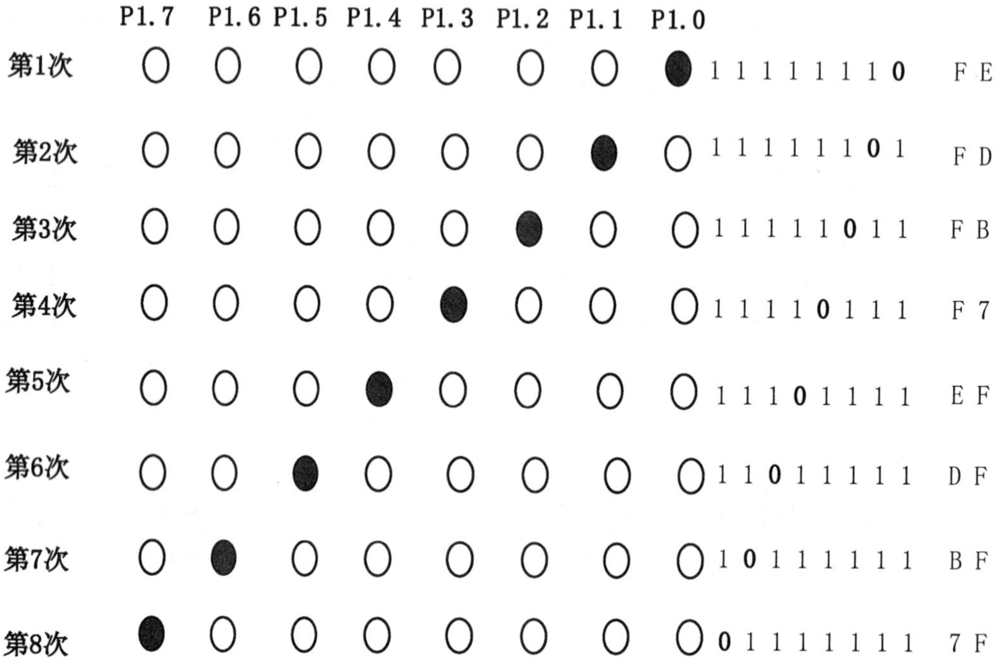

	P1.7	P1.6	P1.5	P1.4	P1.3	P1.2	P1.1	P1.0		
第1次	○	○	○	○	○	○	○	●	1 1 1 1 1 1 1 0	F E
第2次	○	○	○	○	○	○	●	○	1 1 1 1 1 1 0 1	F D
第3次	○	○	○	○	○	●	○	○	1 1 1 1 1 0 1 1	F B
第4次	○	○	○	○	●	○	○	○	1 1 1 1 0 1 1 1	F 7
第5次	○	○	○	●	○	○	○	○	1 1 1 0 1 1 1 1	E F
第6次	○	○	●	○	○	○	○	○	1 1 0 1 1 1 1 1	D F
第7次	○	●	○	○	○	○	○	○	1 0 1 1 1 1 1 1	B F
第8次	●	○	○	○	○	○	○	○	0 1 1 1 1 1 1 1	7 F

图 2-8-1 单个流水灯显示示意

参考程序如下：

```
01  #include <reg52.h>//调用52单片机头文件 reg52.h
02  sbit D0=P1^0;sbit D1=P1^1;sbit D2=P1^2;sbit D3=P1^3;
03  sbit D4=P1^4;sbit D5=P1^5;sbit D6=P1^6;sbit D7=P1^7;
04  void delay_1ms(unsigned int x)  //延时函数,约1ms
05  {  unsigned int i,j;  //定义无符号整型变量 i、j,属于局部变量
06     for(i=x;i>0;--i)   for(j=114;j>0;--j);
07  }
08  void main(){  //主函数
09     while(1){  //主循环
10         D7=1;D6=1;D5=1;D4=1;D3=1;D2=1;D1=1;D0=0; delay_1ms (1000);
11         D7=1;D6=1;D5=1;D4=1;D3=1;D2=1;D1=0;D0=1; delay_1ms (1000);
12         D7=1;D6=1;D5=1;D4=1;D3=1;D2=0;D1=1;D0=1; delay_1ms (1000);
13         D7=1;D6=1;D5=1;D4=1;D3=0;D2=1;D1=1;D0=1; delay_1ms (1000);
14         D7=1;D6=1;D5=1;D4=0;D3=1;D2=1;D1=1;D0=1; delay_1ms (1000);
```

利用位操作方法实现流水灯的仿真演示

```
15          D7=1;D6=1;D5=0;D4=1;D3=1;D2=1;D1=1;D0=1; delay_1ms (1000);
16          D7=1;D6=0;D5=1;D4=1;D3=1;D2=1;D1=1;D0=1; delay_1ms (1000);
17          D7=0;D6=1;D5=1;D4=1;D3=1;D2=1;D1=1;D0=1; delay_1ms (1000);
18      }
19  }
```

【参考程序分析】

10~17 行：实现 1 个 LED 从右(P1.0)至左(P1.7)的移动，移动 8 次是一个循环。D7~D0 在赋低电平点亮的位置上与图 2-8-1 中的 LED 显示位置是一样的，虽然这样程序比较长，但是程序很灵活，每次可以任意点亮想点亮的 LED。另一种形式的参考程序如下，其余部分可以参考前面的程序，请自行分析完善。

```
01  #define on 0
02  #define off 1
03  void main(){
04      while(1){
05          D7=off;D0=on;delay_1ms(1000);   //关闭前一个,点亮下一个
06          D0=off;D1=on;delay_1ms(1000);
07          D1=off;D2=on;delay_1ms(1000);
08          D2=off;D3=on;delay_1ms(1000);
09          D3=off;D4=on;delay_1ms(1000);
10          D4=off;D5=on;delay_1ms(1000);
11          D5=off;D6=on;delay_1ms(1000);
12          D6=off;D7=on;delay_1ms(1000);
13      }
14  }
```

宏定义指令 define 在流水灯中应用的仿真演示

(2)利用字节操作方法实现流水灯，时间间隔为 1s，字节数据计算如表 2-8-1 所示。

表 2-8-1　字节数据计算

P1.7	P1.6	P1.5	P1.4	P1.3	P1.2	P1.1	P1.0	字节数据
1	1	1	1	1	1	1	0	0xfe
1	1	1	1	1	1	0	1	0xfd
1	1	1	1	1	0	1	1	0xfb
1	1	1	1	0	1	1	1	0xf7
1	1	1	0	1	1	1	1	0xef
1	1	0	1	1	1	1	1	0xdf
1	0	1	1	1	1	1	1	0xbf
0	1	1	1	1	1	1	1	0x7f

参考程序如下，与上例相同的部分程序省略。

```
01  void main(){
02      while(1){
03          P1=0xFE;delay_1ms(1000);
04          P1=0xFD;delay_1ms(1000);
05          P1=0xFB;delay_1ms(1000);
06          P1=0xF7;delay_1ms(1000);
07          P1=0xEF;delay_1ms(1000);
08          P1=0xDF;delay_1ms(1000);
09          P1=0xBF;delay_1ms(1000);
10          P1=0x7F;delay_1ms(1000);
11      }
12  }
```

利用字节操作方法实现流水灯显示的仿真演示

【参考程序分析】

03~10行：每送1个流水灯字节数据，就延时1s，共要送8次字节数据以完成一个循环。实践表明，上述是一个亮点在不断流动，方法是：依次将数据送到I/O端口。每送一个数就延时一段时间，送完8个数据后，从头开始循环。

8个数据依次是(实现亮点流动的效果)：0FEH、0FDH、0FBH、0F7H、0EFH、0DFH、0BFH、7FH。

如果实现暗点流动的效果，则8个数据依次是：01H、02H、04H、08H、10H、20H、40H、80H。

字节操作方法的程序比位操作方法的程序简短很多，但是计算字节数据还是很麻烦。对于只需要“左右移动”的数据变化，可以利用移位指令进行编程。

(3)利用位运算符“<<”和“>>”实现流水灯的显示。

① 左移，C51中位运算符为“<<”。如图2-8-2所示，每执行一次左移指令，被操作的数将最高位移入单片机PSW寄存器的CY位，CY位中原来的数据被丢弃，最低位补0，其他位依次向左移动1位。

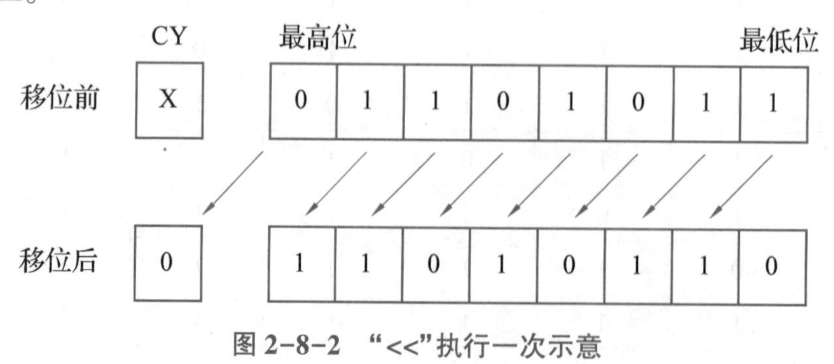

图2-8-2　“<<”执行一次示意

例如：unsigned char a=0x22，声明 a 为无符号数[二进制形式为(0010 0010)B]，a<<2 进行左移后的值为 a=0x88[二进制形式为(1000 1000)B]。

②右移，C51 中位运算符为“>>”。如图 2-8-3 所示，每执行一次右移指令，被操作的数将最低位移入单片机 PSW 寄存器的 CY 位，CY 位中原来的数据被丢弃，最高位补 0，其他位依次向右移动 1 位。

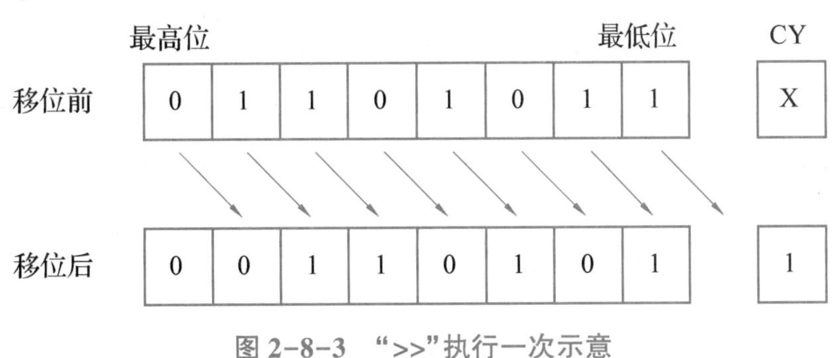

图 2-8-3　“>>”执行一次示意

例如：unsigned char a=0x82，声明 a 为无符号数[二进制形式为(1000 0010)B]，a>>2 进行右移后的值为 a=0x20[二进制形式为(0010 0000)B]。

又如：signed char b=0x82，声明 b 为有符号数[二进制形式为(1000 0010)B]，b>>4 进行右移后的值为 b=0xf8[二进制形式为(1111 1000)B]。总结来讲，右移：如果是无符号数，都是在相应的位补“0”，与左移的原理相同；但是如果为有符号数，则要在其左端补入原来数据的符号位(即保持原来数据的符号不变)，右端移出的数据被丢弃。

③利用左移指令“<<”实现 8 个 LED 从右到左逐个点亮的参考程序如下，与前面相同的部分程序省略，请读者自行完善。

```
01  void main(){
02      unsigned char dat=0xff;   //8个 LED 灯的初始值
03      while(1){
04          P1=(dat<<1); delay_1ms (1000);   //变量 dat 向左移动1位
05          P1=(dat<<2); delay_1ms (1000);   //变量 dat 向左移动2位
06          P1=(dat<<3); delay_1ms (1000);   //变量 dat 向左移动3位
07          P1=(dat<<4); delay_1ms (1000);   //变量 dat 向左移动4位
08          P1=(dat<<5); delay_1ms (1000);   //变量 dat 向左移动5位
09          P1=(dat<<6); delay_1ms (1000);   //变量 dat 向左移动6位
10          P1=(dat<<7); delay_1ms (1000);   //变量 dat 向左移动7位
11          P1=(dat<<8); delay_1ms (1000);   //变量 dat 向左移动8位
12      }
```

利用左移指令“<<”实现 LED 逐个点亮的仿真演示

【参考程序分析】

04~11 行：进行循环移位后送到 P1 端口显示，然后进行延时。以 06 行为例(“P1=(dat<<3);”)，变量 dat 的二进制值为(1111 1111)B，向左移动 3 位后变为(1111 1000)B，低 4 位

的3个LED点亮。“<<”不改变变量dat原来的数据。

请读者利用右移指令“>>”改写程序，观察实际效果的变化。

④利用左移指令“<<”实现8个LED从右到左轮流点亮。参考程序如下。

```
01  void main(){
02      unsigned char dat=0xff;  //8个LED的初始值
03      while(1){
04          P1=(dat<<1|0x00); delay_1ms (1000);  //变量dat向左移动1位再或0x00
05          P1=(dat<<2|0x01); delay_1ms (1000);  //变量dat向左移动2位再或0x01
06          P1=(dat<<3|0x03); delay_1ms (1000);  //变量dat向左移动3位再或0x03
07          P1=(dat<<4|0x07); delay_1ms (1000);  //变量dat向左移动4位再或0x07
08          P1=(dat<<5|0x0f); delay_1ms (1000);  //变量dat向左移动5位再或0x0f
09          P1=(dat<<6|0x1f); delay_1ms (1000);  //变量dat向左移动6位再或0x1f
10          P1=(dat<<7|0x3f); delay_1ms (1000);  //变量dat向左移动7位再或0x3f
11          P1=(dat<<8|0x7f); delay_1ms (1000);  //变量dat向左移动8位再或0x7f
12      }
13  }
```

利用左移指令“<<”实现LED轮流点亮的仿真演示

【参考程序分析】

04~11行：进行循环移位后送到P1端口显示，然后进行延时。以06行为例（“P1=(dat<<3|0x03);”），变量dat的二进制值为(1111 1111)B，向左移动3位后变为(1111 1000)B，0x03[二进制形式为(0000 0011)B]进行位或后结果为(1111 1011)B，则点亮1个LED。

请读者利用右移指令“>>”改写程序，观察实际效果的变化。

同时利用“<<”和“>>”实现的程序如下。

```
01  void main(){
02      unsigned char dat=0xff;  //8个LED的初始值
03      while(1){
04          P1=(dat<<1|dat>>8); delay_1ms (1000);
05          P1=(dat<<2|dat>>7); delay_1ms (1000);
06          P1=(dat<<3|dat>>6); delay_1ms (1000);
07          P1=(dat<<4|dat>>5); delay_1ms (1000);
08          P1=(dat<<5|dat>>4); delay_1ms (1000);
09          P1=(dat<<6|dat>>3); delay_1ms (1000);
10          P1=(dat<<7|dat>>2); delay_1ms (1000);
11          P1=(dat<<8|dat>>1); delay_1ms (1000);
12      }
13  }
```

【参考程序分析】

04~11 行：进行循环移位后送到 P1 端口显示，然后进行延时。以 06 行为例（“P1=(dat<<3|dat>>6);”），变量 dat 的二进制值为(1111 1111)B，先向左移动 3 位后变为(1111 1000)B，然后向右移动 6 位后变为(0000 0011)B，两次移位后进行位或的结果为(1111 1000)B|(0000 0011)B=(1111 1011)B，则点亮 1 个 LED。

⑤用 for 循环结合移位指令“<<”“>>”实现流水灯。参考程序如下。

```
01  void main(){
02      unsigned char dat=0xff;  //8个 LED 的初始值
03      unsigned char i;  //定义循环移位变量
04      while(1){
05          for(i=1;i<9;++i)
06          {P1=(dat<<i|dat>>(9-i)); delay_1ms (1000);}
07      }
08  }
```

for 循环结合移位指令“<<”“>>”实现流水灯的仿真演示

【参考程序分析】

05、06 行：使用 for 循环，i 由初值 1 变化到 8。假设现在 i 加到 3，则变量 dat 先向左移动 3 位，然后变量 dat 向右移动 9-i=6(次)，将两次移位后的值进行位或后就是 LED 显示的值。

再看下面一例：

```
01  void main(){
02      unsigned char i;  //定义循环变量
03      while(1){
04          P1=0xfe;  //初始点亮第一个 LED
05          delay_1ms (1000);
06          for(i=0;i<7;++i)
07          {P1=(P1<<1|0x01); delay_1ms (1000);}
08      }
09  }
```

(4)利用 C51 库中自带的函数_crol_()和_cror_()实现流水灯。

① 循环左移函数_crol_()。最高位移入最低位，其他位依次左移 1 位。如图 2-8-4 所示，每执行一次循环左移函数，被操作的数将最高位移入最低位，其他位依次向左移动 1 位。

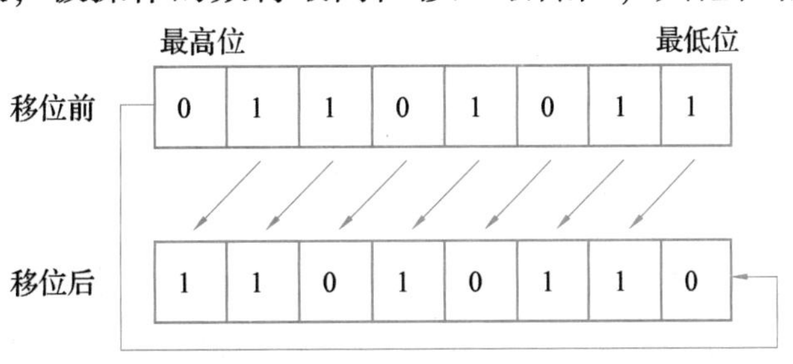

图 2-8-4　_crol_()函数执行一次示意

例如：unsigned char a=0x6B 声明 a 为无符号数[二进制形式为(0110 1011)B]，a= _crol_(a，2)进行循环左移后的值为 a=0xD6[二制进形式为(1101 0110)B]。

② 循环右移函数_cror_()。最低位移入最高位，其他位依次右移 1 位，如图 2-8-5 所示。

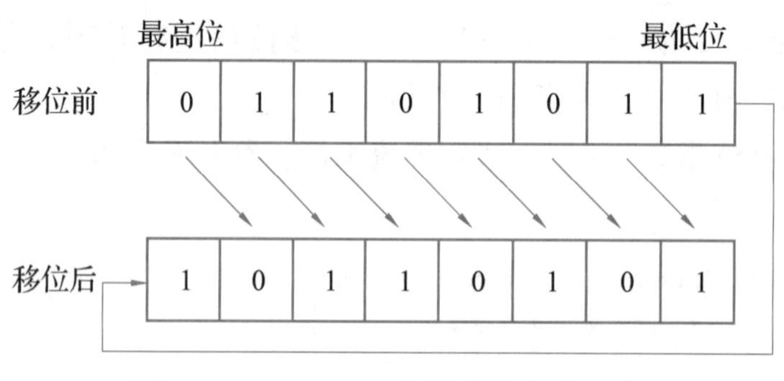

图 2-8-5　_crol_()函数执行一次示意

例如：unsigned char a=0x6B 声明 a 为无符号数[二进制形式为(0110 1011)B]，a= _cror_(a，2)进行循环右移后的值为 a=0xB5[二制进形式为(1011 0101)B]。

①利用循环左移函数_crol_()实现 8 个 LED 灯从右到左轮流点亮，参考程序如下。

```
01  #include <reg52.h>//调用52单片机头文件 reg52.h
02  #include <intrins.h>
03  void delay_1ms (unsigned int x)   //延时函数,约1ms
04  {   unsigned int i,j;
05      for(i=x;i>0;--i)   for(j=114;j>0;--j);
06  }
07  void main(){
08      unsigned char dat=0xfe;  //定义用来移位的变量 dat 初始值为0xfe
09      while(1){
10          P1=_crol_(dat,0); delay_1ms (500);  //变量 dat 向左移0位
11          P1=_crol_(dat,1); delay_1ms (500);  //变量 dat 向左移1位
12          P1=_crol_(dat,2); delay_1ms (500);  //变量 dat 向左移2位
13          P1=_crol_(dat,3); delay_1ms (500);  //变量 dat 向左移3位
14          P1=_crol_(dat,4); delay_1ms (500);  //变量 dat 向左移4位
15          P1=_crol_(dat,5); delay_1ms (500);  //变量 dat 向左移5位
16          P1=_crol_(dat,6); delay_1ms (500);  //变量 dat 向左移6位
17          P1=_crol_(dat,7); delay_1ms (500);  //变量 dat 向左移7位
18      }
19  }
```

利用_crol_函数实现 LED 轮流点亮的仿真演示

【参考程序分析】

02 行：包含头文件“intrins. h”，这样在后面才能使用 C51 内嵌的函数_crol_()和_ cror_()。

10~17 行：进行循环移位后送到 P1 端口显示，然后进行延时。以 16 行为例，_crol_(dat，

6)将变量 dat 的值 0xfe[二进制形式为(1111 1110)B]向左循环移动 6 位后变为(1011 1111)B，低电平“0”为点亮 LED 灯。

请读者利用循环右移函数_cror_()改写程序，观察实际效果的变化。

上例的实际效果是 1 个 LED 从右至左轮流点亮，但是观察其主循环可以看到，变量 dat 的移位是有一定规律的，接下来利用一个变量记录数据向左移动位数的变化值，主循环参考程序如下。

```
01 unsigned char i;   //定义循环变量 i
02 while(1){   //主循环
03     for(i=0;i<8;++i){
04         P1=_crol_(dat,i);   //变量 dat 的值向左移动 i 位
05         delay_1ms (500);   //延时0.5s
06     }
07 }
```

该程序实现的功能与前例是一样的，但是该程序比前例的程序简短很多。如果不用 for 循环实现，则可以改为如下主循环参考程序。

```
01 while(1){
02     P1=_crol_(dat,i);   //变量 dat 的值向左移动 i 位
03     delay_1ms (500);   //延时0.5s
04     i=(i+1)% 8;   //记录移位位数变量 i 自加1,加到8后清零
05 }
```

②利用循环左移函数_crol_()实现 LED 从右到左逐个点亮的参考程序如下，与前面相同的部分程序省略，请读者自行完善。

```
01 void main(){
02     unsigned char dat=0xfe;
03     while(1){
04         P1=_crol_(dat,0)&0xfe; delay_1ms (500);
05         P1=_crol_(dat,1)&0xfc; delay_1ms (500);
06         P1=_crol_(dat,2)&0xf8; delay_1ms (500);
07         P1=_crol_(dat,3)&0xf0; delay_1ms (500);
08         P1=_crol_(dat,4)&0xe0; delay_1ms (500);
09         P1=_crol_(dat,5)&0xc0; delay_1ms (500);
10         P1=_crol_(dat,6)&0x80; delay_1ms (500);
11         P1=_crol_(dat,7)&0x00; delay_1ms (500);
12     }
13 }
```

利用_crol_()函数实现
LED 逐个点亮的仿真演示

【参考程序分析】

02 行：定义无符号字符型变量 dat，初始值为 0xfe[二进制形式为(1111 1110)B]。

04~11 行：进行循环移位后送到 P1 端口显示，然后进行延时。以 06 行为例，“_crol_(dat，2)&0xf8”将变量 dat 的值 0xfe(二进制为 1111 1110)向左循环移动 2 位后变为(1111 1011)B，再与 0xf8[二进制形式为(1111 1000)B]进行位与，则结果是(1111 1000)B，3 个 LED 点亮。

实现同样的功能，可将上例简化如下。

```
01 void main(){
02     unsigned char dat=0xff;
03     unsigned char i;
04     while(1){
05         for(i=0;i<9;++i){
06             P1=_crol_(dat,i)&(0xff<<i);
07             delay_1ms (500);
08         }
09     }
10 }
```

③循环左移函数_crol_()实现 8 个 LED 从右到左轮流点亮，利用 SB1 作为启动按钮，SB2 作为停止按钮，参考程序如下。

```
01 #include <reg52.h>//调用52单片机头文件 reg52.h
02 #include <intrins.h>
03 sbit SB1=P2^0;  /*定义 P2.0引脚名为 SB1,P 要大写*/
04 sbit SB2=P2^1;  /*定义 P2.1引脚名为 SB2,P 要大写*/
05 unsigned int miao;  //定义计秒的全局变量
06 unsigned int ms_miao;  //定义计毫秒的全局变量
07 void delay(void){
08     unsigned  int  j;
09     while(ms_miao<500){  //1000为1s,500为0.5s
10         for(j=114;j>0;--j);  //11.0592MHz,则 j=114约延时1ms,12MHz 晶振改为124Hz
11             ++ms_miao;  //计毫秒变量 ms_miao 加1
12             break;
13     }
14     if(ms_miao==500) {  //清零毫秒变量 ms_miao
15         ms_miao=0;
16         miao++;  //计秒变量加1
17     }
18 }
19 void main(){
20     unsigned char dat=0xfe;
21     unsigned char k;
```

独立按钮控制_crol_()函数实现 LED 轮流点亮启停的仿真演示

```
22      bit key1=1;  //定义启动/停止标志位
23      while(1){
24          if(SB1==0) key1=0;  //按下 SB1,标志变量 key1置"0"
25          if(SB2==0) {key1=1;P1=0xff;k=ms_miao=miao=0;}  //按下 SB2,标志变量 key1置"1"
26          if(key1==0){  //按下启动按钮
27              if(miao==1) {k++;miao=0;}  //等于1s,则变量 k 加1
28              if(k==8) k=0;  //dat 移位数等于8,则变量 k 清零
29              P1=_crol_(dat,k);
30              delay();  //不断刷新延时时间
31          }
32      }
33  }
```

按下 SB1，1 个 LED 开始从左至右跑动，并不断循环，直到按下 SB2，LED 跑动停止并熄灭。

前面所讲的都是“移动型”流水灯的效果。如果需要实现往复、跳跃、交错等复杂的流水灯效果，用移位指令方法编程有一定的难度，而利用位/字节操作则程序很长。

接下来介绍一种方法，即利用数组存储流水灯的数据，可以轻易实现任意花样的流水灯效果。

(5)用数组实现流水灯。

①利用一维数组实现 1 个 LED 灯轮流点亮，参考程序如下。

```
01  #include <reg52.h>//调用52单片机头文件 reg52.h
02  unsigned char code table[]={
03      0xfe,0xfd,0xfb,0xf7,0xef,0xdf,0xbf,0x7f  };  //轮流点亮数据
04  void delay_1ms (unsigned int x)  //延时函数,约1ms
05  {   unsigned int i,j;
06      for(i=x;i>0;--i)   for(j=114;j>0;--j);
07  }
08  void main(){  //主函数
09      unsigned char k;  //定义数组下标循环变量
10      while(1){  //主循环
11          for(k=0;k<8;++k){  //8是数组里数据的个数
12              P1=table[k];  //数组名为 table,下标为变量 k
13              delay_1ms (1000);  //延时1s
14          }
15      }
16  }
```

利用一维数组实现
LED 灯轮流点亮

【参考程序分析】

02行：定义流水灯数据数组，数组名为“table”，数据之间要用逗号隔开，最后一个数据与大括号之间不能有逗号。关键字code将数组的所有数据存储到单片机的程序存储器(ROM)中，不占用单片机的内存(RAM)，节省宝贵的RAM空间。

09行：定义无符号字符型变量k，它既做for循环的变量，又做数组下标变量。

11行：for循环对流水灯数据进行取数，由于数组table的数据共有8个，所以这里变量k<8。

12行：根据k的值，从数组table中取不同元素值赋给P1端口，实现流水灯效果。

②利用一维数组实现更多花样的流水灯，参考程序如下。

```
01  #include <reg52.h>//调用52单片机头文件 reg52.h
02  unsigned char code table[]={
03      0xfe,0xfd,0xfb,0xf7,0xef,0xdf,0xbf,0x7f,   //第1次,右移1行
04      0xfe,0xfd,0xfb,0xf7,0xef,0xdf,0xbf,0x7f,   //第2次,右移1行
05      0x7f,0xbf,0xdf,0xef,0xf7,0xfb,0xfd,0xfe,   //第1次,左移1行
06      0x7f,0xbf,0xdf,0xef,0xf7,0xfb,0xfd,0xfe,   //第2次,左移1行
07      0x00,0xff,0x00,0xff};  //闪烁2次
08  void delay_1ms (unsigned int x)   //延时函数,约1ms
09  {  unsigned int i,j;
10     for(i=x;i>0;--i)   for(j=114;j>0;--j);
11  }
12  void main(){
13     unsigned char k;  //定义数组下标循环变量
14     while(1){
15         for(k=0;k<35;++k){  //35是数组里数据的个数
16             P1=table[k];  //数组名为 table,下标为变量 k
17             delay_1ms (1000);  //延时1s
18         }
19     }
20  }
```

利用一维数组实现LED花样显示的仿真演示

【参考程序分析】

15行：for循环对流水灯数据进行取数，由于数组table的数据共有35个，所以这里变量k<35。

16行：根据k的值，从数组table中取不同元素值赋给P1端口，实现流水灯效果。

③利用二维数组实现更多花样的流水灯，参考程序如下。

```
01  #include <reg52.h>//调用52单片机头文件 reg52.h
02  unsigned char code table[ ][8]={
03      {0xfe,0xfd,0xfb,0xf7,0xef,0xdf,0xbf,0x7f},  //第1次,右移1行
04      {0xfe,0xfd,0xfb,0xf7,0xef,0xdf,0xbf,0x7f},  //第2次,右移1行
05      {0x7f,0xbf,0xdf,0xef,0xf7,0xfb,0xfd,0xfe},  //第1次,左移1行
06      {0x7f,0xbf,0xdf,0xef,0xf7,0xfb,0xfd,0xfe},  //第2次,左移1行
07      {0x00,0xff,0x00,0xff,0x00,0xff,0x00,0xff},  //闪烁4次
08  void delay_1ms (unsigned int x)  //延时函数,约1ms
09  {   unsigned int i,j;
10      for(i=x;i>0;--i)   for(j=114;j>0;--j);
11  }
12  void main(){
13      unsigned char n,m;  //定义数组下标循环变量
14      while(1)  {
15          for(n=0; n<=4; n++)  //n 表示二维数组中第一维下标的长度
16              for(m=0; m<=7; m++)  {  //m 表示二维数组中第二维下标的长度
17                  P1=table[n][m];      //数组名为 table,下标为变量 k
18                  delay_1ms (1000);    //延时1s
19          }
20      }
21  }
```

利用二维数组实现 LED 花样显示的仿真演示

【参考程序分析】

15 行：for 循环对二维数组 table 中流水灯数据表的行进行取数，由于数组 table 的数据共有 5 行，所以这里变量 n<=4。

16 行：for 循环对二维数组 table 中流水灯数据表的列进行取数，由于数组 table 的数据共有 8 个，所以这里变量 m<=7。

17 行：根据行变量 n 和列变量 m 的值，从数组 table 中取不同元素值赋给 P1 端口，实现流水灯效果。

四、应知应会知识链接

1. 数组定义

什么是数组？C 语言规定把具有相同数据类型的若干变量按有序的形式组织起来称为数组。其有一个名称，即数组名。

数组中的每个元素都有一个编号，叫作下标。通过“数组名[下标]”的形式操作数组中的元素。数组也可以理解为存放物件的“仓库”，其中有若干个仓位，以不同编号区别。同一数组的“仓位”形式相同，存放相同类型的“物件”。不同的数组的“仓位”形式和数量可以不同，以存放不同类型和数量的“物件”。将一组“无序”的数据存入数组，可以使其变为“有序”数据，方便操作。

2. 一位数组

1)一维数组的定义

语法格式如下：

数据类型 数组名[长度]

例如：

unsigned int array[5];

unsigned int 为数据类型，说明数组存放的数据是无符号整型，与一般变量定义方法相同；array 为数组名，定义规则与一般变量名相同；5 为长度，说明数组能存放数据的个数。

上例的意思是：定义一个名为“array”、数据类型为 unsigned int 的数组，该数组含有 5 个元素，分别为 array[0]、array[1]、array[2]、array[3]、array[4]，而每个数组元素的类型都为 unsigned int。

注意：数组的元素是从 0 开始的，而不是从 1 开始的，即第 5 个元素为 array[4]，而不是 array[5]，而且数组名不能与变量名相同。

2)一维数组的初始化

所谓初始化，就是在定义数组的同时给数组的元素赋予初值。下面是几种初始化的方式。

(1)第一种方式：“unsigned int array[5]={1, 2, 3, 4, 5};”。

在定义数组的同时并赋予初始值。在大括号“{}”中的数值就是元素 array[0]、array[1]、array[2]、array[3]、array[4]的值，即 array[0]=1，array[1]=2，array[2]=3，array[3]=4，array[4]=5。

第二种方式：“unsigned int array[5]={1, 2};”。

在大括号中只给需要的元素赋初始值，而未被赋初始值的元素在编绎时由系统自动赋予“0”为初始值，即 array[0]=1，array[1]=2，array[2]=0，array[3]=0，array[4]=0。

第三种方式：“unsigned int array[ ]={1, 2, 3, 4, 5};”。

如果给每个元素都赋予初始值，那么在数组名中可以不给出数组元素的个数。上面的写法就等价于“int array[5]={1, 2, 3, 4, 5};”。

数组的下标可以是变量，如 array[i]，通过控制 i 的值，就可以动态访问数组的不同元素。

3)一维数组的引用

例如：

```
01  int array[5]={1,2,3,4,5};   //定义一个数组并初始化
02  char i;
03  for(i=0;i<5;i++)
04  {
05      P1=array[i]*2;   //将数组每个元素的值乘以2再输出到8个 LED 显示
06  }
```

引用数组元素是通过“数组名+[ ]+元素在数组中的位置”来进行的。

上例的输出结果为 2，4，6，8，10。

3. 二维数组

1) 二维数组的定义

在实际问题中有很多量是二维或多维的，因此 C 语言允许构造多维数组。多维数组元素有多个下标，以标识它在数组中的位置，故也称为多下标变量。

二维数组定义的一般格式如：

类型说明符 数组名[常量表达式 1][常量表达式 2]

其中常量表达式 1 表示第一维下标的长度，常量表达式 2 表示第二维下标的长度。

例如：

int a[3][4]；

上例为 3 行 4 列的数组，数组名为“a”，其下标变量的类型为整型。该数组的下标变量共有 3×4 个，即

a[0][0]，a[0][1]，a[0][2]，a[0][3]

a[1][0]，a[1][1]，a[1][2]，a[1][3]

a[2][0]，a[2][1]，a[2][2]，a[2][3]

二维数组在概念上是二维的，即其下标在两个方向上变化，下标变量在数组中的位置也处于一个平面之中，而不是像一维数组只是一个向量。但是，实际的硬件存储器却是连续编址的，也就是说存储器单元是按一维线性排列的。在一维存储器中存放二维数组两种方式：一种是按行排列，即放完一行之后顺次放入第二行；另一种是按列排列，即放完一列之后顺次放入第二列。在 C 语言中，二维数组是按行排列的即先存放 a[0]行，再存放 a[1]行，最后存放 a[2]行。每行中有 4 个元素，也是依次存放的。由于数组 a 说明为 int 类型，该类型占两个字节的内存空间，所以每个元素均占两个字节的内存空间。

2) 二维数组的引用

二维数组的元素也称为双下标变量，其表示的形式如下：

数组名　[下标][下标]

其中下标应为整型常量或整型表达式。

例如：a[3][4]表示 a 数组 3 行 4 列的元素。

下标变量和数组说明在形式上有些相似，但这两者具有完全不同的含义。数组说明的方括号中给出的是某一维的长度，即可取下标的最大值；数组元素中的下标是该元素在数组中的位置标识。前者只能是常量，后者可以是常量、变量或表达式。

3) 二维数组的赋值

二维数组的初始化也是在类型说明时给各下标变量赋初始值。二维数组可按行分段赋值，也可按行连续赋值。

例如，对数组 a[5][3]赋值。

按行分段赋值可写为：

int a[5][3]={{80，75，92}，{61，65，71}，{59，63，70}，{85，87，90}，{76，77，85}}；

按行连续赋值可写为：

int a[5][3]={80，75，92，61，65，71，59，63，70，85，87，90，76，77，85}；

这两种赋初值的结果是完全相同的。

五、动手试一试

(1)利用字节操作方法实现如下控制。

①从右到左点亮 LED，不断循环运行，延时时间为 1s。

②从左到右点亮 LED 3 次，然后 8 个 LED 闪烁 2 次，然后再从右到左点亮 LED 4 次，最后不断循环运行，延时时间为 1s。

2. 利用字节操作方法和位操作方法分别实现如下控制。

①从左到右 2 个暗点轮流显示，不断循环运行，延时时间为 0. 5s。

②1 个暗点从左到右轮流显示 3 次，再从右到左轮流显示 4 次，循环运行，延时时间为 0. 6s。

③从左到右 LED 逐个点亮，全部 LED 点亮后闪烁 2 次又重新开始，不断循环运行，延时时间为 0. 7s。

④从左到右 LED 逐个点亮循环 2 次，2 次后 8 个 LED 闪烁 2 次，然后从右到左 1 LED 逐个点亮循环 2 次，2 次后 8 个 LED 闪烁 2 次又重新开始不断循环，延时时间为 0. 6s。

⑤LED 从中间到两边点亮，不断循环运行，延时时间为 0. 5s。

⑥LED 从两边到中间依次点亮 2 次，2 次后 8 个 LED 闪烁 2 次，然后由中间向两边一次点亮 2 次，不断循环运行，延时时间为 0. 5s。

⑦从右到左 LED 逐个点亮，全部点亮后 8 个 LED 闪烁 2 次后重新开始，不断循环运行，延时时间为 0. 5s。

项目二的任务八“动手试一试”题目

项目三 单片机定时器和中断技术的应用

任务一 单片机外部中断在 LED 中的应用

一、任务书

用单片机外部中断 INT0 和 INT1 控制 LED 点亮、熄灭、闪烁和花样显示，仿真电路图如图 3-1-1 所示。

二、任务分析

如图 3-1-1 所示，利用连接在单片机 INT0 和 INT1 引脚上的独立按钮 SB3 和 SB4 来控制 LED 发光、闪烁、花样显示的启动、停止和进行一些简单的设置，由于采用了中断技术，所以不会因为长延时而使独立按钮的响应变得迟缓。

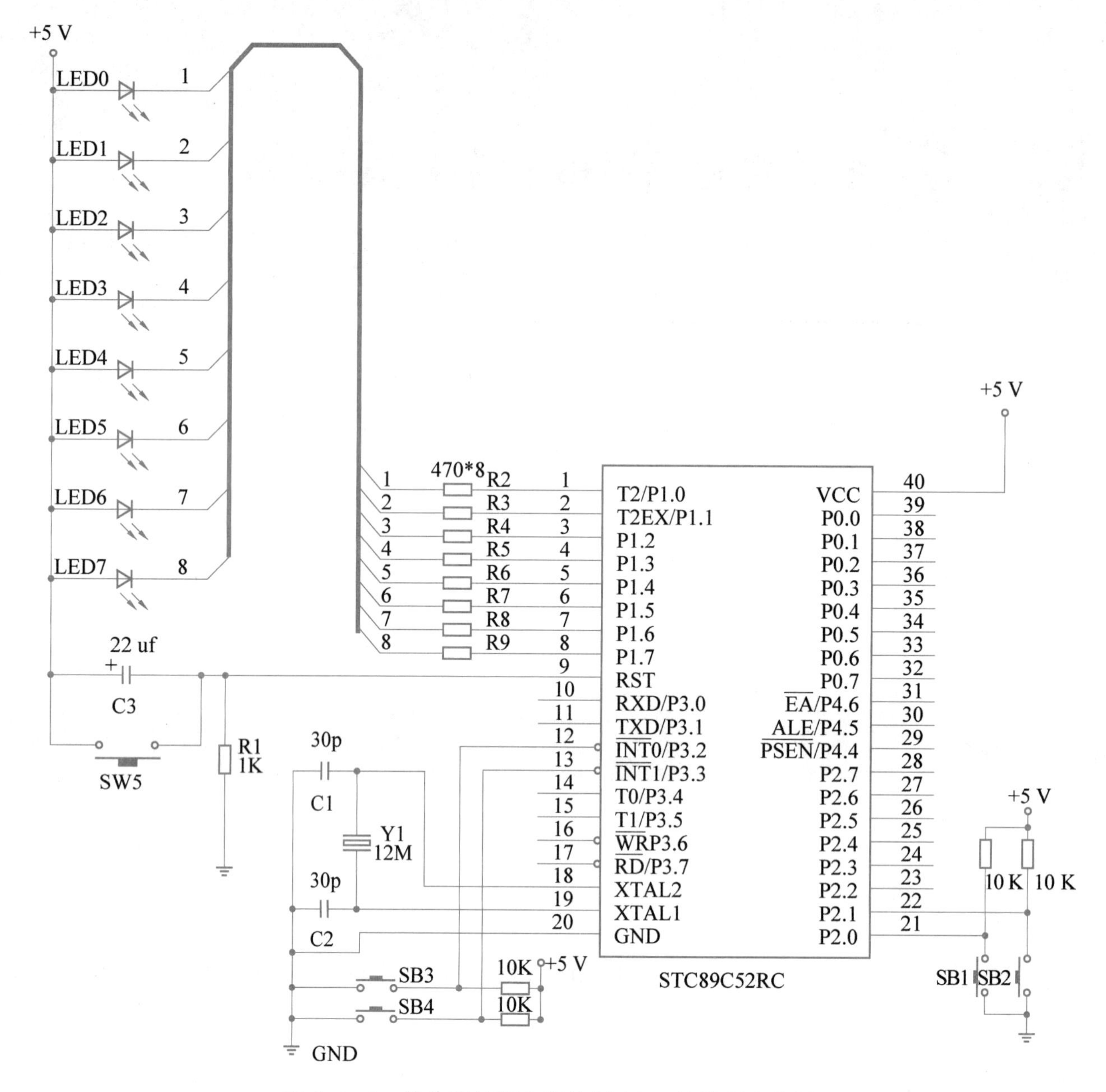

图 3-1-1 单片机外部中断控制 LED 的仿真电路图

三、单片机控制程序

参考程序综述

- 利用外部中断 INT0（独立按钮 SB3 接单片机的 INT0 引脚）和外部中断 INT1（独立按钮 SB4 接单片机的 INT1 引脚）控制 LED 的点亮和熄灭。
- 利用外部中断 INT0（独立按钮 SB3 接单片机的 INT0 引脚）和外部中断 INT1（独立按钮 SB4 接单片机的 INT1 引脚）控制 LED 的闪烁。
- 利用外部中断 INT0（独立按钮 SB3 接单片机的 INT0 引脚）和外部中断 INT1（独立按钮 SB4 接单片机的 INT1 引脚）控制 LED 灯的花样显示（流水灯）。

1. 利用外部中断 INT0(独立按钮 SB3 接单片机的 INT0 引脚)和外部中断 INT1(独立按钮 SB4 接单片机的 INT1 引脚)控制 LED 的点亮和熄灭

(1)外部中断 INT0 控制 LED0。下载单片机程序，上电后 LED1 一直以 0.5s 的时间间隔进行闪烁；当按下 SB3 时，LED0 点亮；延时 2s，LED0 熄灭。参考程序如下。

```
01 #include <reg52.h>//调用52单片机头文件 reg52.h
02 sbit LED0=P1^0;sbit LED1=P1^1;
03 void delay_1ms (unsigned int x)  //延时函数,约1ms
04 {  unsigned int i,j;
05     for(i=x;i>0;--i)   for(j=114;j>0;--j);
06 }
07 void main(){
08     IT0=1;  //设置外部中断 INT0触发方式,下降沿触发
09     EX0=1;  //启动 INT0中断
10     EA=1;  //启动总中断
11     while(1){
12         LED1=0;  //点亮 LED1
13         delay_1ms (500);  //延时0.5s
14         LED1=1;  //熄灭 LED1
15         delay_1ms (500);
16     }
17 }
18 void INT_0(void) interrupt 0  //中断子程序
19 {  LED0=0;
20     delay_1ms (2000);  //延时2s
21     LED0=1;
22 }
```

外部中断 INT0和 INT1控制 LED 亮灭的仿真演示

【参考程序分析】

08~10 行：外部中断 INT0 的设置。① 设置中断控制寄存器 TCON 中的中断标志位 IT0 为 1，说明连接在单片机 INT0 硬件上的信号要请求中断，必须是下降沿。② 设置中断允许寄存器 IE 中的 EX0 和 EA 为 1，说明启动的是外部中断 INT0，并且打开总中断(EA=1)允许开关。

12~15 行：LED1 闪烁程序。

18~22 行：外部中断 INT0 的中断处理函数，实现 LED0 点亮 2s 后熄灭。

中断函数是处理中断事件的专用函数，一般格式如下：

```
void  函数名(void)  interrupt  中断号 n  [using  寄存器组号]
{
    语句组;
}
```

①函数名是自定义的，但符合标识符的定义规则。

②中断号 n 与中断源要对应(表 3-1-1)。

③寄存器组号是可选项，可以由编译器自动分配。51 单片机内部 RAM 中有 4 组不同的工作寄存器组，每个寄存器组有 8 个工作寄存器 R0～R7，因此寄存器组号可以取 0～3 的常数。如果要设置一个工作寄存器组，则必须保证任何寄存器组在切换时不能发生冲突，否则将产生不正确的结果。建议初学者不要设置此项，让编译器自动分配即可。

④中断关键字 interrupt 不能写错，其后面不允许跟一个带运算符的表达式，也不允许用于外部函数，如原来的延时函数名“delay”不能取为“interrupt”。

表 3-1-1　中断源和中断向量表

中断号 n	优先级	中断源	中断入口地址
0	1(最高)	外部中断 0(INT0 P3.2)	0003H
1	2	定时器 0	000BH
2	3	外部中断 1(INT1 P3.3)	0013H
3	4	定时器 1	001BH
4	5(最低)	串行口	0023H

在正确定义了中断程序之后，程序在运行时，若有中断信号的请求，其 CPU 就会自动进入中断程序执行其代码。

编写中断函数需要注意以下几点。

①函数内的程序尽可能短，否则会影响主程序的执行。

②中断函数不能有参数和返回值，只能通过全局变量与其他函数进行数据传递。

③中断函数不需要调用，只要设置好它就会自动执行。

(2)利用外部中断 INT0(独立按钮 SB3 接单片机的 INT0 引脚)控制 LED0。下载单片机程序，上电后 LED1 一直以 0.5s 的时间间隔闪烁；当按下 SB3 时，LED0 点亮；当松开 SB3 时，LED0 熄灭。中断函数参考程序如下，与前面相同的部分由读者自行完善。

```
01  void INT_0(void) interrupt 0  //中断处理函数
02  {
03      LED0=0;  //点亮 LED0
04      while(SB3==0);  //等待 SB3被松开
05      LED0=1;  //熄灭 LED0
06  }
```

【参考程序分析】

01 行：中断函数名为“INT_0”，外部中断 0 的中断号为“0”，当按下连接在 INT0 引脚上的

SB3 时，单片机自动跳到此处执行。

04 行：如果被按下的 SB3 没有被松开，则单片机一直停在 INT0 中断函数中不能返回主程序执行，导致主程序中 LED1 闪烁长时间没有响应。

使用外部中断的步骤如下。

①设置触发类型。IT0、IT1 置“1”时下降沿触发外部中断 INT0 和 INT1，清零或单片机复位默认为“0”则为低电平触发外部中断 INT0 和 INT1。

②允许中断。EA=1，EX0=1 或 EX1=1。有时要考虑优先级 IP 的设置。

③编写中断函数。INT0 中断号为 0，INT1 中断号为 2。

2. 利用外部中断 INT0(独立按钮 SB3 接单片机的 INT0 引脚)和外部中断 INT1(独立按钮 SB4 接单片机的 INT1 引脚)控制 LED 的闪烁

(1)利用外部中断 INT0 控制 LED0 的闪烁。单片机上电后 LED1 一直以 0.5s 的时间间隔闪烁；当按下 SB3 时，LED0 闪烁 3 次后熄灭，时间间隔为 1s。中断函数参考程序如下，与前面相同的部分由读者自行完善。

```
01 void  INT_0(void)  interrupt 0 {  //中断函数
02     unsigned char i;  //定义局部字符型变量 i,取值范围为0~255
03     for(i=0;i<6;++i){  //LED0闪烁3次
04         LED0=!LED0;  //LED0状态取反
05         delay_1ms(1000);  //延时1s
06     }
07 }
```

【参考程序分析】

03 行：由于 LED0 利用位取反运算符“!”，所以每取反 2 次才是闪烁 1 次，故“i<6”。

(2)利用外部中断 INT0 控制 LED0 启动闪烁；外部中断 INT1 控制 LED0 停止闪烁。单片机上电后 LED0 熄灭；当按下 SB3 时，LED0 开始闪烁；当按下 SB4 时，LED0 停止闪烁并熄灭。参考程序如下。

```
01 #include <reg52.h>//调用52单片机头文件 reg52.h
02 sbit LED0=P1^0;  /*定义 P1.0引脚名为 LED0,P 要大写*/
03 bit QT;  //定义启停标志位
04 void delay_1ms (unsigned int x)//延时函数,约1ms
05 {  unsigned int i,j;
06     for(i=x;i>0;--i)   for(j=114;j>0;--j);
07 }
08 void main(){
09     IT0=1;  //设置外部中断 INT0触发方式,下降沿触发
10     EX0=1;  //启动 INT0中断
11     IT1=1;
```

外部中断 INT0和 INT1 控制 LED 闪烁的仿真演示

```
12      EX1=1;
13      EA=1;  //启动总中断
14      while(1){
15          if(QT)  {
16              LED0=!LED0;  //LED0取反
17              delay_1ms (500);  //延时0.5s
18          }
19      }
20  }
21  void INT_0(void) interrupt 0
22  {
23      QT=1;  //启停标志位置"1",启动
24  }
25  void INT_1(void) interrupt 2
26  {
27      LED0=1;  //LED0熄灭
28      QT=0;  //启停标志位置"0",停止
29  }
```

【参考程序分析】

03 行：定义了一个全局位变量 QT，利用 QT 的置“1”和置“0”作为启动和停止的信号，而使 QT 发出这个信号的是外部中断函数 INT_0( ) 和 INT_1( )。

3. 利用外部中断 INT0(独立按钮 SB3 接单片机的 INT0 引脚)和外部中断 INT1(独立按钮 SB4 接单片机的 INT1 引脚)控制 LED 的花样显示

(1)利用外部中断 INT0 控制 P1 端口上的 8 个 LED 花样显示。单片机上电后接在 P0.0 引脚上的 LED 一直以 0.5s 的时间间隔闪烁；当按下 SB3 时，8 个 LED 从左到右依次点亮 3 次后熄灭。中断函数参考程序如下，与前面相同的部分由读者自行完善。

```
01  #include <reg52.h>//调用52单片机头文件 reg52.h
02  sbit LED0=P0^0;  /*定义 P0.0引脚名为 LED0,P 要大写*/
03  unsigned char code table[ ]={0xfe,0xfc,0xf8,0xf0,0xe0,0xc0,0xb80,0x00};  //轮流点亮
04  void delay_1ms(unsigned int x)//延时函数,约1ms
05  {   unsigned int i,j;
06      for(i=x;i>0;--i)    for(j=114;j>0;--j);
07  }
08  void main(){
09      IT0=1;  //设置外部中断 INT0触发方式,下降沿触发
10      EX0=1;  //启动 INT0中断
11      EA=1;  //启动总中断
12      while(1){
```

外部中断 INT0控制 LED 花样显示的仿真演示

```
13          LED0=!LED0;  //点亮 LED0
14          delay_1ms (500);  //延时0.5s
15      }
16  }
17  void INT_0(void) interrupt  0{
18      unsigned char k;  //定义数组下标循环变量
19      for(k=0;k<8;++k){  //8是数组里数据的个数
20          P1=table[k];  //数组名为 table,下标为变量 k
21          delay_1ms (1000);  //延时1s
22      }
23      P1=0xff;  //8个 LED 全部熄灭
24  }
```

【参考程序分析】

当按下 SB3 后，单片机进入中断函数开始执行流水灯程序，使主函数中闪烁的 LED0 很久不能执行，保持在中断前一刻的状态，直到处理完中断函数后 LED0 又开始闪烁。

(2)利用外部中断 INT0 控制 P1 端口上的 8 个 LED 花样显示的启动；外部中断 INT1(独立按钮 SB4 接单片机的 INT1 引脚)控制 P1 端口上的 8 个 LED 花样显示的停止。单片机上电后 8 个 LED 熄灭；当按下 SB3 时，LED 开始由中间向两边依次点亮(时间间隔为 1s)，不断循环；当按下 SB4 时，LED 停止显示并熄灭。参考程序如下。

```
01  #include <reg52.h>//调用52单片机头文件 reg52.h
02  sbit LED0=P0^0;  /*定义 P0.0引脚名为 LED0,P 要大写*/
03  bit QT;  //定义启停标志位
04  unsigned char code table[ ]={  0xe7,0xc3,0x81,0x00,0xff};  //轮流点亮
05  void delay_1ms(unsigned int x){  //延时函数,约1ms
06      unsigned int i,j;
07      for(i=x;i>0;--i)
08      for(j=114;j>0;--j);
09  }
10  void main(){
11      unsigned char k;  //定义数组下标循环变量
12      IT0=1;  //设置外部中断 INT0触发方式,下降沿触发
13      EX0=1;  //启动 INT0中断
14      IT1=1;
15      EX1=1;
16      EA=1;  //启动总中断
17      while(1){
18          if(QT){
19              P1=table[k];  //数组名为 table,下标为变量 k
```

外部中断 INT0和 INT1 控制 LED 花样显示启停的仿真演示

```
20              delay(1000);  //延时1s
21              if(++k>=5)k=0;
22          }
23          else{
24              P1=0xff;  //LED熄灭
25              k=0;
26          }
27      }
28  }
29  void INT_0(void) interrupt  0{
30      QT=1;  //启停标志位置"1",启动
31  }
32  void INT_1(void) interrupt  2{
33      P1=0xff;  //LED熄灭
34      QT=0;  //启停标志位置"0",停止
35  }
```

四、应知应会知识链接

1. 什么是“中断”

中断就是在主程序执行过程中产生了另一个紧急任务，需要打断(暂停)主程序的执行，转向执行紧急任务(中断函数)。紧急任务完成后，再返回主程序原来被打断的地方继续执行接下来的主程序。

举一个例子：你正在看书(执行主程序)→电话突然响起来(产生中断信号 1)→你在书上做记号，然后拿起电话和对方进行通话(处理中断 1)→门铃突然响起来(产生中断信号 2)→你让与你通话的对方稍等一下→你去开门并与来访者交谈片刻(处理中断 2)→交谈结束，关好门→回到电话旁拿起电话继续通话(中断返回 1)→通话结束，挂上电话→拿起书，从做记号处继续看书(中断返回 2)。

上述例子是一个中断嵌套，就是在中断中又发生了一次中断(开门交谈)。这 3 项任务(看书、打电话、接待来访者)不可能同时完成，只能采用中断技术完成一项任务后再完成另一项任务。上述中断都是随机的，你不知道电话什么时候响起，也不知道客人什么时候来访。在单片机中也是一样的，对于突发或随机的不确定事件，不可能在主程序中编写相应程序，因为执行处理程序时，可能事件并没有发生；或者事件发生的时候，处理程序还没有执行到，从而错过时机。

因此，中断程序是很好地解决这种随机事件的方法。通过中断程序，单片机能够进行多任务处理，中断程序提高了单片机的应变能力。

2. 中断控制的特殊功能寄存器：TCON、SCON、IP、IE

在51单片机中，有4个寄存器是供用户对中断进行控制的，这4个寄存器分别是定时器控制寄存器TCON、串行口控制寄存器SCON、中断允许控制寄存器IE，以及中断优先控制寄存器IP。

1)定时器控制寄存器TCON(表3-1-2)

表3-1-2　定时器控制寄存器TCON

位地址	8F H	8E H	8D H	8C H	8B H	8A H	89 H	88 H
位名称	TF1	TR1	TF0	TR0	IE1	IT1	IE0	IT0

(1)TF0(TF1)是内部定时器/计数器0(定时器/计数器1)溢出中断标志位。

当片内定时器/计数器0(定时器/计数器1)计数溢出的时候，由单片机自动置“1”，而当进入了中断服务程序之后再由单片机自动清零。

(2)TR0(TR1)是内部定时器/计数器0(定时器/计数器1)运行控制位。

TR0(TR1)=1，启动运行定时器T0(T1)。

TR0(TR1)=0，停止运行定时器T0(T1)。

(3)IE0(IE1)是外部中断请求标志位。

当INT0(或INT1)引脚出现有效的请求信号时，此位由单片机自动置“1”，而当进入了中断服务程序之后再由单片机自动清零。

(4)IT0(IT1)是外部中断触发方式控制位。

IT0(IT1)=1，脉冲触发方式，下降沿触发有效。

IT0(IT1)=0，电平触发方式，低电平有效。

2)串行口控制寄存器SCON(表3-1-3)

表3-1-3　串行口控制寄存器SCON

位地址	9F H	9E H	9D H	9C H	9B H	9A H	99 H	98 H
位名称	SM0	SM1	SM2	REN	TB8	RB8	TI	RI

(1)TI是串行口发送中断标志位。

当单片机串行口发送完一帧数据后，此位由单片机自动置“1”，而当进入了中断服务程序之后是不会自动清零的，必须由用户在中断服务程序中用软件清零。

(2)RI是串行口接收中断标志位。

当单片机串行口接收完一帧数据后，此位由单片机自动置“1”，而当进入了中断服务程序之后是不会自动清零的，必须由用户在中断服务程序中用软件清零。

3)中断允许控制寄存器IE(表3-1-4)

表3-1-4　中断允许控制寄存器IE

位地址	AF H	AE H	AD H	AC H	AB H	AA H	A9 H	A8 H
位名称	EA	—	—	ES	ET1	EX1	ET0	EX0

(1)EA是中断允许总控制位。

EA=0，关闭总中断。

EA=1，启动总中断，当启动了总中断后，再由各中断源的中断允许控制位进行设置。

(2)ES是串行中断允许控制位。

ES=0，关闭串行中断。

ES=1，启动串行中断。

(3)EX0(EX1)是外部中断允许控制位。

EX0(EX1)=0，关闭外部中断0(外部中断1)。

EX0(EX1)=1，启动外部中断0(外部中断1)。

(4)ET0(ET1)是定时中断允许控制位。

ET0(ET1)=0，关闭定时中断0(定时中断1)。

ET0(ET1)=1，启动定时中断0(定时中断1)。

4)中断优先级控制寄存器IP(表3-1-5)

表3-1-5　中断优先级控制寄存器IP

位地址	BF H	BE H	BD H	BC H	BB H	BA H	B9 H	B8 H
位名称	—	—	—	PS	PT1	PX1	PT0	PX0

(1)PX0(PX1)是外部中断0(外部中断1)优先级设定位。

PX0(PX1)=1，外部中断0(外部中断1)定义为最高优先级中断。

PX0(PX1)=0，外部中断0(外部中断1)定义为最低优先级中断。

(2)PT0(PT1)是定时中断0(定时中断1)优先级设定位。

PT0(PT1)=1，定时中断0(定时中断1)定义为最高优先级中断。

PT0(PT1)=0，定时中断0(定时中断1)定义为最低优先级中断。

(3)PS是串行通信优先级设定位。

PS=1，串行通信定义为最高优先级中断。

PS=0，串行通信定义为最低优先级中断。

在同时收到几个同一优先级的中断请求时，哪个中断请求优先得到响应，取决于内部的查询顺序，其查询顺序如下：

外部中断 0→定时器 0 中断→外部中断 1→定时器中断 1→串行中断

优先级的作用如下。

(1) 当一个中断函数正在执行时，它能被比它级别高的中断所中断。

(2) 当一个中断函数正在执行时，它不能立即响应同级或低级的中断请求。

(3) 当同级中断同时产生中断请求时，优先响应中断号小的中断。

(4) 当一个中断函数正在执行时，如果前一个中断函数执行完成时，其产生的同级或低级的中断请求信号不存在了(标志位被清零)，则中断不会发生。

3. 中断响应

如图 3-1-2 所示，在正常情况下，单片机执行主程序，但是如果有中断事件发生，它就会把当前的事件保存起来，去执行中断程序，当执行完中断程序之后，回到原来主程序的程序段开始执行。

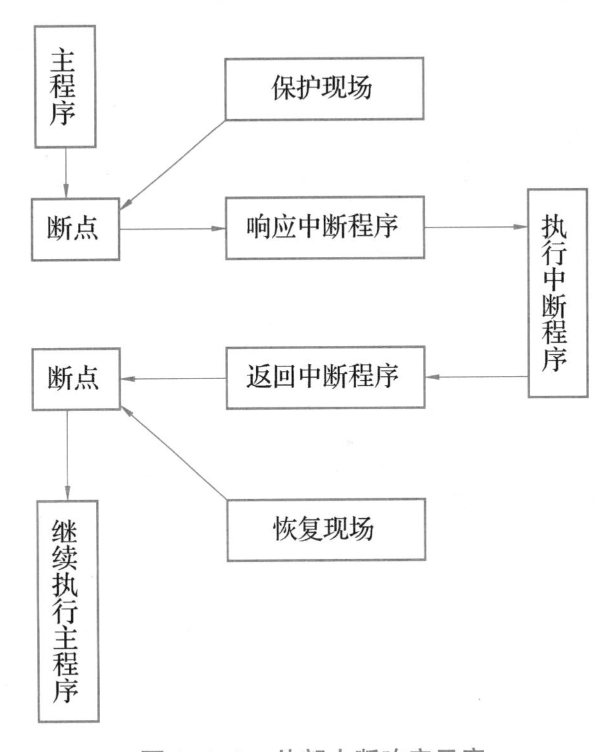

图 3-1-2　外部中断响应示意

在允许中断时，一旦出现中断信号，就会进入中断执行中断程序。不同的中断源执行中断程序的方法不同，但其流程是相似的如下所述。

(1) 保护现场。其指保护主程序当前的数据。对于 C 语言编程，保护现场是自动的。

(2) 执行中断程序。根据中断号来选择执行专门的中断函数，完成中断事件的处理。

(3) 中断返回。中断程序执行完成时，需要恢复主程序的现场，以便主程序能接着刚才被中断的地方继续执行下去。对于 C 语言编程，恢复现场是自动的。

4. 单片机 C 程序外部中断的基本结构框架

```
#include <reg52.h>//调用52单片机头文件 reg52.h
//用 sbit 进行位定义、全局变量定义,用#define 进行宏定义
功能子函数1    delay( )
               {
                   语句组;…
               }
功能子函数2    light1( )
               {
                   语句组;…
```

```
            }
void main (void)  //主函数
{  //在此处编写让单片机只执行一次的程序语句(外部中断的设置)
   while(1)  //死循环,用于保证主程序正常运行
   {
      //各种功能语句(或语句组)
   }
}
void INT_0(void) interrupt 0     //外部中断0的中断函数
{
    语句组;
}
void INT_1(void) interrupt 2     //外部中断1的中断函数
{
    语句组;
}
```

五、动手试一试

(1)编写单片机控制程序，用外部中断 INT0 和 INT1 控制某一端口 1 个 LED 的点亮与熄灭，要求 INT0 控制 LED 点亮，INT1 控制 LED 熄灭。

(2)编写单片机控制程序，上电后 LED1 以 1s 的时间间隔闪烁，按下连接在 INT0 引脚上的 SB3 后 LED1 熄灭，LED0 点亮 1s 后熄灭。按下连接在 INT1 引脚上的 SB4 后，如果这时 LED1 是点亮的则将其熄灭，LED0 灯点亮 2s 后熄灭；如果这时 LED1 是熄灭的则将其点亮，LED0 灯点亮 0.5s 后熄灭。

(3)编写单片机控制程序，主程序功能：P0 端口接 LED0～LED3，使 LED0～LED3 闪烁，亮灭时间各为 1s。

INT0 控制的中断要求：使 P1.0 的 LED5 点亮 1s。

INT1 控制的中断要求：使 P2.0 的 LED6 点亮 1s。

(4)编写单片机控制程序，主程序功能：P1 端口接 LED0～LED3，使 LED0～LED3 闪烁。

INT0 控制的中断要求：使 P1.4 的 LED5 闪烁 3 次然后熄灭。

INT1 控制的中断要求：使 P1.5 的 LED6 闪烁 3 次然后熄灭。

(5)编写单片机控制程序，利用连接在外部中断 0(P3.2)的独立按钮，作为 P0 端口的 8 个 LED 闪烁的启动按钮，连接在外部中断 1(P3.3)的独立按钮，作为 P0 端口的 8 个 LED 闪烁的停止按钮，要求利用外部中断技术实现启动/停止。

(6)编写单片机控制程序，利用独立按钮设置 LED0 的闪烁次数，加/减两个独立按钮控制闪烁次数的加/减，设置闪烁次数后按下启动按钮，则 LED0 开始闪烁，闪烁次数到则熄灭；

如没有设置闪烁次数(为 0)，则不能启动 LED0 的闪烁(假设最大闪烁次数为 5 次，加到 5 就不能继续加，减到 0 就不能继续减)，加/减按钮利用外部中断 INT0 和 INT1 所连接的按钮(两个小要求：在闪烁期间不能设置次数和在闪烁期间可以设置次数)。

项目三的任务一
“动手试一试”题目

任务二　单片机定时器在 LED 中的应用

一、任务书

用单片机内部定时器 T0 或 T1 控制 LED 点亮、熄灭、闪烁和花样显示，仿真电路图如图 2-7-1 所示。

二、任务分析

如图 2-7-1 所示，利用连接在单片机 P2 端口引脚上的独立按钮 SB1、SB2、SB3 和 SB4 来控制 LED 发光、闪烁、花样显示的启动、停止，使用定时器进行延时。

三、单片机控制程序

参考程序综述

- 利用 51 单片机的定时器 T0 或 T1 控制 LED 的点亮和熄灭(参考程序中以定时器 T0 为例分别列举了定时器定时初始值计算和中断函数格式编写、定时器的工作方式 0/工作方式 1/工作方式 2 的用法，以及自复位式独立按钮等 C 程序编写技巧和应用的案例)。
- 利用 51 单片机的定时器 T0 或 T1 控制 LED 的闪烁[参考程序中以定时器中断进行计时为例分别列举了精确延时、长延时、定时器中断同时做不同工作任务(即实时性高任务)等 C 程序编写技巧和应用的案例]。

1. 利用 51 单片机的定时器 T0 或 T1 控制 LED 的点亮和熄灭

(1)定时器 T0 控制 LED0 的点亮和熄灭时间。单片机上电后 LED0 点亮，60ms 后 LED0 熄灭，参考程序如下。

```
01  #include <reg52.h>//调用52单片机头文件 reg52.h
02  sbit LED0=P1^0;  /*定义 P1.0引脚名为 LED0,P 要大写*/
03  void main(){
04      TMOD=0x01;  //确定定时器 T0,工作方式1
05      TH0=(65536 - 60000)/256;  //设置定时器 T0初始值高8位
06      TL0=(65536 - 60000)% 256;  //设置定时器 T0初始值低8位
07      ET0=1;  //开启定时/计数器 T0中断
08      EA=1;  //开启总中断允许
09      TR0=1;  //启动定时/计数器 T0
10    LED0=0;  //点亮 LED0
11    while(1) {  ;  }  //程序"原地踏步"
12  }
13  void Timer_0(void) interrupt 1  //定时器 T0的中断函数
14  {
15      TH0=(65536- 60000)/256;  //重新为定时器 T0赋初始值
16      TL0=(65536- 60000)% 256;
17      LED0=1;  //熄灭 LED0
18  }
```

定时器 T0控制 LED0 点亮60ms 的仿真演示

【参考程序分析】

04~09 行：单片机定时器 T0 的初始化程序。其设置步骤为：04 行设置定时器工作方式寄存器 TMOD 中的 M1M0 为 01，确定定时器 T0 为工作方式 1(定时器 T1 为工作方式 0)。

05、06 行设置定时器 T0 的装入初始值为 60 000μs(TH0 为定时器 T0 的高 8 位，TL0 为定时器 T0 的低 8 位)。定时器初始值的计算如下。

计数信号周期(机器周期)为：

$$计数信号周期=\frac{12}{12\text{MHz}}=1\mu\text{s}$$

即每来一个计数脉冲就用去 1μs 的时间，因此计数的次数为：

$$计数次数=\frac{定时时间}{1\mu\text{s}}$$

例如：假设需要定时的时间为 60ms，则

$$计数次数=\frac{60\times1000\mu\text{s}}{1\mu\text{s}}=60\ 000$$

如果用 T0，采用工作方式 1，则计数初始值为 65 536-60 000=5 536，将 5 536 转换为十六进制即(15A0)H，即 TH0=(15)H，TL0=(A0)H。

05、06 行说明如下。

60 000 是定时时间，即 60ms=60 000μs；65 536 就是定时器工作方式 1 的最大定时时间。(65 536-60 000)=5 536，然后将 5 536 除以 256，将除得的商送入 TH0，将除的余数送入 TL0。

5 536 转换为十六进制即(15A0)H，即 TH0=(15)H，TL0=(A0)H，256 转为十六进制是(100)H，则

$$TH0=(15A0)H/(100)H=(15)H$$

$$TL0=(15A0)H\%(100)H=(A0)H$$

也可以将 05 和 06 行改写如下：

```
TH0=(65536 - 60000)/0x100;    //设置定时器 T0 初始值高 8 位
TL0=(65536 - 60000)%0x100;    //设置定时器 T0 初始值低 8 位
```

分析：

①“65536”这个值是怎么来的？在设置定时器工作方式寄存器 TMOD 时，将定时器 T0 设置为工作方式 1，该值是其对应工作方式中的最大计数脉冲数，如表 3-2-1 所示(表中以 51 单片机 12MHz 晶体振荡器为例)。

表 3-2-1　工作方式与最大定时时间

工作方式	最大计数脉冲数	最大定时时间/ms	装入初始值
工作方式 0	$2^{13}=8\ 192$	8. 192	8 192-待计数值
工作方式 1	$2^{16}=65\ 536$	65. 536	65 536-待计数值
工作方式 2	$2^{8}=256$	0. 256	256-待计数值
工作方式 3	$2^{8}=256$	0. 256	256-待计数值

②对于“减 60 000”可做如下比喻。一个装满水的水桶(最大计数脉冲数 65 536)，将水取出一些(65 536-60 000=15 536，水桶中的水还剩 15 536)。取走多少水(取走 60 000)，就必须要补装多少水(这里是 60 000)，水桶才会被重新装满。

07、08 行是设置中断控制寄存器 IE 的相应标志位(ET0=1 为允许 T0 中断，EA=1 为打开总中断)，09 行是设置控制寄存器 TCON 中的 TR0=1，即启动 T0 定时器，这时定时器 T0 开始计数。注意：如果没有设置中断优先级寄存器 IP，则按自然优先级产生中断。

13~18 行：中断函数。60ms 定时时间一到，单片机会自动跳到 13 行开始执行定时器中断函数，执行到 18 行后就自动返回被中断处继续执行程序。15、16 行重新给 TH0 和 TL0 装入定时器初始值，定时到之后(溢出)，使 TH0 和 TL0 都被清零，为了保证每次中断时间间隔相同，每次进入中断函数后必须重新设置定时器的初始值。17 行熄灭 LED0。

将上例的时间延长到 2s，以定时器 T0 为例，分别介绍不同工作方式下长延时的编程方法和技巧。

工作方式 0 的编程思路是：由于工作方式 0 的最大定时时间为 8 192μs，远远小于 2s，所以先用定时器 T0 做一个 50ms 的定时，用软件计数器 ms_miao(全局变量)加 1，加到 40 次后即 2s(40×50ms=2 000ms=2s)，参考程序如下。

```
01  #include <reg52.h>//调用52单片机头文件 reg52.h
02  sbit LED0=P1^0;   /*定义 P1.0引脚名为 LED0,P 要大写*/
03  unsigned int ms_miao;  //定义计毫秒的全局变量
04  void main(){
05      TMOD=0x00;  //确定定时器 T0,工作方式0
06      TH0=(8192-5000)/32;  //设置定时器 T0初始值高8位
07      TL0=(8192-5000)%32;  //设置定时器 T0初始值低5位
08      ET0=1;  //开启定时/计数器 T0中断
09      EA=1;  //开启总中断允许
10      TR0=1;  //启动定时/计数器 T0
11      LED0=0;  //点亮 LED0
12      while(1){
13          if(ms_miao ==40){  //如果 ms_miao 等于40,则延时时间为2s
14              LED0=1;  //熄灭 LED0
15              ms_miao=0;  //全局变量清零
16          }
17      }
18  }
19  void Timer_0(void) interrupt  1 {  //定时器 T0的中断函数
20      TH0=(8192-5000)/32;  //设置定时器 T0初始值高8位
21      TL0=(8192-5000)%32;  //设置定时器 T0初始值低5位
22      ms_miao++;  //计毫秒全局变量 ms_miao 加1
23  }
```

定时器 T0工作方式0长延时的仿真演示

【参考程序分析】

13 行：如果全局变量 ms_miao 计数到 40，则每次为 50ms，所以时间 = 40×50 = 2 000(ms)，即 2s 到将 LED0 熄灭，并对 ms_miao 清零，为下次计数做准备。

19~23 行：定时器 T0 中断函数。20、21 行重新设置定时初始值。22 行每 50ms 中断一次，全局变量 ms_miao 就自加 1。

工作方式 1 的编程思路是：由于工作方式 1 的最大定时时间为 6 5536μs，远远小于 2s，所以先用 T0 做一个 50ms 的定时，用软件计数器 ms_miao(全局变量)加 1，加到 40 次后即 2s(40×50ms = 2 000ms = 2s)，参考程序如下。

```
01  #include <reg52.h>//调用52单片机头文件 reg52.h
02  sbit LED0=P1^0;   /*定义 P1.0引脚名为 LED0,P 要大写*/
03  unsigned int ms_miao;  //定义计毫秒的全局变量
04  void main(){
05      TMOD=0x01;  //确定定时器 T0,工作方式1
06      TH0=(65536 - 50000)/256;  //设置定时器 T0初始值高8位
07      TL0=(65536 - 50000)%256;  //设置定时器 T0初始值低8位
```

定时器 T0工作方式1长延时的仿真演示

```
08      ET0=1;  //开启定时/计数器 T0中断
09      EA=1;  //开启总中断允许
10      TR0=1;  //启动定时/计数器 T0
11      LED0=0;  //点亮 LED0
12      while(1){
13          if(ms_miao ==40){  //如果 ms_miao 等于40,则延时时间为2s
14              LED0=1;  //熄灭 LED0
15              ms_miao=0;  //全局变量清零
16          }
17      }
18  }
19  void Timer_0(void) interrupt  1 {   //定时器 T0的中断函数
20      TH0=(65536 - 50000)/256;  //设置定时器 T0初始值高8位
21      TL0=(65536 - 50000)% 256;  //设置定时器 T0初始值低8位
22      ms_miao++;  //计毫秒全局变量 ms_miao 加1
23  }
```

工作方式 2 的编程思路是：由于工作方式 2 的最大定时时间为 256μs，远远小于 2s，所以先用定时器 T0 做一个 0.2ms 的定时，用软件计数器 ms_miao（全局变量）加 1，加到 10 000 次后即 2s（10 000×0.2ms=2 000ms=2s），参考程序如下。

```
01  #include <reg52.h>//调用52单片机头文件 reg52.h
02  sbit LED0=P1^0;  /*定义 P1.0引脚名为 LED0,P 要大写*/
03  unsigned int ms_miao;  //定义计毫秒的全局变量
04  void main(){
05      TMOD=0x02;  //确定定时器 T0,工作方式2
06      TH0=256 - 200;  //设置定时器 T0初始值高8位
07      TL0=256 - 200;  //设置定时器 T0初始值低8位
08      ET0=1;  //开启定时/计数器 T0中断
09      EA=1;  //开启总中断允许
10      TR0=1;  //启动定时/计数器 T0
11      LED0=0;  //点亮 LED0
12      while(1){
13          if(ms_miao ==10000){  //如果 ms_miao 等于10000,则延时时间为2s
14              LED0=1;  //熄灭 LED0
15              ms_miao=0;  //全局变量清零
16          }
17      }
18  }
19  void Timer_0(void) interrupt  1 {  //定时器 T0的中断函数
20      ms_miao++;  //计毫秒全局变量 ms_miao 加1
21  }
```

定时器 T0工作方式2
长延时的仿真演示

【参考程序分析】

19~21 行：定时器 T0 中断函数。这里只对计毫秒全局变量 ms_miao 进行加 1，不用重新为定时器赋初始值，因为定时器设置为工作方式 2 后具有自动加载定时器定时的初始值。

工作方式 2 与工作方式 0、1 的区别如下。

工作方式 0、1：计数溢出后，计数器为全 0，因此循环定时或循环计数应用时就存在反复设置初始值的问题，这给程序设计带来许多不便，同时也会影响计时精度。

工作方式 2：具有自动重装载功能，即自动加载计数初始值。16 位计数器分为两部分：TL0 为计数器，TH0 作为预置寄存器。当计数溢出时，由预置寄存器 TH0 以硬件方法自动给计数器 TL0 重新加载。工作方式 2 在串口通信时，常用作波特率发生器。

对工作方式 3 的几点说明如下。

只有 T0 有工作方式 3，如果 T1 设置为工作方式 3，则 T1 将停止工作。

T0 的 TH0 和 TL0 独立作为两个 8 位定时器使用，加上 T1，当 T0 设置为工作方式 3 时，相当于系统有 3 个定时器。

T0 设置为工作方式 3 时，TH0 使用了 T1 的 TR1 和 TF1，因此 T1 此时一般作为波特率发生器使用。

由于定时器/计数器的功能是由软件编程确定的，所以一般在使用定时器/计数器前都要对其进行初始化，使其按设定的功能工作。初始化的一般步骤如下。

① 确定工作方式(设置 TMOD)。

② 预置定时或计数的初始值，可直接将初始值写入 TH0、TL0 或 TH1、TL1。

③ 根据需要开启定时器/计数器的中断，直接对 IE 位赋值，或单独设置 EA、ET0/ET1。

④ 启动定时器/计数器，若已规定用软件启动，则可把 TR0 或 TR1 置“1”；若已规定由外部中断引脚电平启动，则需要给外引脚加启动电平。当实现了启动要求之后，定时器即按规定的工作方式和初始值开始计数或定时。

(2)按下 SB1 后 LED0 点亮，延时 2s 后熄灭，同时 LED1 点亮，延时 5s 后 LED2 点亮，直到按下 SB2 后才熄灭。在任何时候按下 SB2，所有 LED 都熄灭。如果要重复，需重新按下 SB1。

独立按钮对定时器 T0
实现启、停控制的
参考程序

独立按钮对定时器 T0
实现启、停控制的
仿真演示

【参考程序分析】

12~18 行：启动独立按钮程序。判断是否按下 SB1，首先将 key1 置“0”，发出启动信号；然后给定时器 T0 载入定时初始值 10ms，与此同时将 LED0 点亮，并将 TR0 置“1”启动定时器 T0。

19~24 行：停止独立按钮程序。判断是否按下 SB2，首先将 key1 置“1”，发出停止信号；然后将所有 LED 熄灭，与此同时将 TR0 置“0”，停止定时器 T0，并将计秒(miao)、计毫秒(ms_miao)全局变量清零。

31~39 行：定时器中断函数。首先给定时器 T0 重新装载定时初始值 10ms。单片机一直在主函数的大循环 while(1)中执行，10ms 的定时时间一到，单片机暂停对主函数大循环 while(1)的执行，自动跳到中断函数去执行，此时计毫秒全局变量(ms_miao++)自加 1，判断 ms_miao 是否加到 100(即 100×10ms=1s)，如果 ms_miao 等于 100，则计秒全局变量(miao++)自加 1，同时 ms_miao 清零，为下次计数做准备，然后单片机自动返回刚才暂停的位置去执行；如果 ms_miao 不等于 100，则单片机自动返回刚才暂停的位置去执行。

2. 利用 51 单片机的定时器 T0 或 T1 控制 LED 的闪烁

(1)利用 P1.0 使 LED0 以点亮 0.2s，熄灭 0.8s 的频率闪烁。参考程序如下。

```
01 #include <reg52.h>//调用52单片机头文件 reg52.h
02 sbit LED0=P1^0;   /*定义 P1.0引脚名为 LED0,P 要大写*/
03 unsigned int ms_miao;  //定义计毫秒的全局变量
04 void main(){
05     TMOD=0x01;  //确定定时器 T0,工作方式1
06     TH0=(65536-50000)/256;  //为定时器 T0赋初始值50ms
07     TL0=(65536-50000)% 256;
08     ET0=1;  //开启定时/计数器 T0中断
09     EA=1;  //开启总中断允许
10     TR0=1;  //启动定时/计数器 T0
11     while(1){
12         if(ms_miao<=3){LED0=0;}  //延时3s 后 LED2点亮
13         else{LED0=1;}
14     }
15 }
16 void Timer_0(void) interrupt  1{  //定时器 T0的中断函数
17     TH0=(65536-50000)/256;  //为定时器 T0重新赋初始值50ms
18     TL0=(65536-50000)% 256;
19     ms_miao++;  //计毫秒变量加1
20     if(ms_miao>=20)  //判断计毫秒变量是否等于20
21     {
22         ms_miao=0;  //计毫秒变量清零
23     }
24 }
```

利用定时器 T0工作方式1实现 LED闪烁的仿真演示

【参考程序分析】

05~10行：定时器T0初始化程序。设定步骤如下。

① 设置定时器的工作方式，确定用T0还是T1。

② 设定定时器的定时初始值TH0(TH1)和TL0(TL1)。

③ 允许定时器T0(T1)，即ET0(ET1)=1。

④ 允许总中断，即EA=1。

⑤ 启动运行定时器T0(T1)，即TR0(TR1)=1。

12、13行：判断全局变量ms_miao是否计数到4，如果计数到4(4×50ms =200ms =0.2s)，则点亮LED0；如果大于4，则熄灭LED0。全局变量ms_miao最多可以记数20次(参见中断函数中的设定)。

16~24行：定时器中断函数。在程序的开始定义了一个计毫秒全局变量ms_miao，单片机一直在运行主函数中的大循环while(1)中的程序，定时器的定时时间50ms一到，单片机暂停当前的工作，自动跳到T0的中断函数中去执行。

在T0的中断函数中，首先给T0重新装载定时初始值50ms，同时全局变量ms_miao自加1，然后执行if语句判断其是否计数到20(即1s)，如计数到20，则将其清零；如没计数到20，则不执行清零语句。最后单片机自动返回暂停处继续运行程序。

(2)利用定时器T0实现2个LED的同时闪烁，要求接在P1.0引脚上的LED每1s闪烁一次；接在P1.1引脚上的LED每2s闪烁一次。参考程序扫描右侧二维码。

利用定时器T0实现两个LED同时闪烁的参考程序

【参考程序分析】

14、15行：判断全局变量miao是否计数到1，若计数到1则LED0取反并将全局变量miao清零，同时2s变量(T2s)自加1。判断局部变量T2s是否计数到2(2s)，若计数到2则LED1取反，并将T2s清零。

(3)利用定时器T0定时2s实现LED1~LED4的顺序闪烁，每当2s定时到来时，切换LED的闪烁位置，每个LED闪烁的时间间隔为0.2s，即开始LED1以0.2s的时间间隔闪烁，当2s定时到来之后，LED2开始以0.2s的时间间隔闪烁，如此循环下去。0.2s的闪烁时间间隔也由定时器T0完成。参考程序扫描下方二维码。

定时器T0实现LED1~LED4顺序闪烁的参考程序

定时器T0实现LED1~LED4顺序闪烁的仿真演示

【参考程序分析】

15~19 行：在函数中定义了一个用来切换 4 个 LED 闪烁的局部变量 ID，计秒变量 miao 等于 2 时，则 ID 加 1，切换到下一个 LED 闪烁，ID 不同的值对应不同 LED 的闪烁，对应关系为：ID=0 对应 LED0；ID=1 对应 LED1；ID=2 对应 LED2；ID=3 对应 LED3；当 ID 加到 4 后自动清零。4 个 LED 切换的条件是 0.2s 变量等于 4 后(即 0.2s)，还要满足相应的 ID 值要求，这样相对应的 LED 才能闪烁。

四、应知应会知识链接

1. 定时与计数

所谓计数，是指对外部事件进行计数，外部事件的发生以输入脉冲的方式表示，因此计数功能的实质就对外来脉冲进行计数，AT89S52 单片机有 T0(P3.4)和 T1(P3.5)两个信号引脚，分别是这两个计数器的计数输入端。外部输入的脉冲在负跳变时有效，计数器加 1。

定时是通过计数器的计数来实现的，不过此时的计数脉冲来自单片机内部，因此定时功能的实质就是对单片机内部脉冲的计数，即每个机器周期产生一次计数脉冲，也就是在每个机器周期计数器加 1。

2. 51 单片机定时/计数器的结构

如图 3-2-1 所示，定时/计数器简称定时器，51 单片机有 2 个 16 位的定时/计数器：定时器 0(T0)和定时器 1(T1)。定时/计数器的实质是加 1 计数器(16 位)，由高 8 位 TH 和低 8 位 TL 两个寄存器组成。TMOD 是定时/计数器的工作方式寄存器，用于确定工作方式和功能；TCON 是控制寄存器，控制 T0、T1 的启动和停止及设置溢出标志。

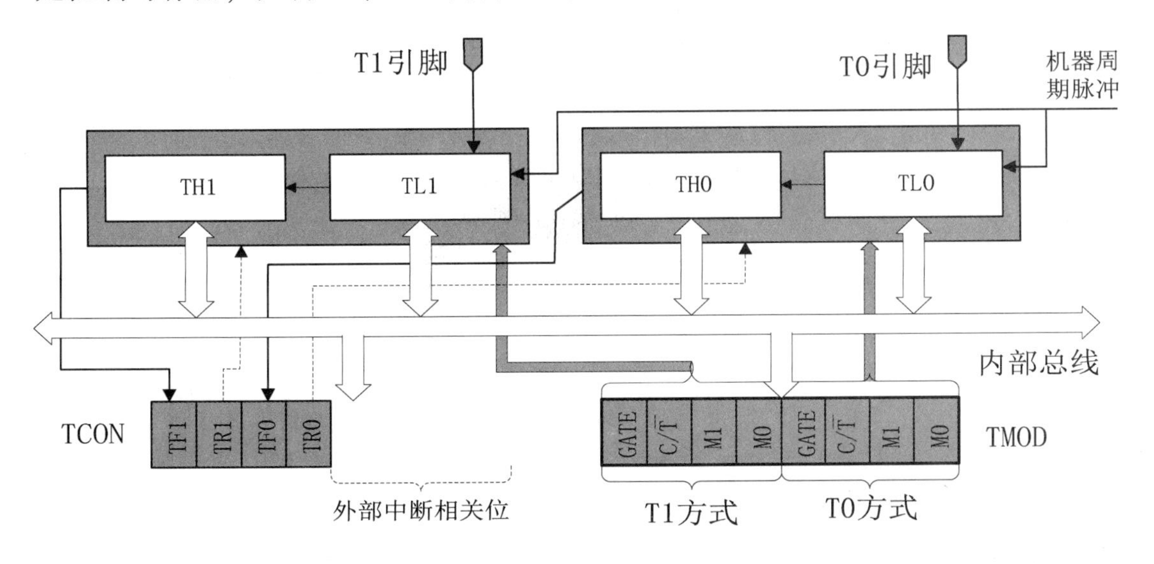

图 3-2-1　51 单片机定时/计数器内部电路示意

3. 定时/计数器的工作原理

加1计数器输入的计数脉冲有两个来源：一个是由系统的时钟振荡器输出脉冲经12分频后送来；一个是T0或T1引脚输入的外部脉冲源。每来一个脉冲计数器加1，当加到计数器为全1时，再输入一个脉冲就使计数器回零，且计数器的溢出使TCON中的TF0或TF1置“1”，向CPU发出中断请求(定时/计数器中断允许时)。如果定时/计数器工作于定时模式，则表示定时时间已到；如果定时/计数器工作于计数模式，则表示计数值已满。

可见，由溢出时计数器的值减去计数初始值才是加1计数器的计数值。

设置为定时器模式时，加1计数器是对内部机器周期计数(1个机器周期等于12个振荡周期，即计数频率为晶振频率的1/12)。计数值N乘以机器周期T_{cy}就是定时时间t。

设置为计数器模式时，通过引脚T0(P3.4)和T1(P3.5)对外部脉冲信号计数。当某周期采样到一高电平输入，而下一周期又采样到一低电平输入时，计数器加1。由于检测一个从1到0的下降沿需要2个机器周期，所以要求被采样的电平至少要维持一个机器周期。当晶振频率为12MHz时，最高计数频率不超过1/2MHz，即计数脉冲的周期要大于2μs。

4. 定时/计数器工作方式

AT89S52单片机的定时/计数器有4种工作方式，分别为工作方式0、工作方式1、工作方式2、工作方式3，只需通过寄存器的设置就可以方便地选择不同的工作方式。下面分别对4种不同的工作方式进行介绍。

定时/计数器工作模式控制寄存器TMOD(89H)，如图3-2-2所示。

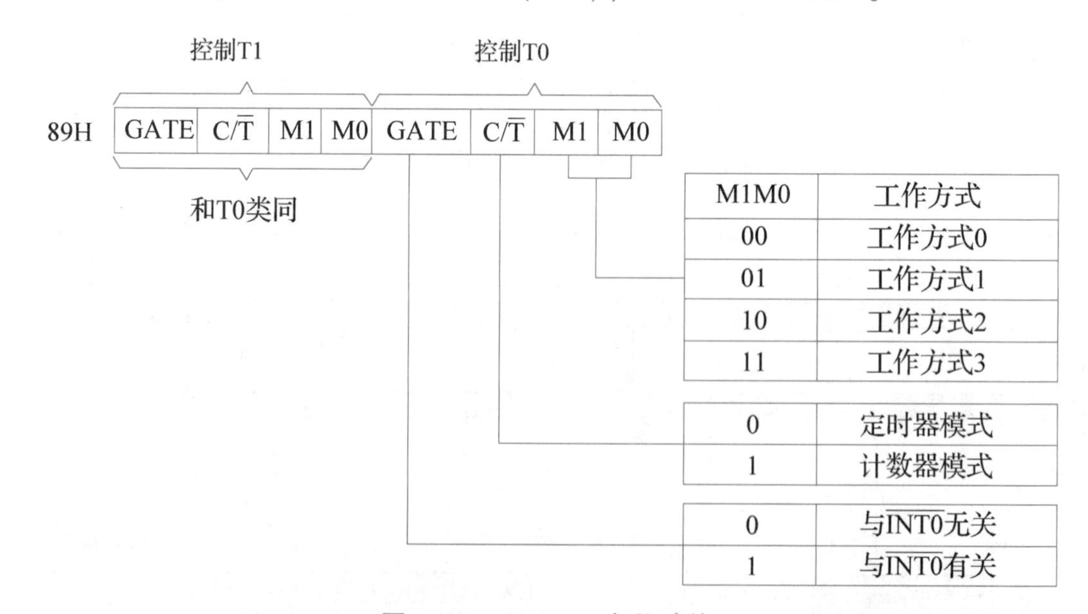

图3-2-2 TMOD各位功能

GATE门控位说明如下。

(1)GATE=0时，只要用软件使TR0(或TR1)置“1”就能启动定时器T0(或T1)。

(2)GATE＝1 时，只有在 INT0(或 INT1)引脚为高电平的情况下，且由软件使 TR0(或 TR1)置“1”时，才能启动定时器 T0(或 T1)工作。

C/T 计数器模式和定时器模式选择位说明如下。

(1)C/T＝1 时，选择计数器模式，计数器对外部输入引脚 T0(P3.4)或 T1(P3.5)的外部脉冲计数。

(2)C/T＝0 时，选择定时器模式。

M1M0 工作方式选择位如表 3-2-2 所示。

表 3-2-2　M1M0 工作方式选择位

M1M0	工作方式	功能
00	工作方式 0	13 位计数器
01	工作方式 1	16 位计数器
10	工作方式 2	自动重装载 8 位计数器
11	工作方式 3	定时器 0：分成两个 8 位计数器； 定时器 1：停止计数

定时/计数器工作方式介绍如下。

(1)工作方式 0。

当 M1M0 为 00 时，定时/计数器工作于工作方式 0。工作方式 0 是 13 位计数器，其计数器由 TH0 的全部 8 位和 TL0 的低 5 位构成，TL0 的高 3 位为未用，图 3-2-3 所示为工作方式 0 的等效电路。

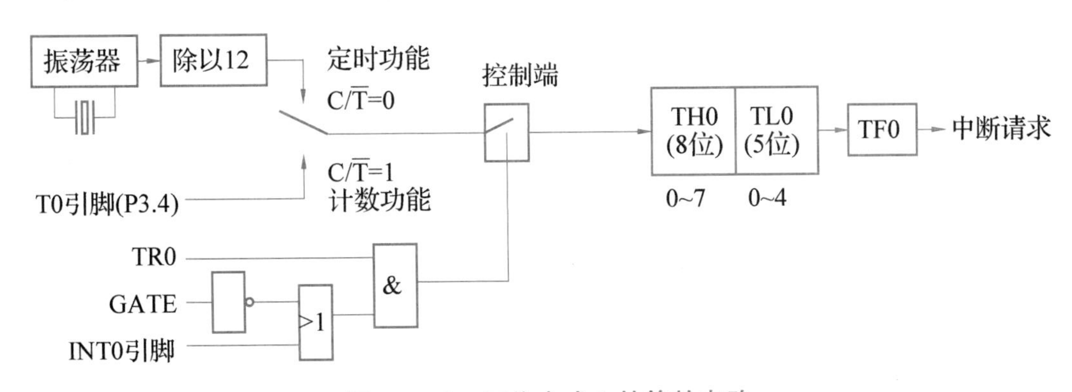

图 3-2-3　工作方式 0 的等效电路

工作方式 0 是 13 位计数器，其最大计数为(1 1111 1111 1111)B＝(8 192)D，也就是说，每次计数到 8 192 都会产生溢出，置位 TF0。但是在实际应用中，经常有少于 8 192 个计数值的要求。例如，在编写程序时要求计数满 1 200 溢出中断，在这种况情下，计数不应该从 0 开始，而是应该从一个固定数值开始，那么这个数值是多少？上面要求 1 200 溢出中断一次，那

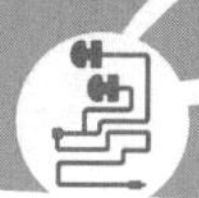

么只要用 8 192-1 200=6 992，将 6 992 作为初始值赋给计数器，计数器从 6 992 开始计数，经过 1 200 个计数脉冲，达到 8 192 就产生了溢出。

以下为工作方式 0 定时时间的计算公式：

$$定时时间=(8\,192-X)\times(12\div 晶振频率)$$

定时时间的单位为 μs，晶振频率的单位为 MHz。

下面举一个例子来理解这条公式。根据以上分析，现在说明定时 2ms 应该如何计算，所用单片机的晶振频率为 11.0592MHz，需要定时 2ms 也就是 2 000μs，然后将其参数代入公式：

$$2\,000=(8\,192-X)\times(12\div 11.059\,2)$$

结果 $X=6\,439$，十六进制 $X=0x18CC$。

将 13 位初始值填入 TH0 和 TL0。注意，TL0 只用了低 5 位，高 3 位没有用到，填入“0”。这时装入 TH0 和 TL0 的初值为 1 1000 XXX0 1100，则 TH0=0x18，TL0=0x0c，只要把这个初始值赋给定时器 T0，则定时器就每 2ms 溢出一次，将计数溢出标识位 TF0 置“1”，触发中断。要记住，定时器工作方式 0 没有自动重装功能，为了使下一次定时的时间不变，需要每当定时器溢出之后，马上再赋初始值给 TH0 和 TL0，否则定时器就会从“0”开始计数，这样就不准确了。

(2)工作方式 1。

当 M1M0 为 01 时，定时/计数器采用工作方式 1，这时的等效电路如图 3-2-4 所示。

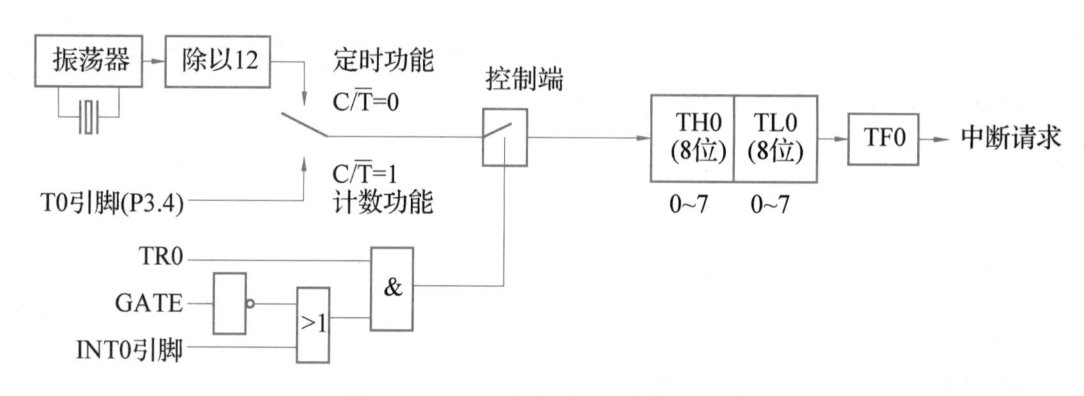

图 3-2-4　工作方式 1 的等效电路

工作方式 1 与工作方式 0 的操作是完全相同的，只是工作方式 1 是 16 位计数器，而工作方式 0 是 13 位计数器。

以下是工作方式 1 定时时间的计算公式：

$$定时时间=(65\,536-X)\times(12\div 晶振频率)$$

因此，每次计数到 65 536 就会产生溢出，置位 TF0。

(3)工作方式 2。

工作方式 0 与工作方式 1 用于循环计数时，每次计数到溢出的时候都必需在程序中利用软件重装定时的初始值，否则就会造成计算的不准确。重装需要花费一定的时间，这样会造成

定时时间出现误差。这时于一般定时是无关紧要的，但在对定时要求非常严格的情况下，这是不允许的。工作方式 2 的等效电路如图 3-2-5 所示。

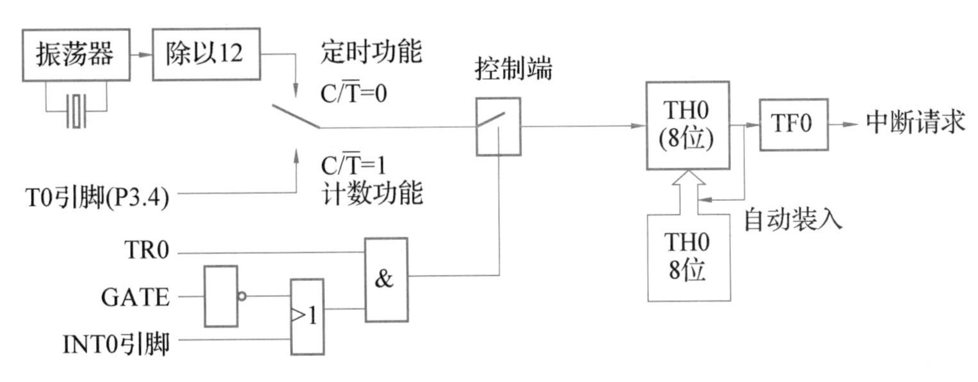

图 3-2-5　工作方式 2 的等效电路

由图 3-2-5 可以清楚地看到，工作方式 2 与前面介绍的两种工作方式唯一的不同就是定时器的低 8 位用作定时的计数，当计数溢出时高 8 位就用于自动重装初始值，赋值于低 8 位，因为有了硬件重装的功能，所以在每次计数溢出的时候，无须用户在程序中利用软件重装，这样不但省去了程序中的重装指令，而且有利于提高定时器的精确度。因为工作方式 2 只有 8 位数结构，所以计数十分有限，以下是工作方式 2 的定时计算公式：

$$定时时间=(256-X)\times(12\div晶振频率)$$

(4) 工作方式 3。

工作方式 3 的结构较为特殊，只能用于定时/计数器 T0，如果强制用于定时/计数器 T1，就等同于 TR1=0，把定时/计数器 T1 关闭。

由图 3-2-6 和图 3-2-7 可以清楚地看到，在工作方式 3 的模式下定时/计数器被拆分为两个独立的定时/计数器 TL0 与 TH0。图 3-2-6 所示是拆分出来的 8 位定时/计数器，其使用方法与前面介绍的工作方式是完全相同的。TH0 只能用作简单的定时/计数器，而且由于定时/计数器 T0 的控制位已经被 TL0 占用，所以只好借用定时/计数器 1 的控制位 TR1 和 TF1，即以计数溢出去置位 TF1，而定时的启动和停止则受 TR1 控制。

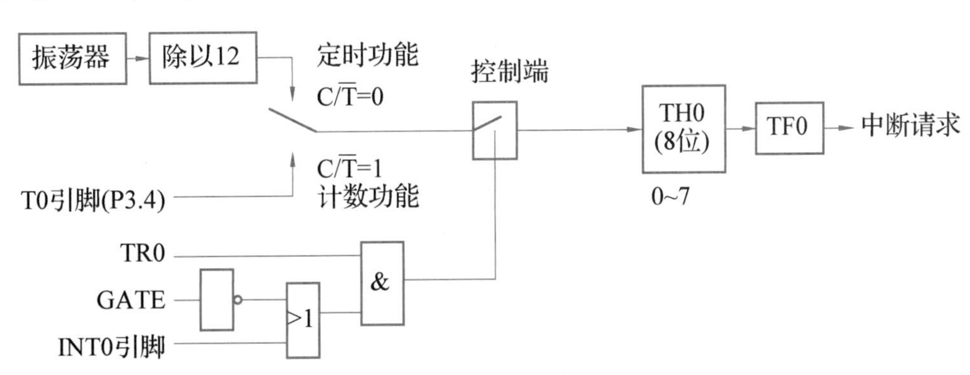

图 3-2-6　工作方式 3 的等效电路(1)

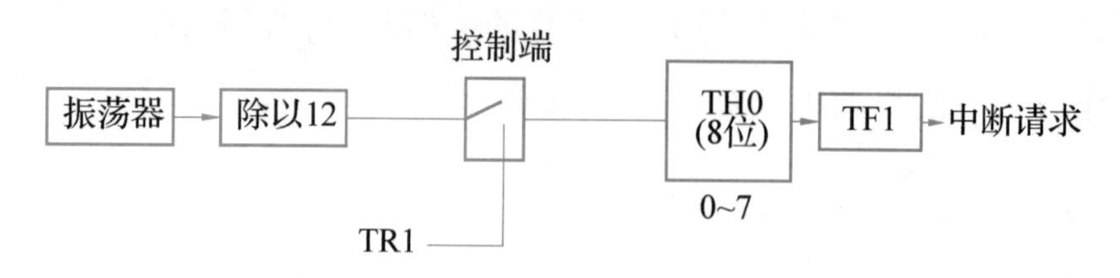

图 3-2-7　工作方式 3 的等效电路(2)

以下为工作方式 3 定时时间的计算公式：

$$定时时间=(256-X)\times(12\div晶振频率)$$

五、动手试一试

(1)单片机控制编写程序，用外部中断 INT0 和 INT1 控制某一端口 1 个 LED 的点亮与熄灭，要求 INT0 控制 LED 点亮，INT1 控制 LED 熄灭。

(2)编写单片机控制程序，上电后 LED1 以 1s 的时间间隔闪烁，按下连接在 INT0 引脚上的 SB3 后 LED1 熄灭，LED0 点亮 1s 后熄灭。按下连接在 INT1 引脚上的 SB4 后，如果这时 LED1 是点亮的则将其熄灭，LED0 点亮 2s 后熄灭；如果这时 LED1 是熄灭的则将其点亮，LED0 点亮 0. 5s 后熄灭。

(3)编写单片机控制程序，利用定时器 T0 的工作方式 0、工作方式 1 和工作方式 2 分别控制 LED1 点亮 2s 后自动熄灭。

(4)编写单片机控制程序，利用单片机定时器 T0 和 T1 分别进行定时，工作方式任意。

T0 控制的中断要求：使 P1. 0 的 LED1 点亮 4s 后自动熄灭。

T1 控制的中断要求：使 P1. 1 的 LED2 点亮 2s 后自动熄灭。

(5)编写单片机控制程序，利用定时器 T0 的工作方式 1 控制 LED1 点亮的时间，时间一到自动熄灭，每次熄灭后必须重新设置定时时间才能重新启动，T0 的初始值为 0. 5s。

要求：①利用 SB3 设定 T0 的定时时间，每按下一次则定时时间加 0. 5s，设置最大值为 5s，大于 5s 时 SB3 不起作用，只有 LED1 熄灭时按下 SB3 设定时间才有效，如 LED1 点亮时按下 SB3 则设定时间无效。

②SB1 为启动按钮，SB2 为停止按钮。

项目三的任务二“动手试一试”题目

项目四　单片机控制数码管的显示

任务一　单片机控制数码管的静态显示

一、任务书

用单片机控制一个数码管的显示，仿真电路图如图 4-1-1 所示。

二、任务分析

如图 4-1-1 所示，利用单片机的 P0 端口给数码管传送位码(控制数码管公共端的数据)和段码(控制数码管显示字形的数据)。如何只利用一个单片机端口就能同时传送不同的数据呢?很简单，如图 4-1-1 所示，利用两片数字锁存器 74LS377，数字锁存器 U2 用来传送数码管段码数据，数字锁存器 U3 用来传送数码管位码数据，分别通过控制 U2、U3 的控制端 E(低电平有效)和 CLK(上升沿有效)，就可以分别传送数码管的段码和位码。具体工作过程如下。首先从单片机 P0 端口的 D0~D7 输出数码管的段码，然后使数字锁存器 U2 的 E 端变为低电平，U3 的 E 端变为高电平(使 U3 输出端 Q0~Q7 的数据保持不变)，CLK 端输入上升沿，这时数码管的段码数据通过 U2 的输出端 Q0~Q7 输出到数码管的 a、b、c、d、e、f、g、dp 端，再把 U2 的 E 端变为高电平，使 U2 的输出端 Q0~Q7 的数据不随 P0 端口数据的变化而变化(保持不变)；经过延时，再同过单片机 P0 端口的 D0~D7 输出数码管的位码，U3 的 E 端为低电平，CLK 端输入上升沿，数码管位码数据通过 U3 的 D0~D7 输出到数码管的公共端，将 U3 的 E 端变为高电平，使 U3 的 D0~D7 输出的数据不随 P0 端口数据的变化而变化(保持不变)。

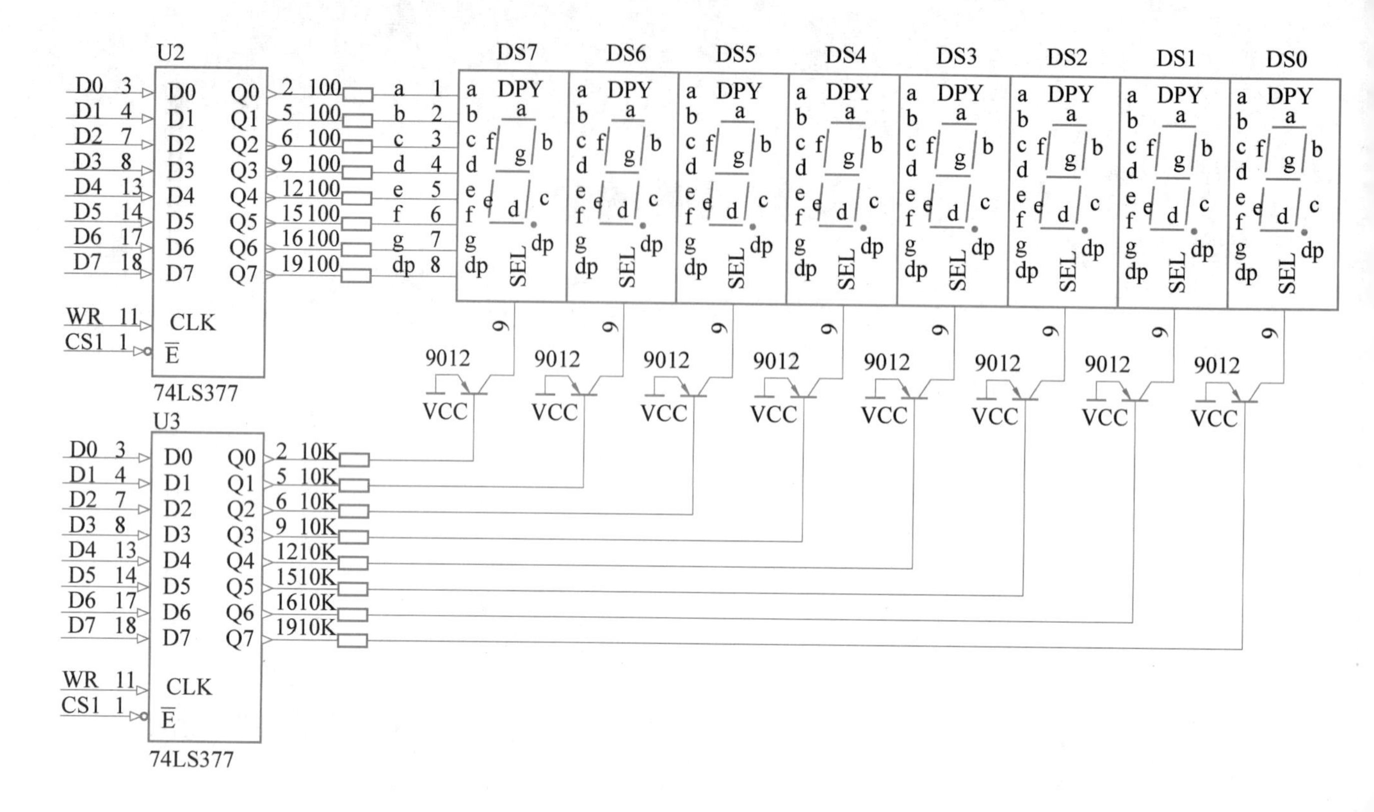

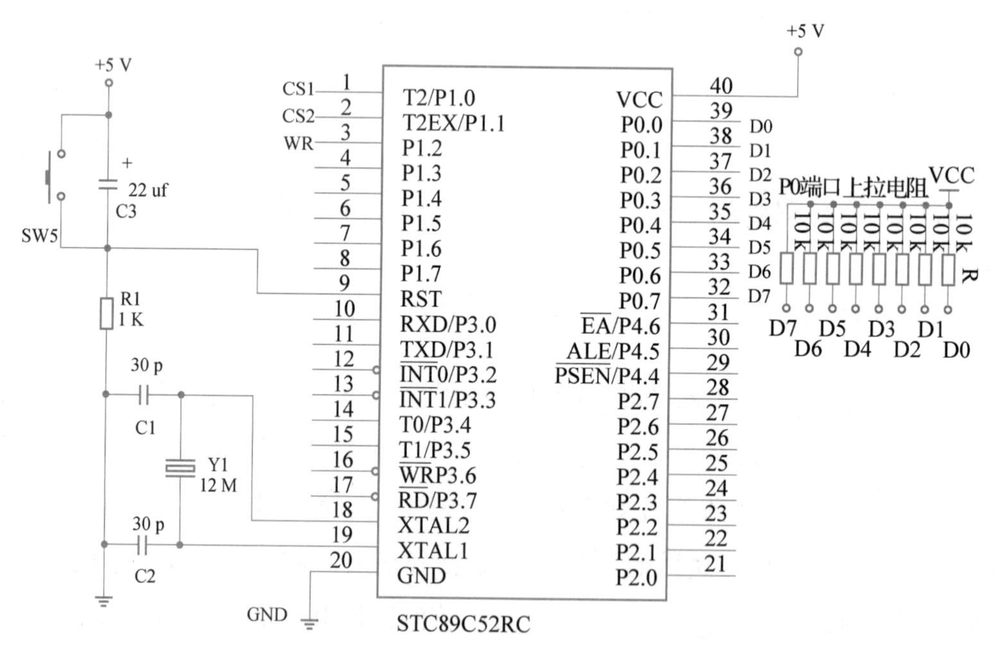

图 4-1-1　单片机控制数码管 DS0~DS7 显示的仿真电路图

三、单片机控制程序

参考程序综述

- 8 位一体共阳极数码管 DS0 位静态显示一个“5”，其他位数码管熄灭。学会如何用单片机控制数码管的静态显示。
- 将数码管相关控制程序整理成函数，以方便调用。
- 单片机控制数码管 DS0、DS2、DS4、DS6 轮流显示“5”，类似流水灯功能。

(1)控制共阳极数码管 DS0 静态显示一个“5”，其他数码管熄灭，参考程序如下。

```
01 #include <reg52.h>//调用52单片机头文件 reg52.h
02 sbit cs1=P1^0;  //段选 CS1
03 sbit cs2=P1^1;  //位选 CS2
04 sbit wr=P1^2;  //时钟输入端 WR
05 void main(){
06     while(1){
07         P0=0xc0;      //送数码管字形码
08         wr=0;         //时钟输入端 WR 置低电平
09         cs1=0;        //cs1为低电平选通段码锁存器
10         wr=1;         //时钟输入端 WR 置高电平,WR 得到上升沿
11         cs1=1;        //cs1为高电平,段码锁存器锁存输出保持不变
12
13         P0=0xfe;      //送数码管位码
14         wr=0;         //时钟输入端 WR 置低电平
15         cs2=0;        //cs2为低电平选通位码锁存器
16         wr=1;         //时钟输入端 WR 置高电平,WR 得到上升沿
17         cs2=1;        //cs2为高电平,位码锁存 IC 锁存输出保持不变
18     }
19 }
```

共阳极数码管 DS0静态显示“5”仿真演示

【参考程序分析】

02 行：定义数码管段码的片选信号 cs1，对应连接 P1. 0 引脚。

03 行：定义数码管位码的片选信号 cs2，对应连接 P1. 1 引脚。

04 行：定义锁存器 74LS377 的时钟输入端 WR，对应连接 P1. 2 引脚。数码管段码锁存器 74LS377 的 WR 和位码锁存器 74LS377 的 WR 连接在一起，故这里只定义一个即可。

07 行：通过 P0 端口输出数码管的字形码数据“0xc0”。

08 行：数码管字形码的锁存器 74LS377 的时钟输入端 WR 置低电平。

09 行：cs1 为低电平选通段码锁存器 74LS377，具有延时作用。

10 行：数码管字型码的锁存器 74LS377 的时钟输入端 WR 置高电平，与 08 行组合在一起，这样 WR 得到一个上升沿。

11 行：数码管段码的片选信号 cs1 置高电平，使锁存器 74LS377 的 Q0～Q7 输出端输出到数码管 a、b、c、d、e、f、g、dp 端的数据保持不变，即不随 P0 端口数据的变化而变化。

13 行：通过 P0 端口输出数码管的位码数据“0xfe”，对应接通数码管 DS0 的公共端。

14 行：数码管位码的锁存器 74LS377 的时钟输入端 WR 置低电平。

15 行：cs2 为低电平选通位码锁存器 74LS377，具有延时作用。

16 行：数码管位码的锁存器 74LS377 的时钟输入端 WR 置高电平，与 14 行组合在一起，这样 WR 得到一个上升沿。

17 行：数码管位码的片选信号 cs2 置高电平，使锁存器 74LS377 的 Q0～Q7 输出端输出到数码管公共端的数据保持不变，即不随 P0 端口数据的变化而变化。

08～11 行是控制 P0 端口输出数码管字形码的程序，14～17 行是控制 P0 端口输出数码管位置码的程序，这些都是固定不变的，可以将它们写为函数形式，写数码管数据时直接调用它们即可。参考程序如下。

```
01  #include <reg52.h>//调用52单片机头文件 reg52.h
02  sbit cs1=P1^0;  //段选 CS1
03  sbit cs2=P1^1;  //位选 CS2
04  sbit wr=P1^2;  //时钟输入端 WR
05  void duan_xuan(){      //数码管段选函数
06      wr=0;              //时钟输入端 WR 置低电平
07      cs1=0;             //cs1为低电平选通段码锁存器
08      wr=1;              //时钟输入端 WR 置高电平,WR 得到上升沿
09      cs1=1;             //cs1为高电平,段码锁存器锁存输出保持不变
10  }
11  void wei_xuan(){       //数码管位选函数
12      wr=0;              //时钟输入端 WR 置低电平
13      cs2=0;             //cs2为低电平选通位码锁存器
14      wr=1;              //时钟输入端 WR 置高电平,WR 得到上升沿
15      cs2=1;             //cs2为高电平,位码锁存器锁存输出保持不变
16  }
17  void main(){           //主函数
18      while(1){          //主循环
19          P0=0x92;       //送数码管字形码
20          duan_xuan();   //调用段选函数
21          P0=0xfe;       //送数码管位码
22          wei_xuan();    //调用位选函数
23      }
24  }
```

(2)单片机控制数码管 DS0、DS2、DS4、DS6 轮流显示“5”。

利用单片机控制数码管 DS0 显示“5”，延时 0.5s 后 DS2 显示“5”，延时 0.5s 后 DS4 显示“5”，再延时 0.5s 后 DS6 显示“5”，然后重复。除了显示的数码管外，其他数码管熄灭。

```
01  #include <reg52.h>//调用52单片机头文件 reg52.h
02  sbit cs1=P1^0;  //段选 CS1
03  sbit cs2=P1^1;  //位选 CS2
04  sbit wr=P1^2;  //时钟输入端 WR
05  void delay_ms  (unsigned int x)  //延时函数,约1ms
06  {   unsigned int i,j;
07      for(i=x;i>0;--i)   for(j=114;j>0;--j);
08  }
09  void duan_xuan() {
10      wr=0;  //时钟输入端 WR 置低电平
11      cs1=0;  //cs1为低电平选通段码锁存器
12      wr=1;  //时钟输入端 WR 置高电平,WR 得到上升沿
13      cs1=1;  //cs1为高电平,段码锁存器锁存输出保持不变
14  }
15  void wei_xuan()  {
16      wr=0;  //时钟输入端 WR 置低电平
17      cs2=0;  //cs2为低电平选通位码锁存器
18      wr=1;  //时钟输入端 WR 置高电平,WR 得到上升沿
19      cs2=1;  //cs2为高电平,位码锁存器锁存输出保持不变
20  }
21  void main(){
22      while(1){
23          P0=0x92;            //送数码管字形码
24          duan_xuan();        //调用段选函数
25          P0=0xfe;            //送数码管 DS0位置码
26          wei_xuan();         //调用位选函数
27          delay_ms (500);     //延时0.5s
28          P0=0xfb;            //送数码管 DS2位置码
29          wei_xuan();         //调用位选函数
30          delay_ms (500);     //延时0.5s
31          P0=0xef;            //送数码管 DS4位置码
32          wei_xuan();         //调用位选函数
33          delay_ms (500);     //延时0.5s
34          P0=0xbf;            //送数码管 DS6位置码
35          wei_xuan();         //调用位选函数
36          delay_ms (500);     //延时0.5s
37      }
38  }
```

数码管 DS0、DS2、DS4、DS6
轮流显示“5”仿真演示

将上述延时逐步改短，观察数码管是如何显示的。

四、应知应会知识链接

1. 共阳极数码管

如图 4-1-2 所示，共阳极数码管是将所有 LED 的阳极接在一起并接到+5V，当某一字段的阴极为低电平时，相应的字段就点亮；当某一字段的阴极为高电平时，相应的字段就不点亮。单片机 I/O 端口与数码管引脚的连接如表 4-1-1 所示，共阳极数码管字形码如表 4-1-2 所示。

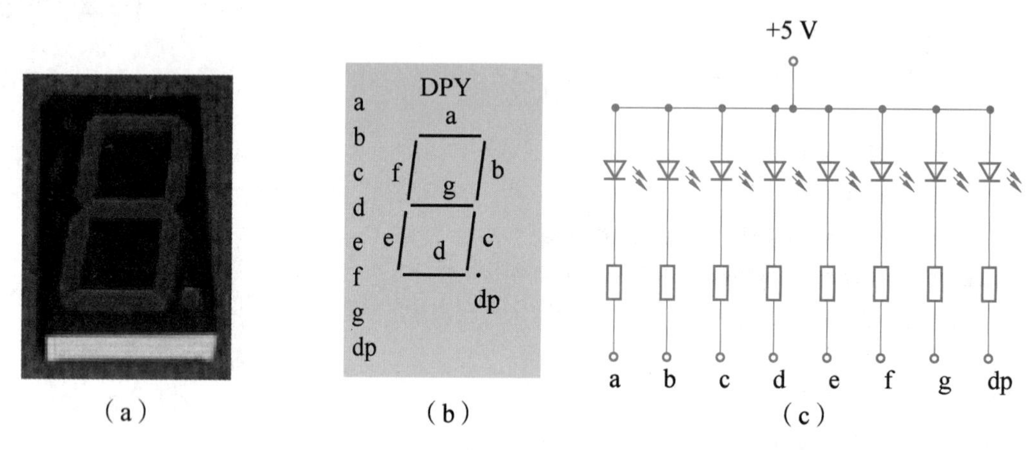

图 4-1-2　共阳极数码管的实物、电路符号和结构

(a)实物；(b)电路符号；(c)结构

表 4-1-1　单片机 I/O 端口与数码管引脚的连接

Px. 7	Px. 6	Px. 5	Px. 4	Px. 3	Px. 2	Px. 1	Px. 0
dp	g	f	e	d	c	b	a

表 4-1-2　共阳极数码管字形码

字型	十六进制	字形	十六进制	字形	十六进制
0	(0C0)H	6	(82)H	C	(46)H
1	(0F9)H	7	(0F8)H	D	(0A1)H
2	(0A4)H	8	(80)H	E	(86)H
3	(0B0)H	9	(90)H	F	(8E)H
4	(99)H	A	(88)H	—	—
5	(92)H	B	(83)H	—	—

2. 共阴极数码管

如图 4-1-3 所示，共阴极数码管是将所有 LED 的阴极接在一起并接到电源的地上，当某

一字段的阳极为高电平时，相应的字段就点亮；当某一字段的阳极为低电平时，相应的字段就不点亮。

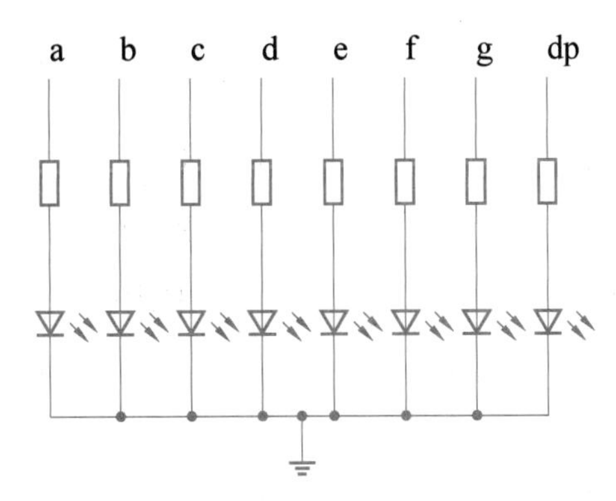

图 4-1-3　共阴极数码管结构

共阴极数码管字形码如表 4-1-3 所示。

表 4-1-3　共阴极数码管字形码

字型	十六进制	字形	十六进制	字形	十六进制
0	(3F)H	6	(7D)H	C	(39)H
1	(06)H	7	(07)H	D	(5E)H
2	(5B)H	8	(7F)H	E	(79)H
3	(4F)H	9	(6F)H	F	(71)H
4	(66)H	A	(77)H	—	—
5	(6D)H	B	(7C)H	—	—

3. 数据锁存器 74LS377

如图 4-1-4 所示，控制端口 $\overline{E}$ 为低电平时，选中 74LS377 锁存器，CP 为上升沿时能把输入信号锁入芯片。

当允许控制端 $\overline{E}$ 为低电平时，在时钟输入端(CP)脉冲上升沿的作用下，输出端 Q 与输入端 D 数据相一致。当 CP 为高电平或者低电平时，D 对 Q 没有影响。

引出端符号说明如下。

允许控制端 $\overline{E}$(低电平有效)对应实训台上的 CS1 和 CS2；

D0～D7 为数据输入端；

Q0～Q7 为数据输出端；

时钟输入端 CP(上升沿有效)对应实训台上的 WR。

操作模式	输入			输出
	CP	$\overline{E}$	D_n	Q_n
加载“1”	↑	低电平	高电平	高电平
加载“0”	↑	低电平	低电平	低电平
保持（什么也不做）	↑	高电平	X	保持
	X	高电平	X	保持

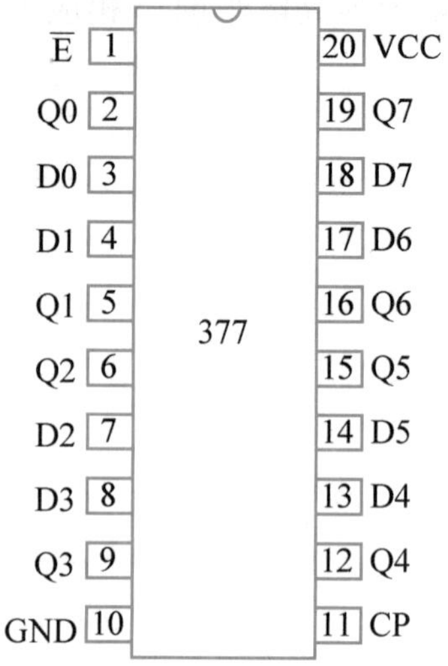

引脚	编号	377	编号	引脚
$\overline{E}$	1		20	VCC
Q0	2		19	Q7
D0	3		18	D7
D1	4		17	D6
Q1	5		16	Q6
Q2	6		15	Q5
D2	7		14	D5
D3	8		13	D4
Q3	9		12	Q4
GND	10		11	CP

图 4-1-4　数据锁存器 74LS377 真值表和引脚分布

五、动手试一试

(1)用单片机 P0 端口控制数码管的显示，分别按如下要求编写程序，不显示的数码管要求是熄灭的。

①编写单片机控制程序，DS7 显示数字“6”；②DS5 显示数字“5”；③DS2 显示字母“B”；④DS3 显示数字“3”；⑤DS0～DS7 同时显示数字“8”；⑥DS0～DS4 同时显示字母“E”；⑦DS3、DS4、DS6、DS0 同时显示字母“F”；⑧DS2、DS4、DS5、DS7 同时显示数字“6”；⑨DS1、DS3、DS5、DS8 同时显示数字“3”。

(2)编写单片机控制程序，上电后，DS0 显示数字“6”，延时 1s 后 DS2 显示数字“6”，延时 0.5s 后 DS4 显示数字“6”，延时 2s 后 DS6 显示数字“6”，延时 1.5s 后 DS8 显示数字“6”，不断循环。

(3)编写单片机控制程序，上电后，DS4 显示“F”，延时 0.5s 后 DS5 显示“A”，延时 0.5s 后 DS2 显示“4”，延时 1s 后 DS3 显示“9”。

(4)编写单片机控制程序，上电后，DS0～DS7 同时显示“D”；延时 0.5s 后数码管 DS0～DS4 同时显示“A”；延时 1s 后 DS0、DS3、DS4、DS6 同时显示数字“4”；延时 1.5s 后 DS2、DS4、DS5、DS7 同时显示数字“9”；不显示的数码管要求是熄灭的，并且可以不断循环。

任务二　单片机控制数码管的动态显示

一、任务书

用单片机控制多个数码管同时显示，仿真电路图如图 4-1-1 所示。

二、任务分析

由图 4-1-1 可知，8 个数码管的段引脚(a、b、c、d、e、f、g、dp)是串接在一起的，那么利用学过的显示程序在实训台上能否使多个数码管“同时”显示？为什么？

分析：根据上述问题，需要解决数码管显示的两个问题。

(1) 如何让 4 个数码管同时显示？——缩短两个数码管之间的延时时间。

(2) 若多个数码管可以同时显示，那么如何让多个数码管显示不相同的内容(如 0123)？——采用分时轮流点亮方法。

三、单片机控制程序

参考程序综述

- 利用单片机 P0 端口控制数码管 DS3、DS2、DS1、DS0 动态显示“0123”，学会如何利用单片机控制数码管的动态显示。
- 利用数组作为显示缓存的普通扫描显示函数，显示“210”。简化数码管动态扫描函数。
- 利用数组作为显示缓存的定时器扫描显示函数，显示“210”。简化数码管动态扫描函数，同时解决程序扫描实时性问题。

(1) 利用单片机 P0 端口控制数码管 DS3、DS2、DS1、DS0 动态显示“0123”，其他数码管熄灭，参考程序如下。

```
01  #include <reg52.h>//调用52单片机头文件 reg52.h
02  sbit cs1=P1^0;sbit cs2=P1^1;sbit wr=P1^2;
03  void delay_ms(unsigned int x)   //延时函数,约1ms
04  {   unsigned int i,j;
05      for(i=x;i>0;--i)   for(j=114;j>0;--j);
06  }
```

数码管 DS3、DS2、DS2、DS0 动态显示“0123”仿真演示

```
07  void duan_xuan() {
08      wr=0;  //时钟输入端WR置低电平
09      cs1=0;  //cs1为低电平选通段码锁存器
10      wr=1;  //时钟输入端WR置高电平,WR得到上升沿
11      cs1=1;  //cs1为高电平,段码锁存器锁存输出保持不变
12  }
13  void wei_xuan(){
14      wr=0;  //时钟输入端WR置低电平
15      cs2=0;  //cs2为低电平选通位码锁存器
16      wr=1;  //时钟输入端WR置高电平,WR得到上升沿
17      cs2=1;  //cs2为高电平,位码锁存器锁存输出保持不变
18  }
19  void main(){
20      while(1){
21          P0=0xb0;            //送数码管字形码“3”
22          duan_xuan();        //调用段选函数
23          P0=0xfe;            //送数码管DS0位码
24          wei_xuan();         //调用位选函数
25          delay_ms (5);       //短延时
26          P0=0xff;            //送熄灭数码管字形码
27          duan_xuan();        //调用段选函数
28          P0=0xa4;            //送数码管字形码“2”
29          duan_xuan();
30          P0=0xfd;            //送数码管DS1位码
31          wei_xuan();
32          delay_ms (5);
33          P0=0xff;            //送熄灭数码管字形码
34          duan_xuan();
35          P0=0xf9;            //送数码管字形码"1"
36          duan_xuan();
37          P0=0xfb;            //送数码管DS2位码
38          wei_xuan();
39          delay_ms (5);
40          P0=0xff;            //送熄灭数码管字形码
41          duan_xuan();
42          P0=0xc0;            //送数码管字形码"0"
43          duan_xuan();
44          P0=0xf7;            //送数码管DS3位码
45          wei_xuan();
46          delay_ms (5);
47          P0=0xff;            //送熄灭数码管字形码
48          duan_xuan();
49      }
50  }
```

【参考程序分析】

26、27 行：主要用来消除数码管的重影显示。

把延时时间逐步延长，观察数码管如何显示。运行结果是 4 个数码管同时显示还是分时闪烁？

观察上述程序，发现在给数码管传送字形码时，有很多地方都是相同的，并且在调用延时、段选、位选子函数时很多地方都重复了，那么是否可以把这些重复的程序省略，使程序变得更加的简短呢？

(2)利用数组作为显示缓存的普通扫描显示函数，显示“210”。参考程序如下。

```
01  #include <reg52.h>//调用52单片机头文件 reg52.h
02  #include <intrins.h>
03  sbit cs1=P1^0;  //段选 CS1
04  sbit cs2=P1^1;  //位选 CS2
05  sbit wr=P1^2;  //时钟输入端 WR
06                 //定义数码管字形码的数组,数组名为 DIS_SEG7
07  unsigned char code DIS_SEG7[]={  //数码管0~F 的字形码
08      0xc0,0xf9,0xa4,0xb0,0x99,0x92,0x82,0xf8,
09      0x80,0x90,0x88,0x83,0xc6,0xa1,0x86,0x8e,0xff};
10  unsigned char buf[8]={16,16,16,16,16,16,16,16};  //显示缓存,16表示熄灭
11  void delay_us(unsigned int i)  //微秒级
12  {  while(i--);  }
13  void duan_xuan(){
14      wr=0;  //时钟输入端 WR 置低电平
15      cs1=0;  //cs1为低电平选通段码锁存器
16      wr=1;  //时钟输入端 WR 置高电平,WR 得到上升沿
17      cs1=1;  //cs1为高电平,段码锁存器锁存输出保持不变
18  }
19  void wei_xuan(){
20      wr=0;  //时钟输入端 WR 置低电平
21      cs2=0;  //cs1为低电平选通位码锁存器
22      wr=1;  //时钟输入端 WR 置高电平,WR 得到上升沿
23      cs2=1;  //cs1为高电平,位码锁存器锁存输出保持不变
24  }
25  void display(void)
26  {   unsigned char i;
27      for(i=0;i<8;i++)
28      {   P0=_crol_(0xfe,i);        //位选移 i 位,送位码
29          wei_xuan();               //送位选
30          P0=DIS_SEG7[buf[i]];      //送段码
31          duan_xuan();              //选段选
```

数组作为数码管显示
缓存的普通扫描显示函数
动态显示“210”仿真演示

```
32          delay_us(100);       //延时
33          P0=0xff;             //送0xff,关显示消影
34          duan_xuan();
35      }
36  }
37  void main(){
38      while(1){
39          display();  //调用数码管显示函数
40          buf[0]=0;
41          buf[1]=1;
42          buf[2]=2;
43      }
44  }
```

定义一个有一定长度的数组，如 buf[8]，其长度为 8，共有 8 个变量，分别是 buf[0]、buf[1]、buf[2]、buf[3]、buf[4]、buf[5]、buf[6]和 buf[7]。

这样定义的好处是可以间接控制数码管显示的内容，将其定义为全局变量，方便在程序的任意地方都可以对其进行赋值。数码管显示的扫描程序固定，并且 buf[8]与数码管位置DS0～DS7 一一对应。

该程序只关心显示的内容，因此编程人员更多地关注要显示什么，而不是数码管的扫描程序如何编写、显示位置如何确定。需要数码管显示什么内容，只要为 buf[0]、buf[1]、buf[2]、buf[3]、buf[4]、buf[5]、buf[6]和 buf[7]赋值就行。

(3)利用数组作为显示缓存的定时器扫描显示函数，显示“210”。

在主程序中循环调用数码管动态显示函数来完成显示任务是常用的方法，但扫描显示函数中利用了延时函数，因此扫描数码管占用了较长的时间，这样主程序在执行其他任务时会受到影响。为了提高单片机的工作效率，将数码管扫描程序放在定时器中断中。

利用定时器中断扫描数码管显示的参考程序

四、应知应会知识链接

数码管动态显示原理为：利用循环扫描的方式，分时轮流选通各个数码管的公共端(COM)，使各个数码管轮流导通(这就是动态扫描显示方式)。

采用动态扫描显示方式，每一位 LED 的选通时间不能太短，因为 LED 从导通到发光有一定的延时，导通时间太短，发光太弱，人眼无法看清；导通时间也不能太长，否则占用 CPU 时间太长。

由于人眼有“视觉暂留”现象，只要每位显示时间足够短，就能够造成多位同时显示的假象，每一位显示的时间间隔不能超过 20ms，若时间间隔太长，就会造成闪烁现象。

五、动手试一试

(1)编写一段程序，要求 DS3~DS0 四位数码管从右至左分别显示“3210”；DS5~DS7 三位数码管从左到右分别显示“HEL”。

(2)编写一段程序，要求 DS7~DS0 八位数码管从左至右分别显示“89ABCDEF”。

(3)编写一段程序，要求利用数码管显示手机号码，如一次显示不完，则分时显示，时间间隔为 1s。

任务三　单片机控制数码管显示“00”~“99”

一、任务书

利用单片机控制 2 个数码管从“00”开始显示，到“99”后重新从“00”开始显示，仿真电路图如图 4-1-1 所示。

二、任务分析

只要将数码管的缓存变量的值改变，就可以间接地改变数码管的显示内容。

三、单片机控制程序

参考程序综述

● 利用独立按钮 SB1(加)和 SB2(减)实现 00~99 计数器，其他数码管熄灭，通过参考程序掌握如何利用独立按钮实现计数的数码管显示。

● 利用单片机定时器 T0 实现 00~99 计数器，其他数码管熄灭。通过参考程序学习在定时器长延时后如何利用数码管显示定时值，为编写电子时钟打基础。

(1)利用独立按钮 SB1(加)和 SB2(减)实现 00~99 计数器，其他数码管熄灭，参考程序如下。

```
01  #include <reg52.h>//调用52单片机头文件 reg52.h
02  #include <intrins.h>
03  sbit cs1=P1^0; sbit cs2=P1^1; sbit wr=P1^2;
```

```
04  sbit SB1=P2^0;sbit SB2=P2^1;   //SB1为加按钮,SB2为减按钮
05  //定义数码管字形码的数组,数组名为 DIS_SEG7
06  unsigned char code DIS_SEG7[]={   //数码管0~F的字形码
07      0xc0,0xf9,0xa4,0xb0,0x99,0x92,0x82,0xf8,
08      0x80,0x90,0x88,0x83,0xc6,0xa1,0x86,0x8e,0xff};
09  unsigned char buf[8]={16,16,16,16,16,16,16,16};
10  void delay_us(unsigned int i)//微秒级
11  {  while(i--);  }
12  void duan_xuan(){
13      wr=0;  //时钟输入端 WR 置低电平
14      cs1=0;  //cs1为低电平选通段码锁存器
15      wr=1;  //时钟输入端 WR 置高电平,WR 得到上升沿
16      cs1=1;  //cs1为高电平,段码锁存器锁存输出保持不变
17  }
18  void wei_xuan(){
19      wr=0;  //时钟输入端 WR 置低电平
20      cs2=0;  //cs1为低电平选通位码锁存器
21      wr=1;  //时钟输入端 WR 置高电平,WR 得到上升沿
22      cs2=1;  //cs1为高电平,位码锁存器锁存输出保持不变
23  }
24  void display()
25  {   unsigned char i;
26      for(i=0;i<8;i++)
27      {   P0=_crol_(0xfe,i);          //位选移 i 位,送位码
28          wei_xuan();                 //送位选
29          P0=DIS_SEG7[buf[i]];        //送段码
30          duan_xuan();                //选段选
31          delay_us(150);              //延时
32          P0=0xff;                    //送0xff,关显示消影
33          duan_xuan();
34      }
35  }
36  void main(){
37      unsigned char count=00;  //定义计数变量 count,初始值为00
38      bit key1=1;  //key1、key2为1表示独立按钮没有被按下,为0表示被按下
39      bit key2=1;
40      while(1){
41          if(SB1==0&&key1==1){        //是否按下 SB1?
42              delay_us(1000);         //延时1ms,防抖动
43              if(SB1==0){             //确认独立按钮被按下
44                  key1=0;             //按下标志位置"0"
```

利用按钮实现00~99计数器的仿真演示

```
45                count =(count +1)% 100;  //count 自加1,到100清0
46            }
47        }
48        if(SB1==1)key1=1;            //松开 SB1,标志位置"1"
49        if(SB2==0&&key2==1) {        //是否按下 SB2?
50            delay_us(1000);          //延时10ms,防抖动
51            if(SB2==0) {             //确认独立按钮被按下
52                key2=0;              //按下标志位置"0"
53                if((count --)==0) count =99;    //count 自减1,减到0,赋值99
54            }
55        }
56        if(SB2==1)key2=1;     //松开 SB2,标志位置1
57        buf[0]= count % 10;   //取变量 count 的个位送缓存 buf[0]
58        buf[1]= count /10;    //取变量 count 的十位送缓存 buf[1]
59        display();            //调用数码管显示函数
60    }
61 }
```

(2)利用SB1(加按钮)和SB2(减按钮)实现00~99计数器，其他数码管熄灭，参考程序如下，与前面相同的部分程序省略，请读者自行完善。

```
01 unsigned char count=00;  //定义计数变量 count,初始值为00
02 void main(){
03     IT0=1;  //设置外部中断 INT0触发方式,下降沿触发
04     EX0=1;  //启动 INT0中断
05     IT1=1;
06     EX1=1;
07     EA=1;  //启动总中断
08     while(1){
09         buf[0]=count% 10;  //取个位
10         buf[1]=count/10;  //取十位
11         display();  //调用数码管显示函数
12     }
13 }
14 void INT_0(void) interrupt 0 {  //外部中断 INT0函数
15     count=(count+1)% 100;  //count 自加1,加到100清零
16 }
17 void INT_1(void) interrupt 2 {  //外部中断 INT1函数
18     if((count--)==0)count=99;  //count 自减1,减到0,赋值99
19 }
```

(3)利用单片机定时器T0实现00~99计数器，其他数码管熄灭，参考程序如下，与前面相同的部分程序省略，请读者自行完善。

```
01  unsigned int miao;  //定义计秒的全局变量
02  unsigned int ms_miao;  //定义计毫秒的全局变量
03  void main(){
04      TMOD=0x01;  //确定定时器 T0,工作方式1
05      TH0=(65536-50000)/256;  //为定时器 T0赋初值50ms
06      TL0=(65536-50000)% 256;
07      ET0=1;  //开启定时/计数器 T0中断
08      EA=1;  //开启总中断允许
09      TR0=1;  //启动定时/计数器 T0
10      while(1){
11          if(miao==99)  miao=0;  //计秒变量等于99,清零
12          buf[0]=miao% 10;  //取个位
13          buf[1]=miao/10;  //取十位
14          display();  //调用数码管显示函数
15      }
16  }
17  void Timer_0(void) interrupt 1 {  //定时器 T0的中断函数
18      TH0=(65536-50000)/256;  //为定时器 T0重新赋初值50ms
19      TL0=(65536-50000)% 256;
20      ms_miao++;          //计毫秒变量加1
21      if(ms_miao>=20)  //判断毫秒变量是否等于20
22      {   miao++;         //计秒变量加1
23          ms_miao=0;      //计毫秒变量清零
24      }
25  }
```

四、动手试一试

(1)编写单片机控制程序，利用一位数码管显示“0”~“9”，用 SB1 做加计数，用 SB2 做减计数；当按下 SB1 或 SB2 后，数码管显示相应的独立按钮被按下的次数。

(2)编写单片机控制程序，利用一位数码管显示“0”~“9”，用 SB1(连接 INT0)做加计数，用 SB2(连接 INT1)做减计数；当按下 SB1 或 SB2 后，数码管显示相应的独立按钮被按下的次数。

(3)编写单片机控制程序，利用单片机 P0 端口控制数码管 0~9 循环计数，延时时间为 0.5s(利用定时器进行定时)，并且利用 2 个独立按钮控制计数器的启动(SB1)和停止(SB2)。

(4)编写单片机控制程序，利用单片机 P0 端口控制数码管 0~9 循环计数，按下启动按钮开始计数，按下停止按钮停止计数，软件延时时间为 1s。

(5)编写单片机控制程序，利用单片机 P0 端口控制数码管 9~0 倒计时计数，定时器定时时间为 1s，并且利用 2 个独立按钮控制计数器的启动(SB1)和停止(SB2)，当倒计时计到 0 时停止倒计时，并且 LED0 点亮 2s，2s 后自动熄灭。

任务四　指针控制数码管的显示内容

一、任务书

利用 C 语言中的指针和数组控制数码管的显示内容，仿真电路图如图 4-1-1 所示。

二、任务分析

只要将指针指向数码管要显示的数据、变量值或字符串，就可以间接地改变数码管的显示内容。

三、单片机控制程序

参考程序综述

- 利用指针控制数码管显示变量值和字符串，利用指针控制数码管段码数组 smdata 的地址来改变数码管的显示内容，通过参考程序学会如何利用数据指针实现数码管的显示。
- 利用指针控制数码管的显示数据，掌握如何利用指针结合数组快速、直观和方便地控制数码管显示相关内容。

（1）利用指针控制数码管显示变量值和字符串。参考程序扫描以下二维码。

“利用指针控制数码管显示变量值和字符串”参考程序

“利用指针控制数码管显示变量值和字符串”仿真演示

（2）利用指针控制数码管段码数组 smdata 的地址来改变数码管的显示内容。参考程序扫描以下二维码。

“利用指针控制数码管段码数组 smdata 的地址来改变数码管的显示内容”参考程序

“利用指针控制数码管段码数组 smdata 的地址来改变数码管的显示内容”仿真演示

(3)利用指针控制数码管的显示内容。参考程序扫描以下二维码。

“利用指针控制数码管的显示内容”参考程序

“利用指针控制数码管的显示内容”仿真演示

四、动手试一试

(1)利用数码管显示字符串“ABCDEF”。

(2)利用指针控制数码管显示常量“1579”和字符串“E6709BC”。

(3)利用指针实现单片机 P0 端口控制数码管 0~9 循环计数，延时时间为 0.5s(利用定时器进行定时)，并且利用 2 个独立按钮控制计数器的启动(SB1)和停止(SB2)。

(4)利用指针实现单片机 P0 端口控制数码管 0~9 循环计数，按下启动按钮开始计数，按下停止按钮停止计数，软件延时时间为 1s。

(5)利用指针实现单片机 P0 端口控制数码管 9~0 倒计时计数，定时器定时时间为 1s，并且利用 2 个独立按钮控制计数器的启动(SB1)和停止(SB2)，当倒计时计到 0 时停止倒计时，并且 LED0 点亮 2s，2s 后自动熄灭。

任务五　4×4 键盘控制数码管的显示内容

一、任务书

用 4×4 键盘控制 8 个数码管的显示内容，数码管与单片机连接的仿真电路图如图 4-1-1 所示，4×4 键盘与单片机连接的仿真电路图如图 4-5-1 所示。

二、任务分析

图 4-5-1 所示 4×4 键盘的行、列连接的是 P2 端口，其取按键值的常用方法主要有两种：第一种是扫描法，工作原理是依次将行线(或列线)中的一根线拉低，再逐个判断列线(或行线)状态，如果某列线(或行线)为低，则该列线与行线交叉处的按键闭合；第二种是反转法，工作原理是先拉低全部行线，读回端口数据保存，然后反转数据拉低列线，再读回端口数据，两次读回的数据进行异或运算或者是其他位运算，得到按键值。将按键值用数码管显示出来。

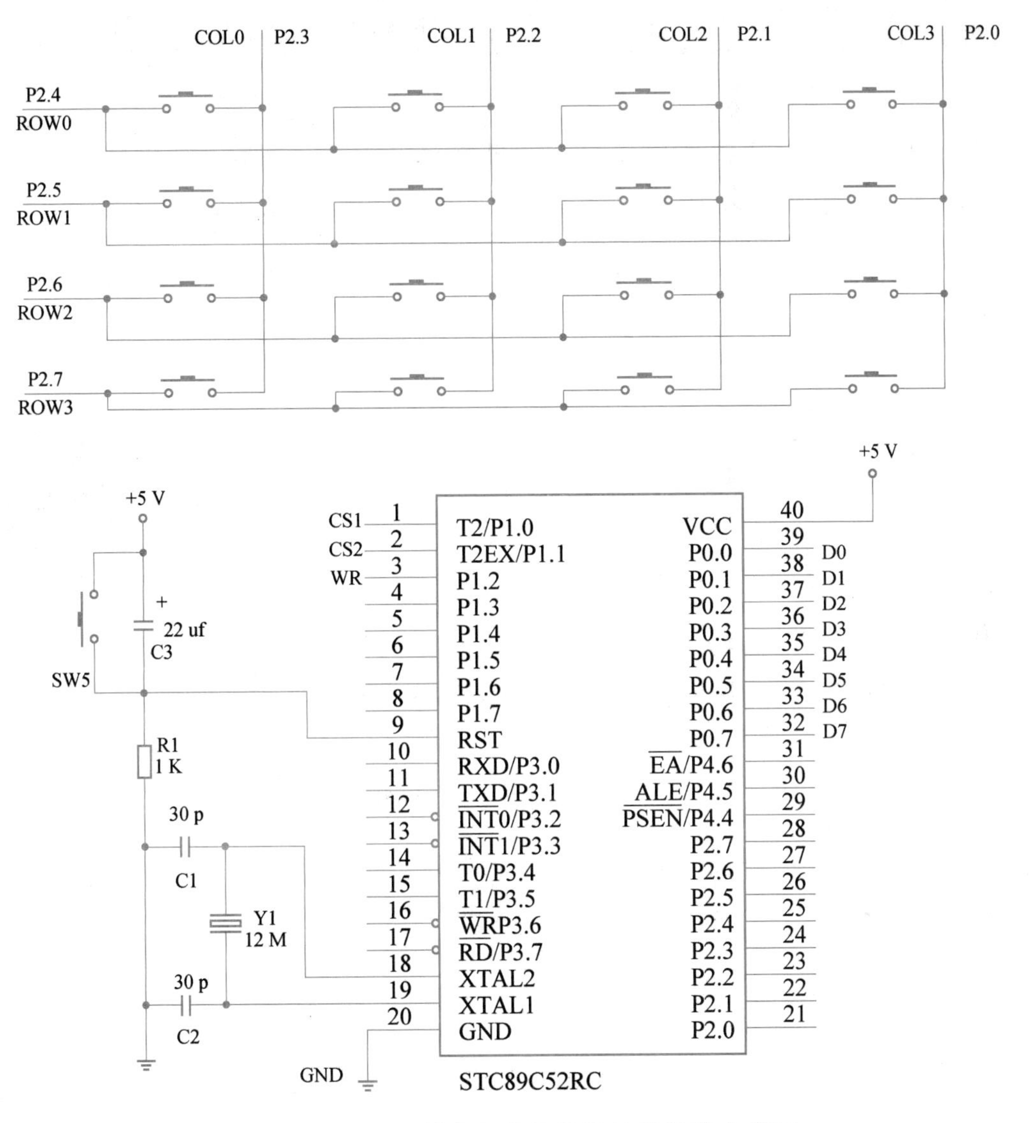

图 4-5-1　4×4 键盘与单片机连接的仿真电路图

三、单片机控制程序

参考程序综述

● 利用数码管显示 4×4 键盘按键值，通过基本的 if 语句扫描程序，掌握基本的键盘扫描算法。

● 通过利用数码管移位显示 4×4 键盘的按键值参考程序，掌握实现数码管移位显示的方法。

● 通过实现按一次 4×4 键盘的按键值 7，数码管显示加 1 的数值的参考程序，掌握使数码管显示键盘的按键被按下次数的方法。

● 利用数码管显示4×4键盘的按键值，通过反转法参考程序掌握4×4键盘反转扫描算法。

● 利用数码管显示4×4键盘按键值，采用查表法得到按键值，并任意改变按键位置，通过参考程序掌握如何通过查表方式取得按键值，以及如何更变键盘按键位置。

(1)利用数码管显示4×4键盘的按键值，基本的if语句扫描程序的参考程序如下。

利用if语句实现数码管显示4×4键盘值的仿真演示

```
01  #include <REGX52.H>
02  #include <intrins.h>
03  #define uchar unsigned char
04  #define uint unsigned int
05  #define LEDdata P0
06  /*****  数码管显示子程序开始  *****/
07  sbit cs1=P1^0;sbit cs2=P1^1; sbit wr=P1^2;
08  //uchar key;  //设定保存按键全局变量
09  uchar code LEDcode[]={0xc0,0xf9,0xa4,0xb0,0x99,0x92,0x82,0xf8,
10                        0x80,0x90, 0x88,0x83,0xc6,0xa1,0x86,0x8e,0xff};
11  uchar buf[8]={16,16,16,16,16,16,16,16};  //显示缓存
12  sbit row0=P2^4;sbit row1=P2^5;sbit row2=P2^6;sbit row3=P2^7;
13  sbit col0=P2^3;sbit col1=P2^2;sbit col2=P2^1;sbit col3=P2^0;
14  void delay(uint i){while(i--);}  //  延时函数
15  void display(){  //  数码管显示子程序
16      uchar i,j=0x7f;
17      for(i=0;i<8;i++){
18          cs1=0;cs2=1;  //选中段码锁存器  U3
19          LEDdata=LEDcode[buf[i]];wr=1;wr=0;  //送段码
20          cs1=1;cs2=0;  //选中位选锁存器  U2
21          LEDdata=j;wr=1;wr=0;  //送位选
22          delay(100);  //延时
23          j=_cror_(j,1);  //位选移位
24          cs1=cs2=0;  //选中U2,U3,准备关显示
25          LEDdata=0xff;wr=1;wr=0;  //送0xff,关显示
26      }
27  }
28  /************最基本的扫描取按键值法******************
29  优点:行、列线可以任意使用单片机引脚;键值可以灵活设置
30  缺点:代码较长,执行效率不高
31  入口:无;返回:255=无键,其他为键值
32  ***************************************************/
33  unsigned char key_get(){
34      unsigned char key=255;        //用255表示无按键被按下
```

```
35      row0=row1=row2=row3=col0=col1=col2=col3=1;  //复位所有线
36      row0=0;                          //拉低第一行
37      if(col0==0)key=7;                //依次判断每一列,若为0,则赋值
38      else if(col1==0)key=8;
39      else if(col2==0)key=9;
40      else if(col3==0)key=15;          //字母键 F
41      row0=1;                          //恢复第一行
42      row1=0;                          //拉低第二行
43      if(col0==0)key=4;                //再次判断每一列
44      else if(col1==0)key=5;
45      else if(col2==0)key=6;
46      else if(col3==0)key=14;          //字母键 E
47      row1=1;                          //恢复第二行
48      row2=0;                          //拉低第三行
49      if(col0==0)key=1;
50      else if(col1==0)key=2;
51      else if(col2==0)key=3;
52      else if(col3==0)key=13;          //字母键 D
53      row2=1;                          //恢复第三行
54      row3=0;                          //拉低第四行
55      if(col0==0)key=0;
56      else if(col1==0)key=10;          //字母键 A
57      else if(col2==0)key=11;          //字母键 B
58      else if(col3==0)key=12;          //字母键 C
59      row3=1;                          //恢复第四行
60      return key;                      //完成扫描,返回按键值
61  }
62  void main(void)  {
63      uchar i,key;
64      bit keyDown=0;
65      while(1){
66          if(keyDown==0&&key_get()!=255)
67          {
68              delay(200);
69              if(key_get()!=255)
70              {
71                  key=key_get();
72                  keyDown=1;
73                  buf[0]=key;
74              }
75          }
```

```
76            if(key_get()==255)keyDown=0;
77            display();  //显示测试
78        }
79    }
```

(2)利用数码管移位显示4×4键盘的按键值，主函数参考程序如下，其他与上例相同，省略。

```
39  void main(void){
40      uchar i,key;
41      bit keyDown=0;
42      while(1){
43          if(keyDown==0&&key_get()!=255)
44          {
45              delay(200);
46              if(key_get()!=255){
47                  key=key_get();
48                  for(i=0;i<7;i++)buf[i]=buf[i+1];
49                  keyDown=1;
50                  buf[7]=key;
51              }
52          }
53          if(key_get()==255)keyDown=0;
54          display();  //显示测试
55      }
56  }
```

(3)按一次4×4键盘的按键值7，则数码管显示加1的数值。参考程序扫描以下二维码。

按一次4×4键盘的按键值7，数码管显示加1的参考程序

按一次4×4键盘的按键值7，数码管显示加1的仿真演示

(4)利用数码管显示4×4键盘的按键值。参考程序扫描以下二维码。

利用反转法实现4×4键盘按键值的显示参考程序

利用反转法实现4×4键盘按键值的显示仿真演示

(5)利用数码管显示 4×4 键盘按键值，采用查表法得到按键值，并可以任意改变按键位置。参考程序扫描以下二维码。

利用查表法实现数码管显示
4×4 键盘按键值的参考程序

利用查表法实现数码管显示
4×4 键盘按键值的仿真演示

四、动手试一试

(1)用单片机 P0 端口控制数码管的显示内容，按下 4×4 键盘的相应按键位置让数码管分别按如下顺序显示按键值，不显示的数码管要求是熄灭的。

①DS7 显示数字“6”；②DS5 显示数字“5”；③DS2 显示字母“B”；④DS3 显示数字“3”；⑤DS0～DS7 同时显示数字“8”；⑥DS0～DS4 同时显示字母“E”；⑦DS3、DS4、DS6、DS0 同时显示字母“F”；⑧DS2、DS4、DS5、DS7 同时显示数字“6”；⑨DS1、DS3、DS5、DS8 同时显示数字“3”。

(2)按下 4×4 键盘的 0 按键，数码管 DS0 循环加计数 0～9，按下 4×4 键盘的 1 按键，数码管 DS2 循环减计数 9～0，不断循环。

项目五 单片机控制字符的显示

任务一 单片机控制液晶 RT1602C 的显示

一、任务书

用单片机控制液晶 RT1602C 显示英文字符，仿真电路图如图 5-1-1 所示。

二、任务分析

如图 5-1-1 所示，利用单片机的 P0 端口给液晶 RT1602C 送数据，单片机 P2.2 引脚控制液晶 RT1602C 的使能 E 端，液晶 RT1602C 的 RW 接地说明其处于写状态；RS 为数据/命令选择端，高电平为数据，低电平为命令。

三、单片机控制程序

利用 51 单片机控制液晶 RT1602C 显示英文字符，要求：第一行显示“Welcome to China”，第二行显示“I love China !”，参考程序如下。

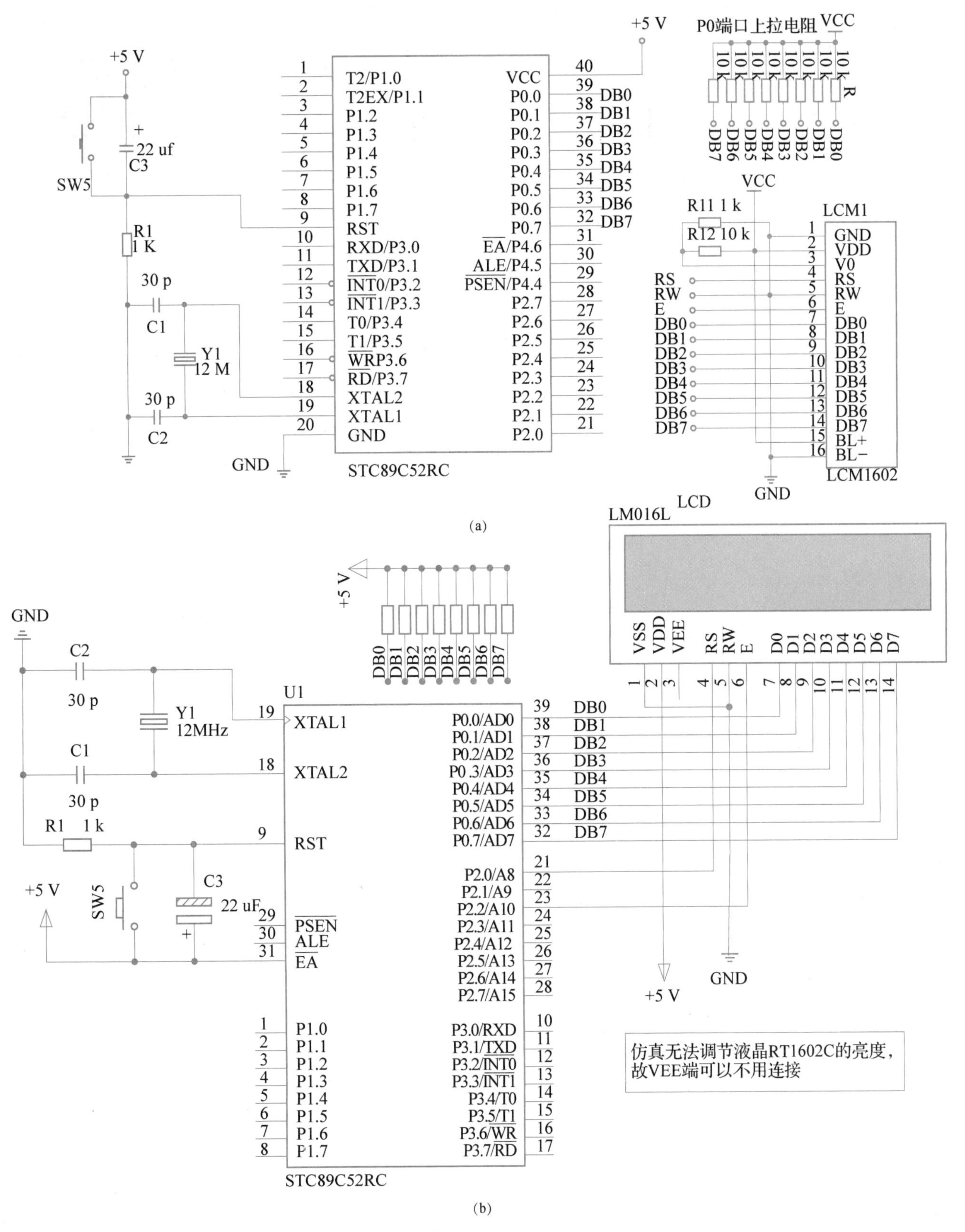

图 5-1-1　用单片机控制液晶 RT1602C 显示英文字符的仿真电路图

（a）硬件仿真电路原理图；

（b）Proteus 仿真电路图

```
01  #include <reg52.h>//调用52单片机头文件 reg52.h
02  unsigned char code table[]="Welcome to China";
03  unsigned char code table1[]="I love China !";
04  sbit lcdrs=P2^0;
05  sbit lcde=P2^2;
06  unsigned char num;
07  void delay(unsigned char z)  //延时函数
08  {
09      unsigned int x,y;
10      for(x=z;x>0;x--)
11          for(y=110;y>0;y--);
12  }
13  void write_com(unsigned char com)//写命令函数
14  {
15      lcdrs=0;
16      P0=com;
17      delay(5);
18      lcde=1;
19      delay(5);
20      lcde=0;
21  }
22  void write_dat(unsigned char dat)//写数据函数
23  {
24      lcdrs=1;
25      P0=dat;
26      delay(5);
27      lcde=1;
28      delay(5);
29      lcde=0;
30  }
31  void init(){  //液晶 RT1602C 初始化函数
32      write_com(0x38);  //显示模式设置
33      write_com(0x0e);  //显示开/关及光标设置
34      write_com(0x06);  //地址指针加1,即写1个数据后,显示位置右移1位
35      write_com(0x80);  //DDRAM 地址设置,设置起始位置在第一行第一列
36  }
37  void main()
38  {
39      init();  //调用液晶 RT1602C 初始化函数
40      for(num=0;num<17;num++)  //在液晶 RT1602C 第一行循环写入"Welcome to China"
41      {
```

单片机控制液晶RT1602C显示英文字符的仿真演示

```
42          write_dat(table[num]);  //调用写数据函数
43          delay(200);  //写完1个数据,需要等待一段时间
44      }
45      write_com(0x81+0x40);  //DDRAM 地址设置,设置起始位置在第二行第二列
46      for(num=0;num<15;num++)//在液晶 RT1602C 第一行循环写入"I love China !"
47      {
48          write_dat(table1[num]);  //调用写数据函数
49          delay(200);  //写完1个数据,需要等待一段时间
50      }
51      while(1);  //死循环,液晶 RT1602C 显示完成后单片机停止在此处
52  }
```

四、应知应会知识链接

1. 液晶 RT1602C 简介

字符型液晶显示模块是专门用于显示字母、数字、符号等的点阵型液晶显示模块。其可用 4 位和 8 位数据传输方式；提供“5×7 点阵+光标”和“5×10 点阵+光标”显示模式；提供显示数据缓冲区 DDRAM、字符发生器 CGROM 和字符发生器 CGRAM。可以使用 CGRAM 来存储自己定义的最多 8 个 5×8 点阵的图形字符的字模数据。液晶 RT1602C 的外观和主要参数如图 5-1-2 所示。

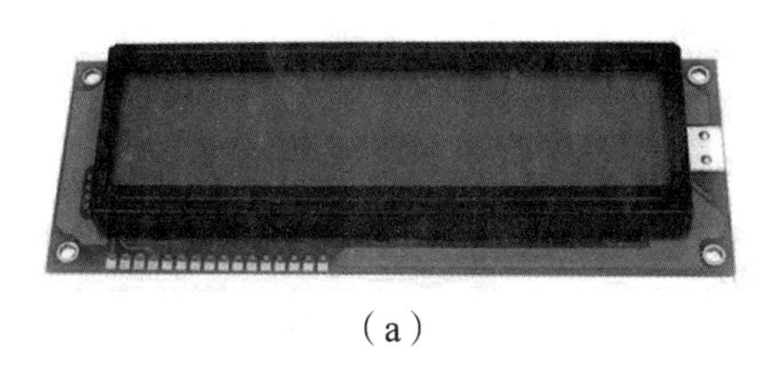

（a）

项目	参考值
逻辑工作电压(V_{dd})/V	+4.5~+5.5
LCD驱动电压($V_{dd}-V_{o}$)/V	+3.0~+5.0
工作温度 (T_{a})/℃	0~50 (常温) /−20~70 (宽温)
存储温度(T_{sto}) /℃	10~60 (常温) /−30~8 (宽温)
工作电流(背光除外)/mA	2. 5(max)

（b）

图 5-1-2　液晶 RT1602C 的外观和主要参数

（a）外观；（b）主要参数

2. 液晶 RT1602C 的基本操作时序

（1）写指令：E＝下降沿，RS＝L，RW＝L，D0～D7＝指令码。

（2）读数据：E＝H，RS＝H，RW＝H，D0～D7 数据。

（3）写数据：E＝下降沿，RS＝H，RW＝L，D0～D7＝数据。

初始化过程如下。

延时 15ms→写指令 38H(不检测忙信号)→延时 5ms→写指令 38H(不检测忙信号)→延时 5ms→写指令 38H(不检测忙信号)→写指令 38H(设置显示模式)→写指令 08H(显示关闭)→写指令 01H(显示清屏)→写指令 06H(显示光标移动设置)→写指令 0CH(显示开及光标设置)。

3. DDRAM 地址映射

液晶 RT1602C 内部有缓冲器，保存显示屏对应位置上字符的数据，字符列地址和 DDRAM 地址对应关系如表 5-1-1 所示。

表 5-1-1　字符列地址和 DDRAM 地址对应关系

行＼列	1	2	3	4	5	6	7	8	9	10	11	12	13	14	15	16
第一行	80	81	82	83	84	85	86	87	88	89	8A	8B	8C	8D	8E	8F
第二行	C0	C1	C2	C3	C4	C5	C6	C7	C8	C9	CA	CB	CC	CD	CE	CF

4. 时序说明

(1)单片机向液晶 RT1602C 写操作时序与时序图如图 5-1-3 所示。

项目	符号	条件	最小值	最大值	单位
E周期	T_{cycE}	V_{DD}=(5±5%)V V_{SS}=0 V T_a=25℃	1 000	—	ns
E脉宽	P_{weh}		450	—	
E上升/下降时间	T_{er}, T_{eF}		—	25	
地址设置时间	T_{as}		140	—	
地址保持时间	T_{ah}		10	—	
数据设置时间	T_{dsw}		195	—	
数据保持时间	T_h		10	—	

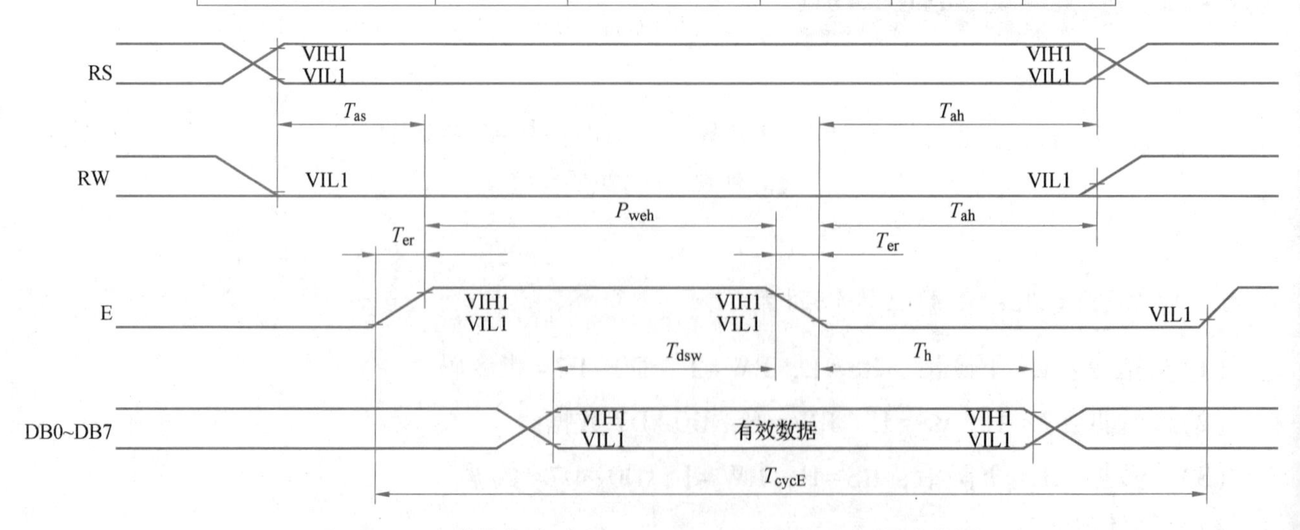

图 5-1-3　单片机向液晶 RT1602C 写操作时序与时序图

(2)单片机向液晶 RT1602C 读操作时序与时序图如图 5-1-4 所示。

项目	符号	条件	最小值	最大值	单位
E周期	T_{cycE}		1 000	—	
E脉宽	P_{weh}		450	—	
E上升/下降时间	T_{er}, T_{eF}	V_{DD}=(5±5%)V	—	25	
地址设置时间	T_{as}	V_{SS}=0 V	140	—	ns
地址保持时间	T_{ah}	T_a=25℃	20	—	
数据设置时间	T_{dsw}		—	320	
数据保持时间	T_h		10	—	

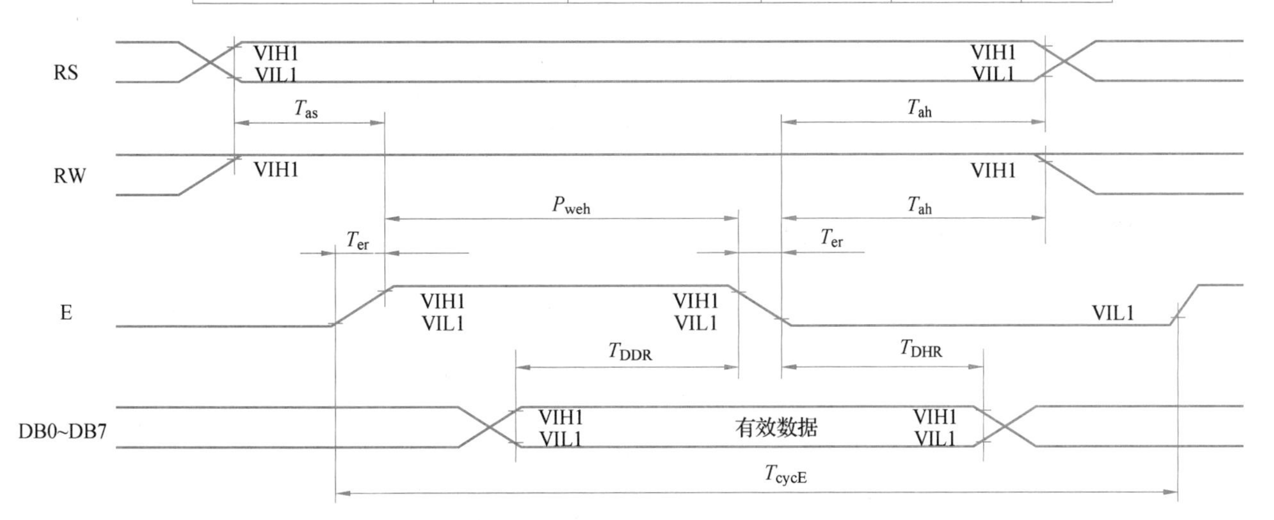

图 5-1-4　单片机向液晶 RT1602C 读操作时序与时序图

5. 指令说明

(1)清屏指令如表 5-1-2 所示。

表 5-1-2　清屏指令

RS	RW	DB7	DB6	DB5	DB4	DB3	DB2	DB1	DB0
0	0	0	0	0	0	0	0	0	1

将空位字符码 20H 送入全部 DDRAM 地址中，使 DDRAM 中的内容全部消除，显示消失；地址计数器 AC=0 为自动增 1 模式，显示归位，光标或者闪烁，或者回到原点(显示屏左上角)，但并不改变移位设置模式。

(2)归位指令如表 5-1-3 所示。

表 5-1-3　归位指令

RS	RW	DB7	DB6	DB5	DB4	DB3	DB2	DB1	DB0
0	0	0	0	0	0	0	0	1	*

归位指令使地址计数器 AC=0，光标及光标所在位的字符回到原点，但显示的内容不

改变。

(3)输入模式设置指令如表5-1-4所示。

表5-1-4 输入模式设置指令

RS	RW	DB7	DB6	DB5	DB4	DB3	DB2	DB1	DB0
0	0	0	0	0	0	0	1	I/D	S

I/D：字符码写入或者读出DDRAM后DDRAM地址指针AC变化方向标志；

I/D=1，完成一个字符码传送后，光标右移，AC自动加1；

I/D=0，完成一个字符码传送后，光标左移，AC自动减1；

S=1，将全部显示向右(I/D=0)或者向左(I/D=1)移位；

S=0，显示不发生移位。

(4)显示开/关指令如表5-1-5所示。

表5-1-5 显示开/关指令

RS	RW	DB7	DB6	DB5	DB4	DB3	DB2	DB1	DB0
0	0	0	0	0	0	1	D	C	B

D：显示开/关控制标志，D=1打开显示，D=0关闭显示；关闭显示后，显示数据仍保持在DDRAM中，立即打开显示可以再现关闭显示之前的内容。

C：光标显示控制标志：C=1，光标显示；C=0，光标不显示。

B：闪烁显示控制标志，B=1，光标所在位置上交替显示全黑点阵和字符，产生闪烁效果。

(5)光标或显示移位指令如表5-1-6所示。

表5-1-6 光标或显示移位指令

RS	RW	DB7	DB6	DB5	DB4	DB3	DB2	DB1	DB0
0	0	0	0	0	1	S/C	R/L	*	*

光标或显示移位指令可使光标或显示在没有读写显示数据的情况下，向左或向右移动；用此指令可以实现显示的查找或替换；在双行显示方式下，第一行和第二行会同时移位；当移位越过第一行第四十位时，光标会从第一行跳到第二行，但显示只在本行内水平移位，第二行的显示绝不会移进第一行；如果只执行移位操作，地址计数器AC的内容不会发生改变。

S/C，R/L=00：光标向左移动，AC自动减1；

S/C，R/L=01：光标向右移动，AC自动加1；

S/C，R/L=10：光标与显示一起向左移动，AC值不变；

S/C，R/L=11：光标与显示一起向右移动，AC值不变。

(6)功能设置指令如表5-1-7所示。

表5-1-7　功能设置指令

RS	RW	DB7	DB6	DB5	DB4	DB3	DB2	DB1	DB0
0	0	0	0	0	DL	N	F	*	*

功能设置指令设置模块数据接口宽度和显示方式，即MCU与模块接口数据总线位数(4位或者8位)、显示行数和显示字符点阵模式；在初始化液晶RT1602C时，最好先执行功能设置指令。

DL：数据接口宽度标志，DL=1，8位数据总线DB7~DB0；DL=0，4位数据总线DB7~DB4，DB3~DB0不用，使用此方式传送数据时需要分两次进行。

N：显示行数标志，N=1，两行显示模式；N=0，单行显示模式。

F：显示字符点阵字体模式标志，F=1，“5×10点阵+光标”显示模式；F=0，“5×7点阵+光标”显示模式。

(7)CGRAM地址设置指令如表5-1-8所示。

表5-1-8　CGRAM地址设置指令

RS	RW	DB7	DB6	DB5	DB4	DB3	DB2	DB1	DB0
0	0	0	1	ACG5	ACG4	ACG3	ACG2	ACG1	ACG0

CGRAM地址设置指令设置CGRAM地址指针，它将CGRAM存储用户自定义显示字符的字模数据的首地址ACG5~ACG0送入AC，于是用户自定义字符字模就可以写入CGRAM或者从CGRAM中读出。

(8)DDRAM地址设置指令如表5-1-9所示。

表5-1-9　DDRAM地址设置指令

RS	RW	DB7	DB6	DB5	DB4	DB3	DB2	DB1	DB0
0	0	0	1	ADD5	ADD4	ADD3	ADD2	ADD1	ADD0

DDRAM地址设置指令设置DDRAM地址指针，它将DDRAM存储显示字符的字符码的首地址ADD6~ADD0送入AC，于是显示字符的字符码就可以写入DDRAM或者从DDRAM中读出。注意：在一行显示方式下，DDRAM的地址范围为：00H~4FH；在两行显示方式下，DDRAM的地址范围为：第一行00H~27H，第二行40H~67H。

(9)判忙指令如表 5-1-10 所示。

表 5-1-10 判忙指令

RS	RW	DB7	DB6	DB5	DB4	DB3	DB2	DB1	DB0
0	1	BF	AC6	AC5	AC4	AC3	AC2	AC1	AC0

当 RS=0 和 RW=1 时，在 E 信号高电平的作用下，BF 和 AC6～AC0 被读到数据总线 DB7～DB0 的相应位。

BF：内部忙标志，BF=1，表示模块正在进行内部操作，此时模块不接受任何外部指令和数据，直到 BF=0 为止。

五、动手试一试

(1)在液晶 RT1602C 上显示自己的电话号码。

(2)液晶 RT1602C 上电后，显示“HELLO”，延时 1s 后显示“NICE TO ME YOU”，延时 0.5s 后显示“My name is……”，延时 2s 后显示“What you name?”，延时 1.5s 后显示“BYE BYE!”，不断循环。

(3)液晶 RT1602C 在第一行中间显示“F”，延时 0.5s 后在第二行中间显示“A”；延时 0.5s 后第一行和第二行的开始处同时显示“4”和“9”，原来的显示消除。

(4)利用液晶 RT1602C 做一个实时时钟，开始显示格式为“00-00-00”，单片机上电后时钟立刻进行走时。

任务二 单片机控制液晶 TG12864 的显示

一、任务书

用单片机控制液晶 TG12864 的显示字符，仿真电路图如图 5-2-1 所示。

二、任务分析

如图 5-2-1 所示，利用单片机的 P0 端口给液晶 TG12864 送数据，单片机 P2.5 引脚控制液晶 TG12864 的使能 E 端，12864 的 RW 接地说明其处于写状态；RS 为数据/命令选择端，连接 P2.7 引脚，高电平为数据，低电平为命令；CS1 高电平选择左半屏，CS2 高电平选择右半屏。

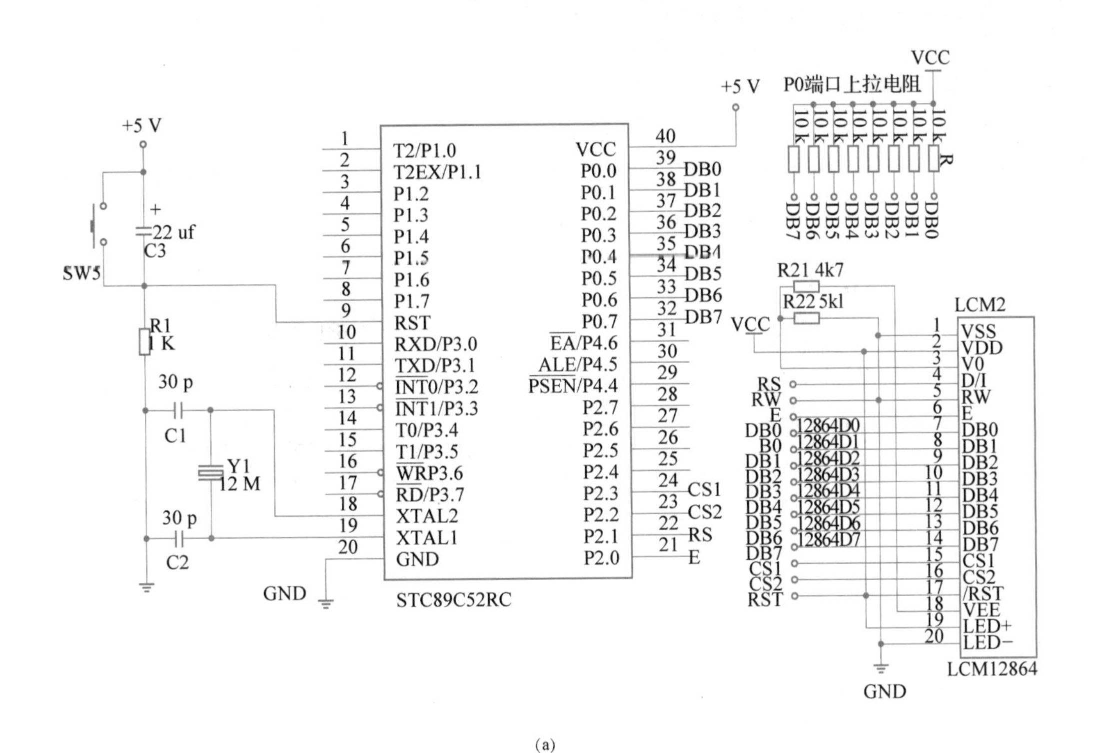

(a)

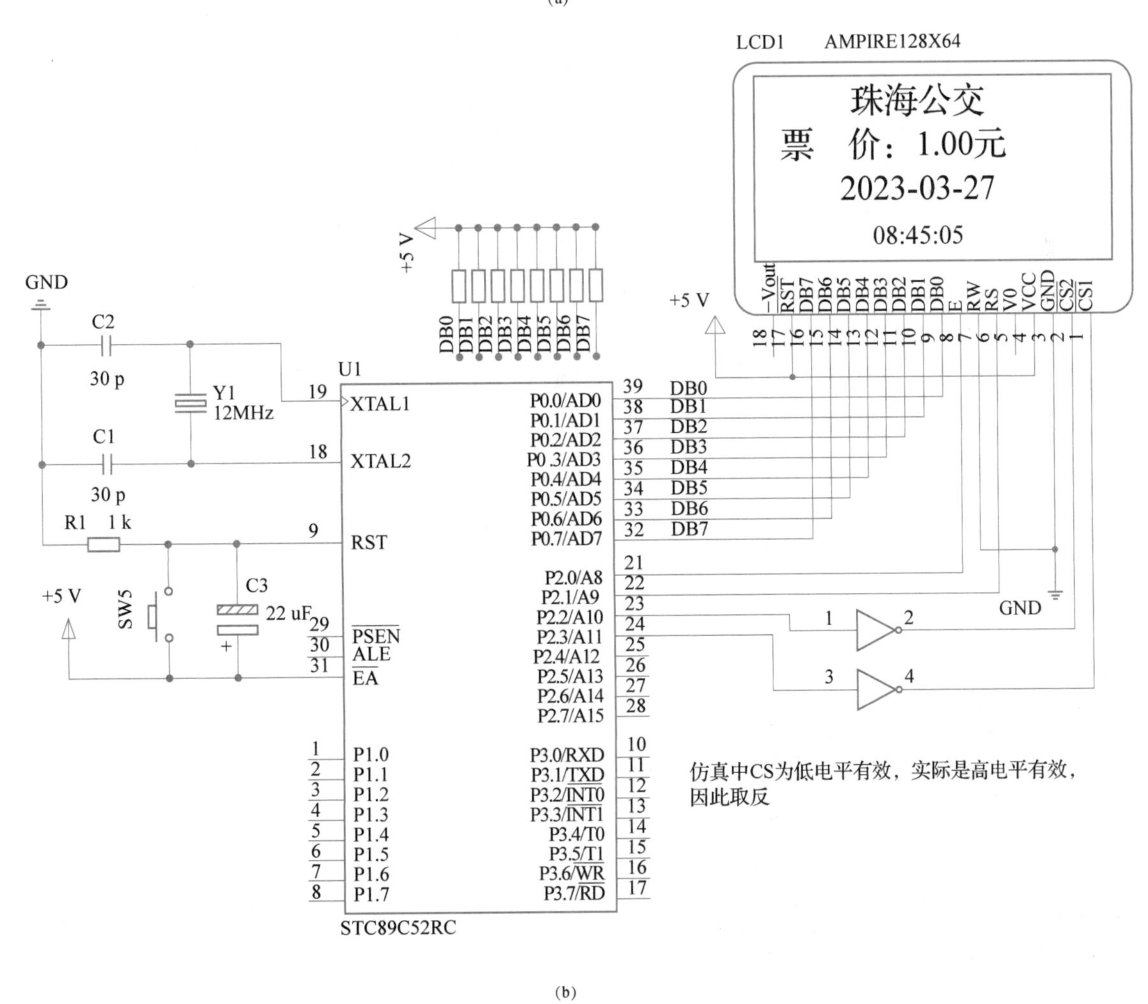

(b)

图 5-2-1　单片机控制液晶 TG12864B 的显示字符

(a)硬件仿真电路原理图；(b)Proteus 仿真电路图

三、单片机控制程序

利用单片机控制液晶 TG12864B 的显示，图 5-2-1(b)所示为显示内容，其中实时时钟“08：45：05”实时运行。参考程序扫描以下二维码。

单片机控制液晶 TG12864 的显示参考程序

单片机控制液晶 TG12864 的显示仿真演示

四、应知应会知识链接

1. 液晶 TG12864 简介

1)液晶的分类

液晶分为段位式 LCD、字符式 LCD 和点阵式 LCD。

段位式 LCD 和字符式 LCD 只能用于字符和数字的简单显示，不能满足图形曲线和汉字显示的要求。

点阵式 LCD 不仅可以显示字符、数字，还可以显示各种图形、曲线及汉字，并且可以实现屏幕上、下、左、右滚动，动画，分区开窗口，反转，闪烁等功能，用途十分广泛。

2)液晶 TG12864 的显示原理

液晶 TG12864 是一种图形点阵式液晶显示器(无字库)，它主要由行驱动器、列驱动器及 128×64 全点阵液晶显示器组成。点阵式 LCD 可以显示字符、数字，还可以显示各种图形、曲线及汉字，其原理是控制 LCD 点阵中的点的亮暗，亮和暗的点按一定规律可以组成汉字、图形和曲线等。液晶 TG12864 的外观和主要参数如图 5-2-2 所示。

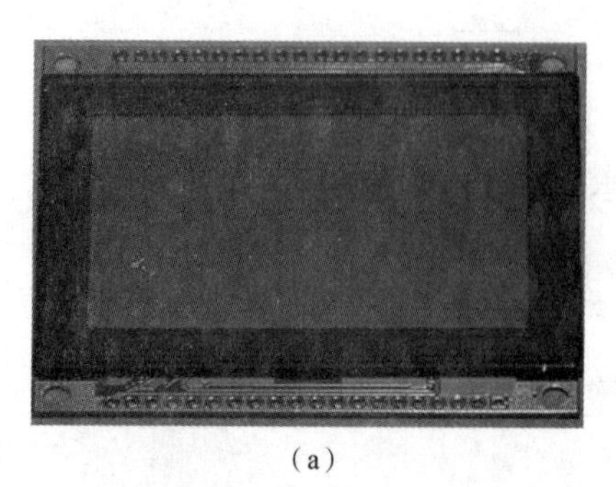
(a)

电气特性：

参量	符号	最小值	典型值	最大值	单位
供电电压	VDD	4.8	5.0	5.2	V
供电电流	IDD	—	335	350	mA
输入脉冲电压高电平	VIH	0.7 VDD	—	VDD	V
输入脉冲电压低电平	VIL	0	—	0.3VDD	V

背光特性：

颜色	波长λ_p /nm	工作电压/V	半宽光谱$\Delta\lambda$ /nm	正向电流 /mA
黄绿	—	4.1 ± 0.15	—	330

(b)

图 5-2-2　液晶 TG12864 的外观和主要参数

(a)外观；(b)主要参数

对用户来说，LCD 屏幕上的点阵是按字节方式 8 个点一组来控制的。例如：一个 16×16 点阵的汉字在 LCD 屏幕上的显示是采用 16×16 个点来表达的，即一个 16×16 点阵的汉字需要 32 个字节的编码数据，这些数据包含了 16×16 点阵中亮和暗的控制信息，这些包含亮和暗控制信息的 16×16 点阵数据就是字模。汉字“你”的 16×16 字模如图 5-2-3 所示。液晶 TG12864 的取模方式为：横向取模，左高位；数据安排为：从左到右，从上到下。

字母“A”的 16×8 字模如图 5-2-4 所示。液晶 TG12864 的取模方式为：纵向取模，高位在下；数据格式为：从左到右，从上到下。

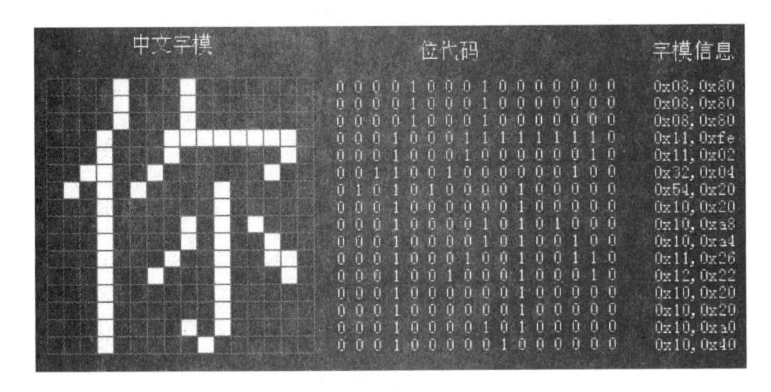

图 5-2-3　汉字“好”的 16×16 字模

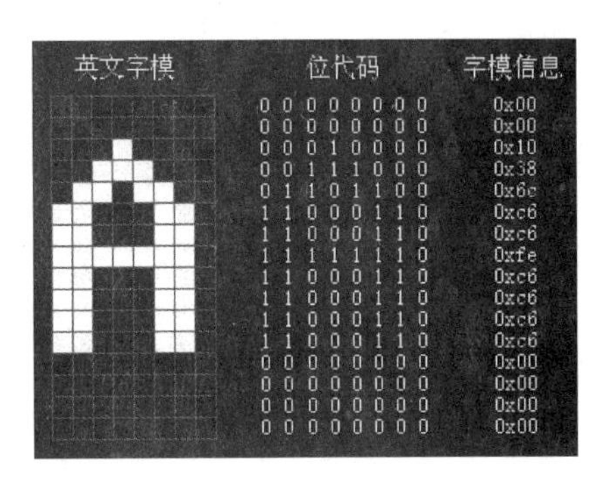

图 5-2-4　字母“A”的 16×8 字模

2. 液晶 TG12864 的时序

1）液晶 TG12864 的读写时序

（1）写操作时序。

单片机向液晶 TG12864 写操作时序图如图 5-2-5 所示。

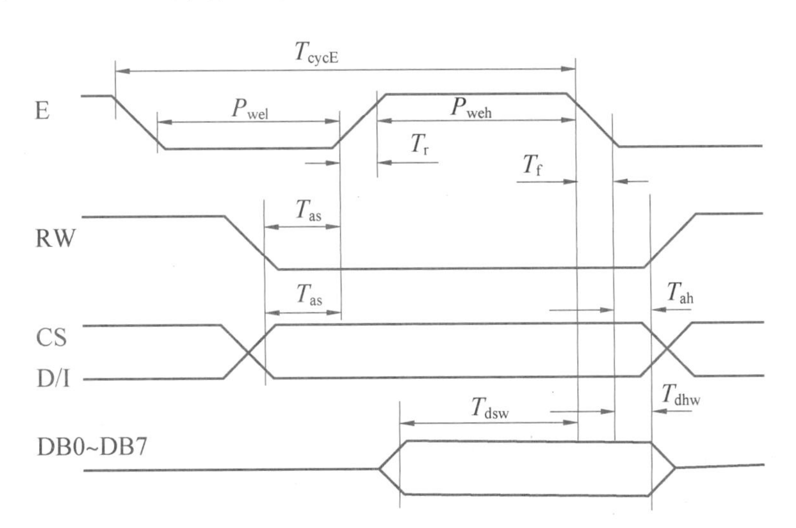

图 5-2-5　单片机向液晶 TG12864 写操作时序图

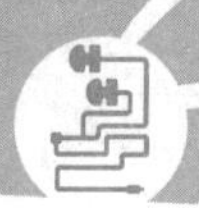

(2)读操作时序。

单片机向液晶 TG12864 读操作时序图如图 5-2-6 所示。

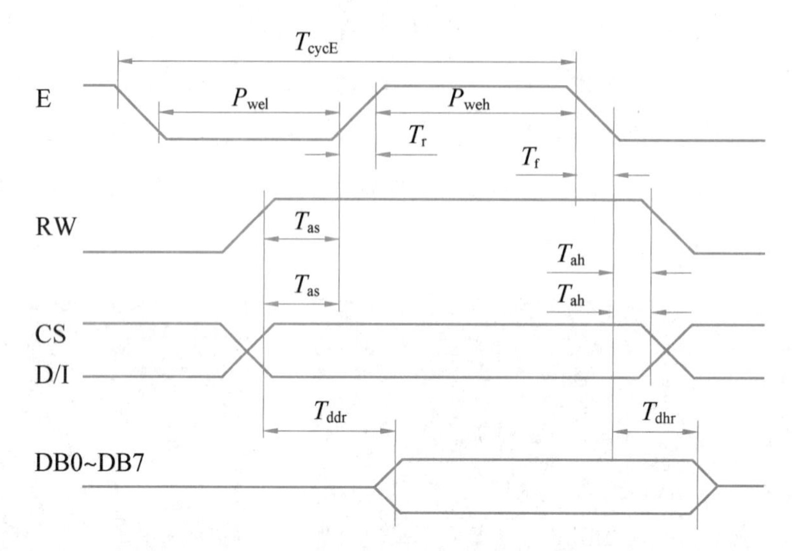

图 5-2-6　单片机向液晶 TG12864 读操作时序图

2)液晶 TG12864 的基本操作时序

(1)写指令：E = 下降沿，RS = L，RW = L，D0 ~ D7 = 指令码。

(2)读数据：E = H，RS = H，RW = H，D0 ~ D7 数据。

(3)写数据：E = 下降沿，RS = H，RW = L，D0 ~ D7 = 数据。

3)液晶 TG12864 程序设计

一般的液晶 TG12864 模块的驱动软件执行流程如图 5-2-7 所示。

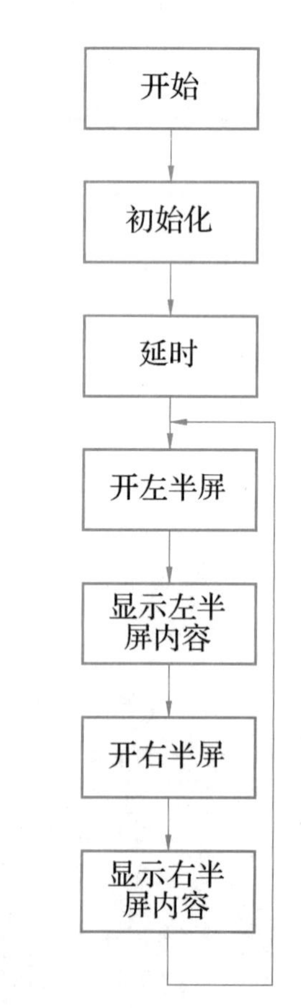

图 5-2-7　液晶 TG12864 模块的驱动软件执行流程图

初始化操作主要完成液晶 TG12864 的复位、清屏等。

复位操作(RST = 0)主要状态如下。

(1)设置显示状态为关显示状态。

(2)显示起始寄存器清零。显示 RAM 第一行(对应显示屏上的第一行)。

(3)在复位期间状态字中 RESET 位置“1”。

清屏操作主要完成液晶 TG12864 内部的数据存储器清零。

3. 指令说明

(1)显示开关控制指令如表5-2-1所示。

表5-2-1　显示开关控制指令

RW	D/I	DB7	DB6	DB5	DB4	DB3	DB2	DB1	DB0
0	0	0	0	1	1	1	1	1	D

该指令用于设置屏幕显示开/关。

D=1：开显示；D=0：关显示，不影响显示数据寄存器中的内容。

(2)设置显示起始行指令如表5-2-2所示。

表5-2-2　设置显示起始行指令

RW	D/I	DB7	DB6	DB5	DB4	DB3	DB2	DB1	DB0
0	0	1	1	A5	A4	A3	A2	A1	A0

显示起始行是由Z地址计数器控制的，该指令自动将A0~A5位地址送入Z地址计数器，该指令中A5~A0为显示起始行的地址，取值在0~3FH(0~63行)范围内任意一行，它规定了显示屏起始行所对应的显示存储器的行地址。通过修改显示起始行寄存器的内容，可以实现显示屏内容向上或向下滚动。Z地址计数器具有循环计数功能，用于显示行扫描同步，当扫描完一行后自动加1。

(3)设置页地址指令如表5-2-3所示。

表5-2-3　设置页地址指令

RW	D/I	DB7	DB6	DB5	DB4	DB3	DB2	DB1	DB0
0	0	1	0	1	1	1	A2	A1	A0

执行该指令后，下面的读写操作将在指定页内进行，直到重新设置。所谓页地址就是DDRAM的行地址，8行为一页，模块共64行即8页，页地址存储在X地址计数器中，A2~A0表示0~7页。读写数据对页地址没有影响，除本指令可改变页地址外，RST信号复位后页地址为0。

(4)设置Y地址(SET Y ADDRESS)指令如表5-2-4所示。

表5-2-4　设置Y地址指令

R/W	D/I	DB7	DB6	DB5	DB4	DB3	DB2	DB1	DB0
0	0	0	1	A5	A4	A3	A2	A1	A0

此指令的功能是将 A5～A0 送入 Y 地址(列地址)计数器，作为 DDRAM 的 Y 地址指针。在对 DDRAM 进行读写操作后，Y 地址指针自动加 1，指向下一个 DDRAM 单元。

页地址的设置和 Y 地址的设置将显示存储器单元唯一地确定下来，为后续显示数据的读写做了地址的选通。DDRAM 地址映像表如表 5-2-5 所示。

表 5-2-5 DDRAM 地址映像表

CS1=1						CS2=1					
Y=	0	1	……	62	63	0	1	……	62	63	行号
X=0～X=7	DB0～DB7	DB0～DB7	DB0～DB7	DB0～DB7	DB0～DB7	DB0～DB7	DB0～DB7	DB0～DB7	DB0～DB7	DB0～DB7	0～7
	DB0～DB7	DB0～DB7	DB0～DB7	DB0～DB7	DB0～DB7	DB0～DB7	DB0～DB7	DB0～DB7	DB0～DB7	DB0～DB7	8～55
	DB0～DB7	DB0～DB7	DB0～DB7	DB0～DB7	DB0～DB7	DB0～DB7	DB0～DB7	DB0～DB7	DB0～DB7	DB0～DB7	56～63

(5)状态检测指令如表 5-2-6 所示。

表 5-2-6 状态检测指令

RW	D/I	DB7	DB6	DB5	DB4	DB3	DB2	DB1	DB0
0	1	BF	0	ON/OFF	RST	0	0	0	0

当 RW=1，D/I=0 时，在 E 信号为“H”的作用下，状态数据分别输出到数据总线(DB7～DB0)的相应位。

BF：判忙信号标志位。BF=1 表示液晶 TG12864 正在处理 MCU 发过来的指令或者数据，此时接口电路被挂起，不能接受除读状态字以外的任何操作。BF=0 表示液晶 TG12864 接口控制电路处于空闲状态，可以接受外部数据和指令。

ON/OFF：显示状态标志位，ON/OFF=1 表示关显示状态，ON/OFF=0 表示开显示状态。

RST：复位标志位，RST=1 表示内部正在初始化，此时液晶 TG12864 不接受任何指令和数据，RST=0 表示正常工作状态。

(6)写显示数据指令如表 5-2-7 所示。

表 5-2-7 写显示数据指令

RW	D/I	DB7	DB6	DB5	DB4	DB3	DB2	DB1	DB0
0	1	D7	D6	D5	D4	D3	D2	D1	D0

该指令用于写数据到 DDRAM 中，DDRAM 用于存储图形显示数据，该指令执行后 Y 地址计数器自动加 1。D7～D0 位数据为“1”表示显示，数据为“0”表示不显示。写数据到 DDRAM

前，要先执行设置页地址指令及设置 Y 地址命令。

(7)读显示数据指令如表 5-2-8 所示。

表 5-2-8　读显示数据指令

RS	RW	DB7	DB6	DB5	DB4	DB3	DB2	DB1	DB0
0	0	0	1	ACG5	ACG4	ACG3	ACG2	ACG1	ACG0

该指令用于设置 CGRAM 地址指针，它将 CGRAM 存储用户自定义显示字符的字模数据的首地址 ACG5~ACG0 送入 AC，于是用户自定义字符字模就可以写入 CGRAM 或者从 CGRAM 中读出。

(8)DDRAM 地址设置指令如表 5-2-9 所示。

表 5-2-9　DDRAM 地址设置指令

RS	RW	DB7	DB6	DB5	DB4	DB3	DB2	DB1	DB0
0	0	0	1	ADD5	ADD4	ADD3	ADD2	ADD1	ADD0

该指令用于从 DDRAM 读数据，该指令执行后 Y 地址计数器自动加 1。从 DDRAM 读数据前要先执行设置页地址指令及设置 Y 地址指令。

五、液晶 TG12864 显示取模软件及方式

ASCII 数据和汉字数据取模设置界面如图 5-2-8 和图 5-2-9 所示。

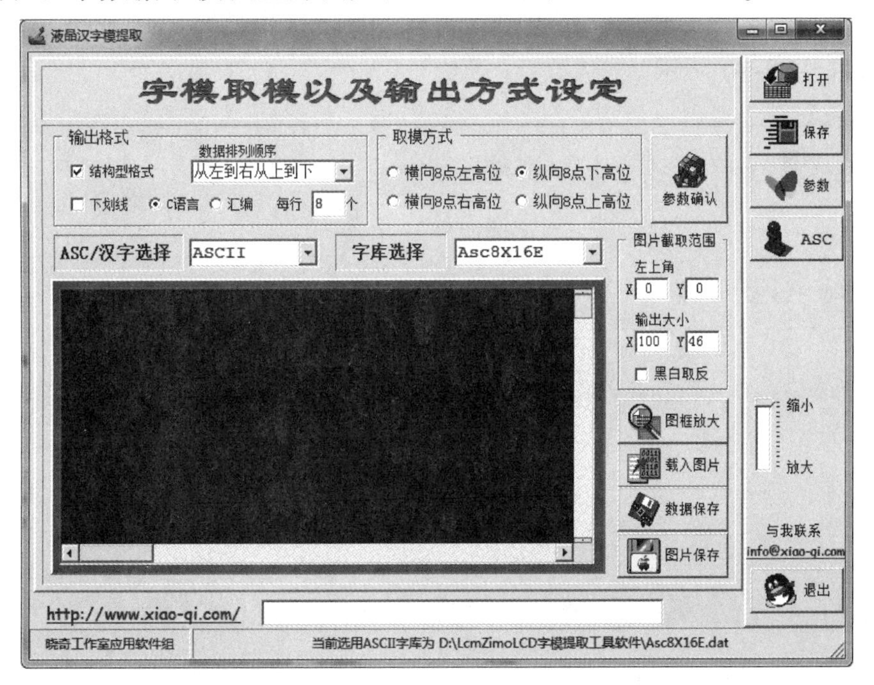

图 5-2-8　8×16 和 5×8 点阵 ASCII 数据取模设置界面

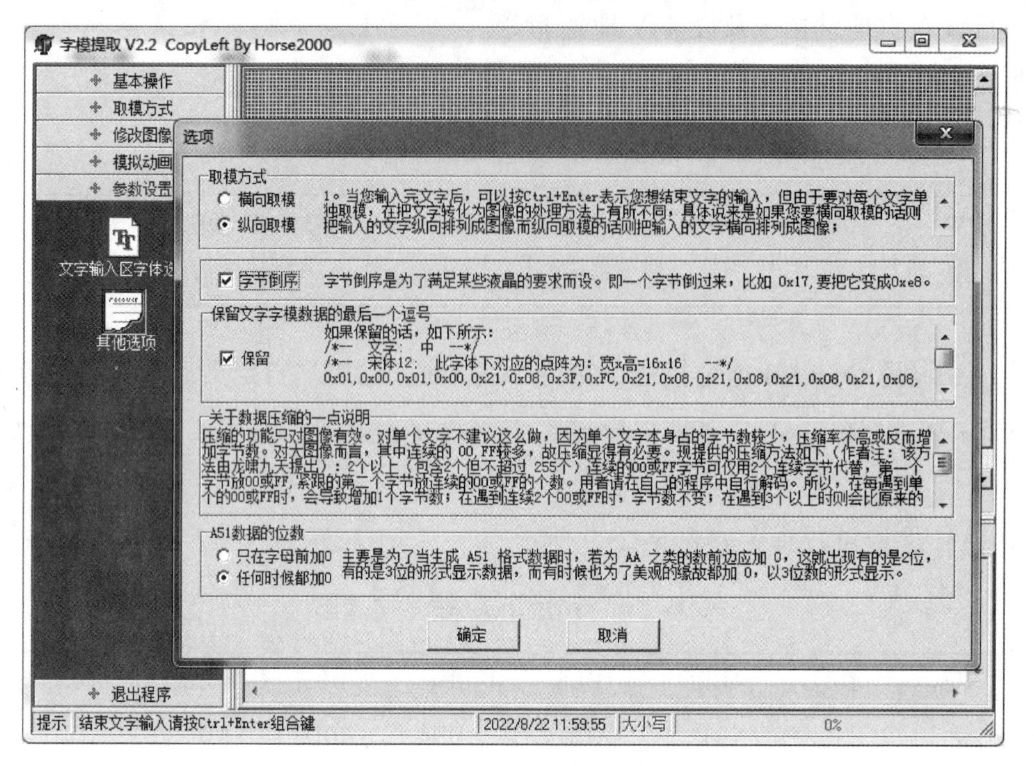

图 5-2-9　16×16 点阵汉字数据取模设置界面

六、动手试一试

(1) 在液晶 TG12864 上显示自己的电话号码。

(2) 在液晶 TG12864 上显示以下内容：在第一行居中显示“珠海理工学校”，在第二行居中显示“欢迎您！”，在第三行居中显示“www. zhszx. cn”，在第四行居中显示“Welcome！”。

显示效果如图 5-2-10 所示。

<table>
<tr><td colspan="2"></td><td colspan="2">珠</td><td colspan="2">海</td><td colspan="2">理</td><td colspan="2">工</td><td colspan="2">学</td><td colspan="2">校</td><td colspan="2"></td></tr>
<tr><td colspan="2"></td><td colspan="2"></td><td colspan="2">欢</td><td colspan="2">迎</td><td colspan="2">您</td><td colspan="2">！</td><td colspan="2"></td><td colspan="2"></td></tr>
<tr><td></td><td></td><td>w</td><td>w</td><td>w</td><td>.</td><td>z</td><td>h</td><td>s</td><td>z</td><td>x</td><td>.</td><td>c</td><td>n</td><td></td><td></td></tr>
<tr><td></td><td></td><td></td><td></td><td>W</td><td>e</td><td>l</td><td>c</td><td>o</td><td>m</td><td>e</td><td>!</td><td></td><td></td><td></td><td></td></tr>
</table>

图 5-2-10　显示效果

任务三　单片机控制 32×16 点阵的显示

一、任务书

用单片机控制 32×16 点阵显示字符，仿真电路图如图 5-3-1 所示。

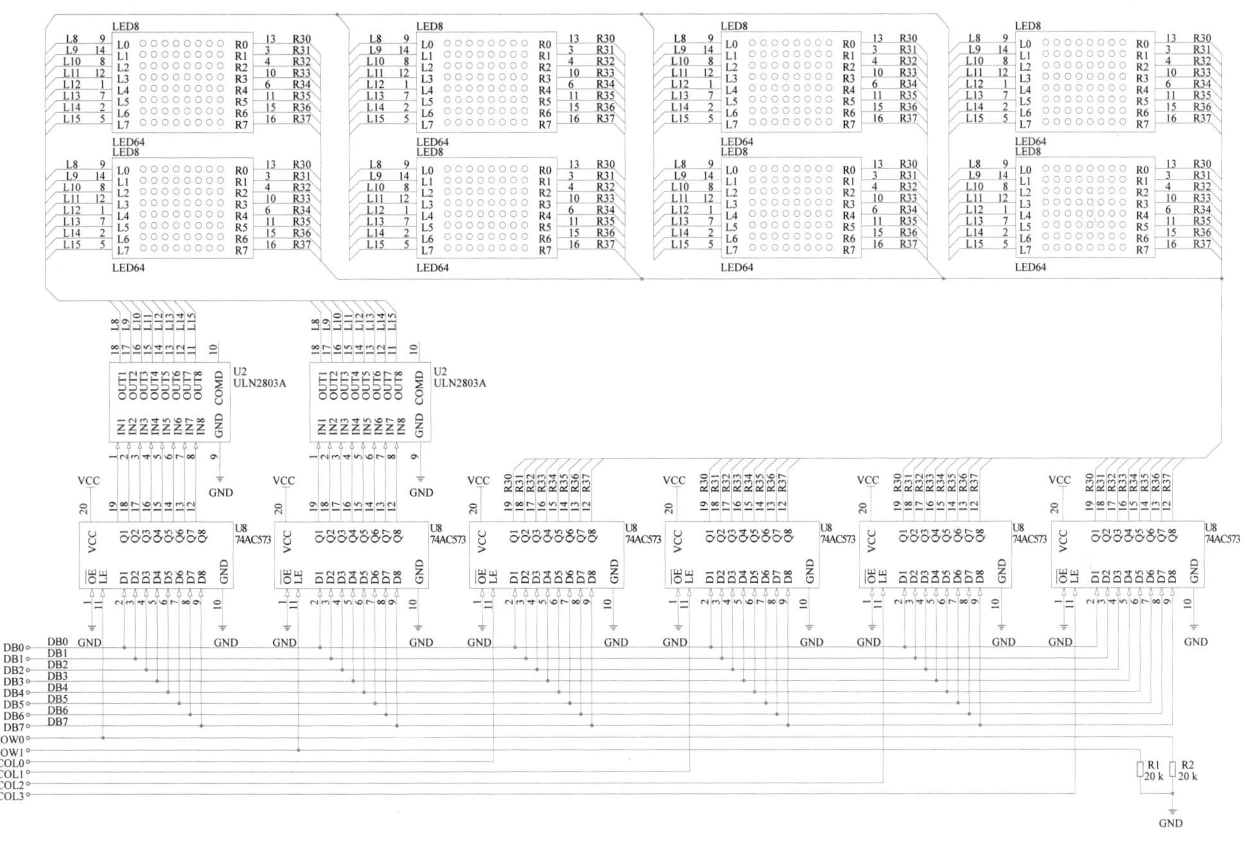

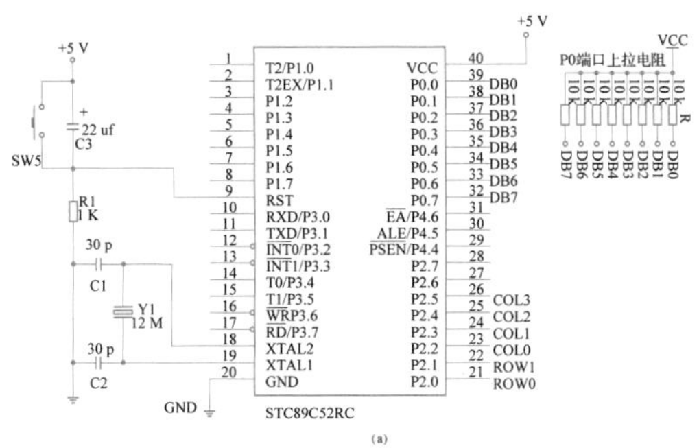

图 5-3-1　用单片机控制 32×16 点阵显示字符

(a) 硬件仿真电路原理图

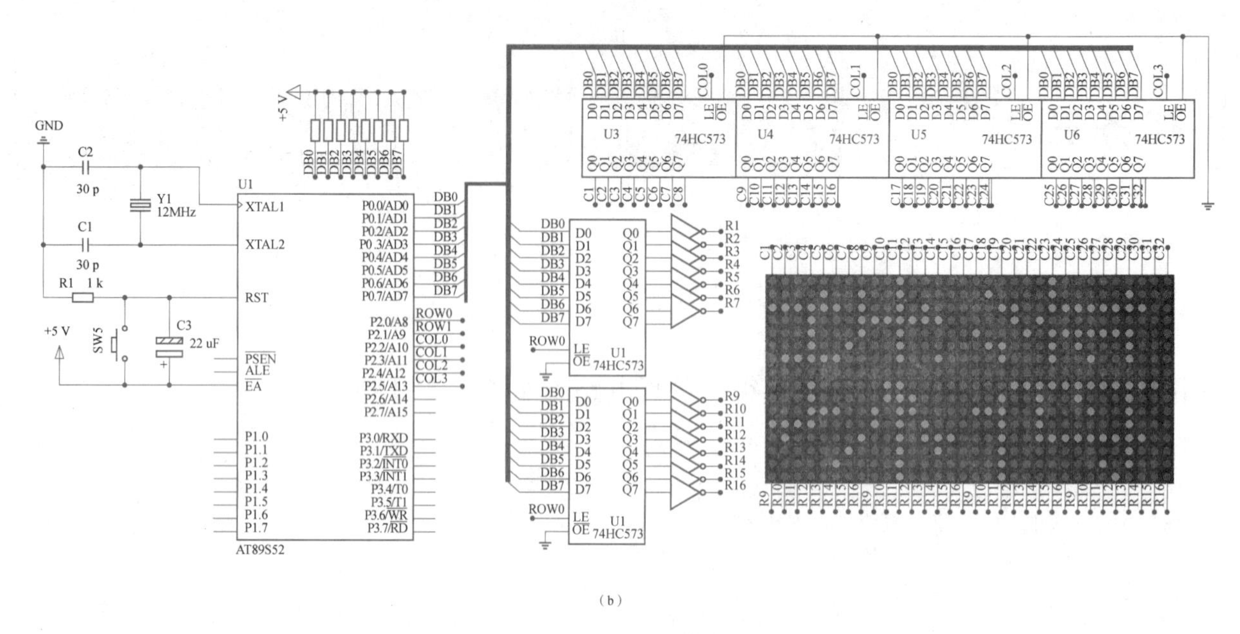

(b)

图 5-3-1　单片机控制 32×16 点阵显示字符(续)

(b) Proteus 仿真电路图

二、任务分析

如图 5-3-1 所示，电路由 8 个 8×8 共阴极点阵构成。数字锁存器(74HC573) U1、U2 分别锁存上半屏和下半屏数据，并由反相器缓冲驱动，U3 ~ U6 锁存列数据并直接驱动 LED 的显示。

三、单片机控制程序

用单片机控制 32×16 点阵显示汉字和数字。参考程序扫描以下二维码。

用单片机控制 32×16 点阵显示汉字和数字的参考程序

单片机控制 32×16 点阵显示汉字和数字的仿真演示

四、应知应会知识链接

1. LED 点阵

在计算机的文本文件中，汉字是以机内码的形式存储的，每个汉字占用 2 个字节长度，计算机根据机内码的值把对应的汉字从字库中提取出来。每个汉字在字库中是以点阵字模的形

式存储的，一般采用 16×16 点阵形式，每个点用一个二进制位表示，存 1 的点在显示时可以在屏上呈现一个亮点，存 0 的点则在屏上不显示，这样就把存某个字的 16×16 点阵字模信息直接用在显示器上，按上述原则显示对应的汉字，如“亚”字的 16×16 点阵字模如图 5-3-2 所示。当用存储单元存储该字模信息时需要 32 个字节地址，图的右边为该字模对应的字节十六进制数值。其规则是：把字分成左、右两部分，第一行的左半部分的 8 位数据占用 1 个字节存储，右半部分的 8 位数据占用 1 个字节存储，依此类推，16 行共使用了 16×2＝32(字节)。

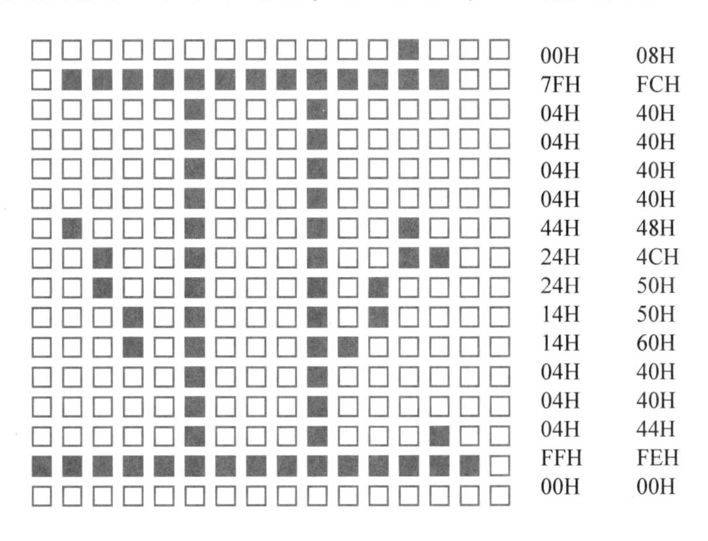

图 5-3-2　“亚”字的 16×16 点阵字模

依据此原理，把需要用到的汉字的字模以表格的形式存储到单片机中，每一行以适当的速度分两次送数据(左半部分和右半部分)，16 行全部送完后，就可显示出一帧汉字。

2. 74AC573 锁存器

74AC573 锁存器和 74HC573 锁存器的控制原理是一样的，即当输入的数据消失时，芯片的输出端数据仍然保持，只是速度和功耗不一样。图 5-3-3 所示为 74HC753 锁存器的引脚排列和真值表。

引脚	序号	序号	引脚
OE	1	20	VCC
D0	2	19	Q0
D1	3	18	Q1
D2	4	17	Q2
D3	5	16	Q3
D4	6	15	Q4
D5	7	14	Q5
D6	8	13	Q6
D7	9	12	Q7
GND	10	11	LE

(a)

输入			输出
OE	LE	D	Q
L	H	H	H
L	H	L	L
L	L	X	保持
H	X	X	Z

X=忽略　　H=高电平
Z=高阻抗　　L=低电平

(b)

图 5-3-3　74HC573 锁存器的引脚排列和真值表

(a)引脚排列；(b)真值表

VCC 接+5V 电源，GND 接地；OE：Output Enable，输出使能；LE：Latch Enable，数据锁存使能，Latch 是"锁存"的意思；Dn：第 n 路数据输入端；Qn：第 n 路数据输出端。

当 OE=1 时，无论 Dn、LE 为何值，输出端均为高阻态；

当 OE=0，LE=1 时，输出端数据等于输入端数据，芯片可以当作不存在，相当于导线；

当 OE=0，LE=0 时，输出端数据保持不变，处于数据锁存状态。

74HC573 锁存器编程基本步骤如下。

(1) OE=0；

(2) 将数据从单片机的端口输出到 74HC573 锁存器的输入端 Dn；

(3) 使 74HC573 锁存器的数据锁存使能端 LE 信号进行 0→1→0 变化；

(4) 需要输出的数据锁存在输出端 Qn，输入数据的变化不会影响输出数据。

3. ULN2803A 达林顿晶体管

ULN2803A 是 8 个 NPN 的达林顿晶体管，在 5V 的工作电压下能与 TTL 和 CMOS 电路直接相连，可以直接处理原先需要标准逻辑缓冲器处理的数据；ULN2803A 工作电压高，工作电流大，灌电流可达 500mA，并且能够在关态时承受 50V 的电压，其输出还可以在高负载电流下并行运行。

ULN2803A 的引脚排列和内部结构如图 5-3-4 所示。

1～8 引脚：输入端；11～18 引脚：输出端；9 引脚：地端；10(COM)引脚：电源正极。

当使用 ULN2803A 来驱动继电器时，可以将 COM 引脚接到继电器的 VCC 端口，利用 ULN2803A 内部的反向二极管作保护继电器，消除继电器闭合时产生的感应电压。

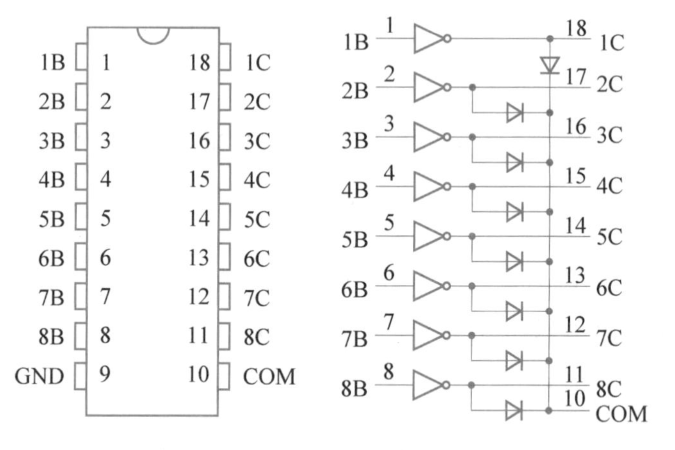

图 5-3-4　ULN2803A 的引脚排列和内部结构

COM 引脚主要有以下两种用途(可悬空)。

(1) 实验用——接地：假如输出端都接 LED，则只要将 COM 引脚接地，则所有 LED 都将点亮，否则可能是 LED 损坏。这对检修是很有利的。

(2) 保护用——接电源正极：假如 ULN2803A 接继电器或针式打印头，因为电感的作用，会在开关过程中产生低于地电位和高于电源电位的反电动势，这样很容易击穿器件。为了防止这种现象的发生，可将 COM 引脚接到电源正极，以削减冲击电压低到二极管压降加电源电压的幅度，从而使内部的三极管受到最小的正电压冲击。

4. 32×16 点阵取模软件及方式

ASCII 数据和汉字数据取模设置界面如图 5-3-5 和图 5-3-6 所示。

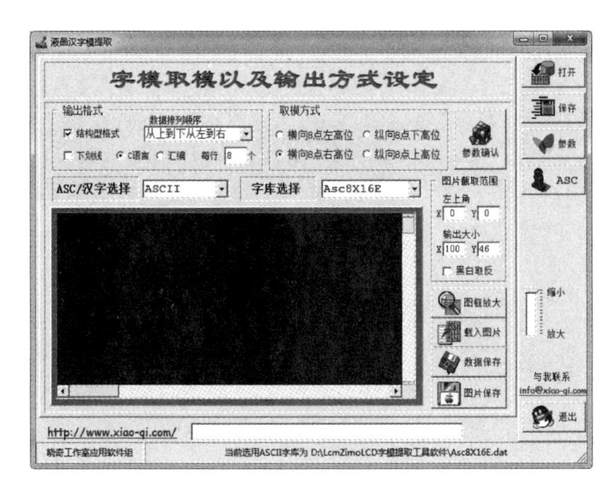

图 5-3-5　32×16 点阵 ASCII 数据取模设置界面

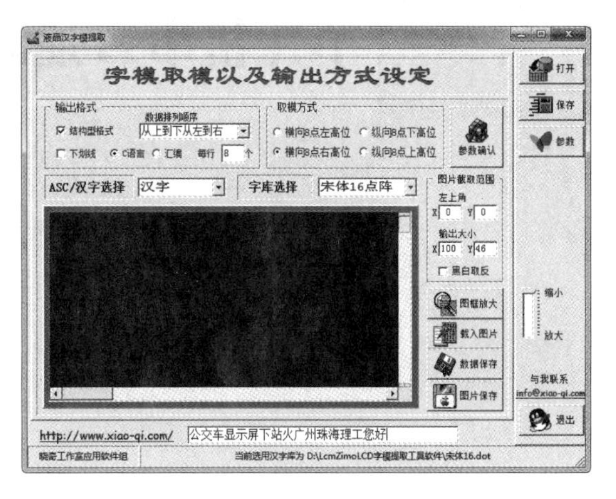

图 5-3-6　32×16 点阵汉字数据取模设置界面

五、动手试一试

(1) 在 32×16 点阵上显示自己的电话号码。

(2) 在 32×16 点阵的中间显示“珠海市理工职业技术学校”。

项目六 单片机串口通信

任务一 单片机与上位机(PC)通信

一、任务书

单片机与上位机(PC)通信，在PC上通过串口调试助手软件对单片机发送和接收数据，仿真电路图如图6-1-1所示。

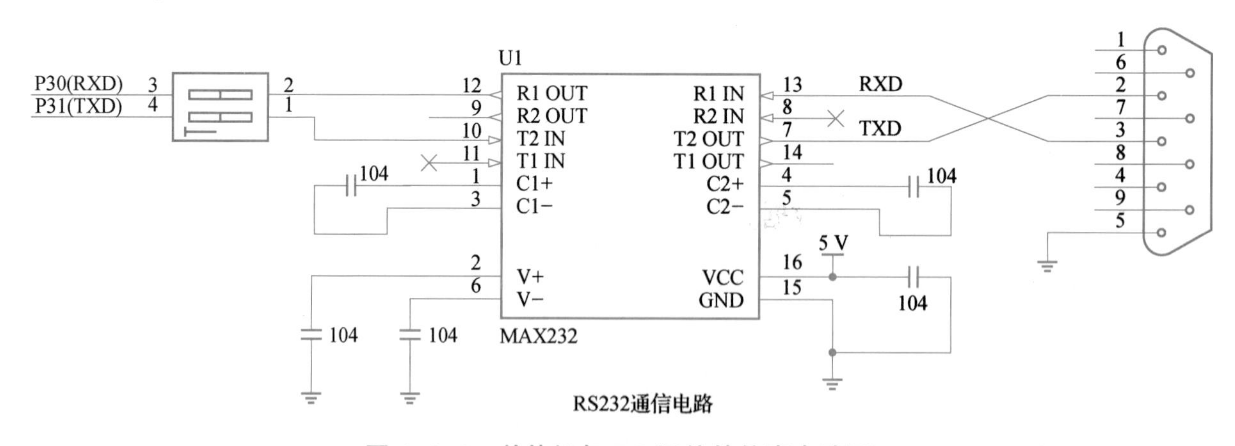

图6-1-1 单片机与PC通信的仿真电路图

二、任务分析

如图6-1-1所示，利用单片机的P3.0、P3.1引脚通过电平转换芯片RS232将数据发送到PC，在PC端利用串口调试助手软件发送一个数据(可以是十六进制数)，单片机接收到数据

后再通过串口返回 PC 中的串口调试助手软件。

三、单片机控制程序

(1)利用查询法，在串口调试助手软件发送数据给单片机后再返回给 PC 的串口调试助手软件，参考程序如下。

```
01  #include<reg51.h>
02  #define uchar unsigned char
03  #define uint unsigned int
04  void main(void)
05  {   uchar date;
06      TMOD = 0x20;        //选择工作方式
07      TL1 = 0xfd;         //波特率为9600bit/s
08      TH1 = 0xfd;
09      SCON = 0x50;
10      PCON = 0x00;
11      TR1 = 1;            //启动定时器 T1
12      while(1)
13      {   while(RI == 0);           //等待接收
14          RI = 0;
15          date = SBUF;              //接收数据保存在 date 中
16          SBUF = date;              //将保存在 date 中的数据向外发送
17          while(TI == 0);           //等待发送
18          TI = 0;
19      }
20  }
```

利用查询法实现串口调试助手软件与单片机通信的仿真演示

【参考程序分析】

13 行：等待 PC 发送过来的数据。

14 行：对接收标志位 RI 清零。

18 行：对发送标志位 TI 清零。

(2)从串口调试助手软件发送字符型格式的“hello，I Love MCU”到单片机中，单片机接受到数据后在 P1 端口上显示出来，然后再发送到串口调试助手软件的接收区。参考程序如下。

```
01  /*************************************************************
02  名称:与 PC 串口通信演示程序
03  作者: 张三
04  时间:2013-04-10
05  单位:珠海市理工职业技术学校
```

```
06  08 级电子信息应用专业
07  **************************************************************/
08  #include <reg52.h>  //头文件调用,写程序时都要加上
09  #define uint unsigned int  //宏定义,为了后面定义变量书写简便
10  #define uchar unsigned char
11  /******************************************************************
****/
12  /* 名称:主函数*/
13  /* 内容:打开串口调试助手软件,将波特率设置为9600,无奇偶校验*/
14  /* 晶振频率为11.0592MHz,发送和接收使用的格式相同,如都使用*/
15  /* 字符型格式,在发送框输入"hello,I Love MCU",在接*/
16  /* 收框中同样可以看到相同字符,说明设置和通信正确*/
17  /**************************************************************/
18  void main (void)
19  {
20      SCON = 0x50;        //SCON: 模式1, 8~bit UART, 使能接收
21      TMOD |=0x20;
22      TH1=0xfd;           //波特率9600bit/s 初始值
23      TL1=0xfd;
24      TR1= 1;
25      EA= 1;              //打开总中断
26      ES= 1;              //打开串口中断
27      while (1){}         //主循环不做任何动作
28  }
29  /**************************************************************/
30  /* 串口中断程序*/
31  /**************************************************************/
32  void UART_SER () interrupt 4
33  {
34      uchar Temp;                 //定义临时变量
35      if(RI) {                    //判断接收中断是否产生
36          RI=0;                   //标志位清零
37          Temp=SBUF;              //读入缓冲区的值
38          P1=Temp;                //把值输出到 P1端口,用于观察
39          SBUF=Temp;              //把接收到的值再发回 PC 端
40      }
41      if(TI)  //如果是发送标志位,则清零
42      TI=0;
43  }
```

串口调试助手软件与单片机互相通信的仿真演示

(3)从串口调试助手软件发送一个十六进制数 0x55 到单片机中，然后单片机会发送"AT89S52"字符到串口调试助手软件的接收区。另外，在单片机上电瞬间，为了测试系统的运

行是否正常，特定闪动一下 LED0。

```
01  #include<reg52.h>//包含52单片机的头文件
02  #define uchar unsigned char
03  #define uint unsigned int
04  sbit LED=P1^0;
05  void delay_ms(unsigned int time)//延时1ms 程序,n 是形参
06  {   uint i,j;
07      for(i=time;i>0;i--)  //i 不断减1,一直到 i>0的条件不成立时为止
08      for(j=112;j>0;j--)  //j 不断减1,一直到 j>0的条件不成立时为止
09      {;}
10  }
11  void uart(void)  //串口初始化函数,晶振频率为11.0592MHZ,波特率为9600bit/s
12  {
13      SCON=0x40;          //选择工作方式1
14      PCON=0x00;          //不选用波特率倍增
15      REN=1;              //允许接收
16      TI=0;               //清零发送标志位
17      RI=0;               //清零接收标志位
18      TMOD=0x20;          //选用定时器 T1的工作方式2
19      TH1=0xfd;           //为定时器 T1高位赋初始值
20      TL1=0xfd;           //为定时器 T1低位赋初始值
21      TR1=1;              //开启定时器 T1
22  }
23  void send(uchar _data) {  //串口发送函数
24      SBUF=_data;  //把数据装进串口缓冲寄存器
25      while(TI==0);  //等待数据发送完成
26      TI=0;  //清发送标志位
27  }
28  uchar incept(void) {  //串口接收函数
29      uchar uart_data;
30      while(RI==0);  //等待接收数据
31      RI=0;  //清接收标志位
32      uart_data=SBUF;  //读取串口缓冲寄存器的数据
33      return uart_data;  //返回从串口接收到的数据
34  }
35  void main(void) {
36      uchar i;
37      uchar ch[9]={'A' ,'T' ,'8' ,'9' ,'S' ,'5' ,'2' ,0x0d,0x0a,};  //0x0d,
0x0a 为回车换行的 ASCII 代码
38      LED=0;  //为了测试电路系统是否正常,在电路上电瞬间闪一下 LED0
39      delay_ms(500);
```

串口调试助手软件发送0x55，单片机返回“AT89S52”的仿真演示

```
40      LED=1;
41      uart();  //初始化串口
42      while(1)
43      {  if(incept()==0x55)  //判断从串口接收到的数据是否为0x55
44         {  for(i=0;i<9;i++)
45              {send(ch[i]);}  //利用串口发送数组 ch 的9个元素
46              delay_ms(1000);  //延时1s
47         }
48      }
49  }
```

【参考程序分析】

在下面的发送函数中，首先利用函数调用把要发送的数据传递过来，然后把数据装进串口缓冲寄存器SBUF，在数据没有发送完毕之前TI值为“0”，但是当数据发送完之后TI值就会置“1”，因此可以利用while循环语句等待数据是否发送完成，最后再把TI清零，准备下次的数据发送即可。

```
01  void send(uchar _data) {  //串口发送函数
02      SBUF=_data;  //把数据装进串口缓冲寄存器
03      while(TI==0);  //等待数据发送完成
04      TI=0;  //清零发送标志位
05  }
```

在接收方面可以用同样的方法利用while循环语句等待数据的接收完成，当没有接收到一帧数据时RI值为“0”，假如RI值被置“1”，就可以读取串口缓冲寄存器SBUF的内容，最后利用return语句把接收到的数据返回即可。在接收完数据后同样要把RI清零以便下次接收数据。

```
01  uchar incept(void) {           //串口接收函数
02      uchar uart_data;
03      while(RI==0);              //等待接收数据
04      RI=0;                      //清零接收标志位
05      uart_data=SBUF;            //读取串口缓冲寄存器的数据
06      return uart_data;          //返回从串口接收的数据
07  }
```

(4)利用此实验来学习单片机的串行中断，在主程序中不断通过延时100ms去闪亮LED0，从串口调试助手软件的发送区输入两个数(设为AA和55)，直接单击“手工发送”按钮，以十六进制的形式发送到单片机中，当接收到数据时立即进入中断程序，把数据发送到串口调试助手软件的接收区。参考程序如下。

```
01 #include<reg52.h>//包含52单片机的头文件
02 #include<intrins.h>//_nop_()函数头文件
03 #define uchar unsigned char
04 #define uint unsigned int
05 sbit LED=P1^0;
06 void delay_ms(unsigned int time){//延时1ms 程序,n 是形参
07     uint i,j;
08     for(i=time;i>0;i--)//i 不断减1,一直到 i>0的条件不成立时为止
09         for(j=112;j>0;j--)//j 不断减1,一直到 j>0的条件不成立时为止
10         {;}
11 }
12 void uart(void) {  //串口初始化函数,晶振频率为11.0592MHZ,波特率为9600bit/s
13     SCON=0x41;  //选择工作方式1,允许接收中断(SCON=0x40也可以)
14     PCON=0x00;  //不选用波特率倍增
15     REN=1;  //允许接收
16     RI=0;  //清零接收标志位
17     TI=0;  //清零发送标志位
18     ES=1;  //允许串口中断
19     EA=1;  //允许总中断
20     TMOD=0x20;  //选用定时器 T1的工作方式2
21     TH1=0xfd;  //为定时器 T1高位赋初始值
22     TL1=0xfd;  //为定时器 T1低位赋初始值
23     TR1=1;  //开启定时器 T1
24 }
25 void main(void){
26     uart();  //串口初始化
27     while(1){
28         LED=~LED;  //不断取反 LED,从而将其点亮
29         delay_ms(100);  //延时100ms
30     }
31 }
32 void uart_int(void) interrupt 4  //串行中断函数
33 {  uchar _data;  //声明一个字符变量
34     RI=0;  //清零接收标志位
35     ES=0;  //禁止串口中断
36     _data=SBUF;  //读取串口缓冲寄存器的数据
37     _nop_();  //空函数,可用于精确延时,11.0592MHz 晶振可延时0.00000109s
38     _nop_();  //因为是库函数,所以应包含 intrins.h 头文件
39     _nop_();
40     SBUF=_data;  //把接收到的数据再次发送出去
41     while(TI==0);  //等待发送完成
42     TI=0;  //清零发送标志位
43     ES=1;  //允许串口中断
44 }
```

利用中断法实现串口调试助手与单片机互相通信的仿真演示

四、应知应会知识链接

1. 串行通信的标准接口

标准串行通信的逻辑电平对地是对称的，与 TTL、CMOS 逻辑电平完全不同。逻辑“0”电平规定为+5～+15V，逻辑“1”电平规定为-15～-5V 之间，因此，标准串行通信接口与 TTL 电平连接必须经过电平的转换。目前比较常用的方法是直接选用 RS232 芯片。

如图 6-1-2 所示，电容 C_1，C_2，C_3，C_4 及 V_+，V_-是电源变换电路部分。在实际应用中，器件对电源噪声很敏感，因此 V_{CC}必须要对地加去耦电容 C_5，其值为 0.1μF。电容 C_1，C_2，C_3，C_4 应取 1.0μF/16V 的电解电容，经验表明这 4 个电容都可以选用 0.1μF 的非极性瓷片电容代替 1.0μF/16V 的电解电容，在具体设计电路时，这 4 个电容要尽量靠近 MAX232 芯片，以提高抗干扰能力。

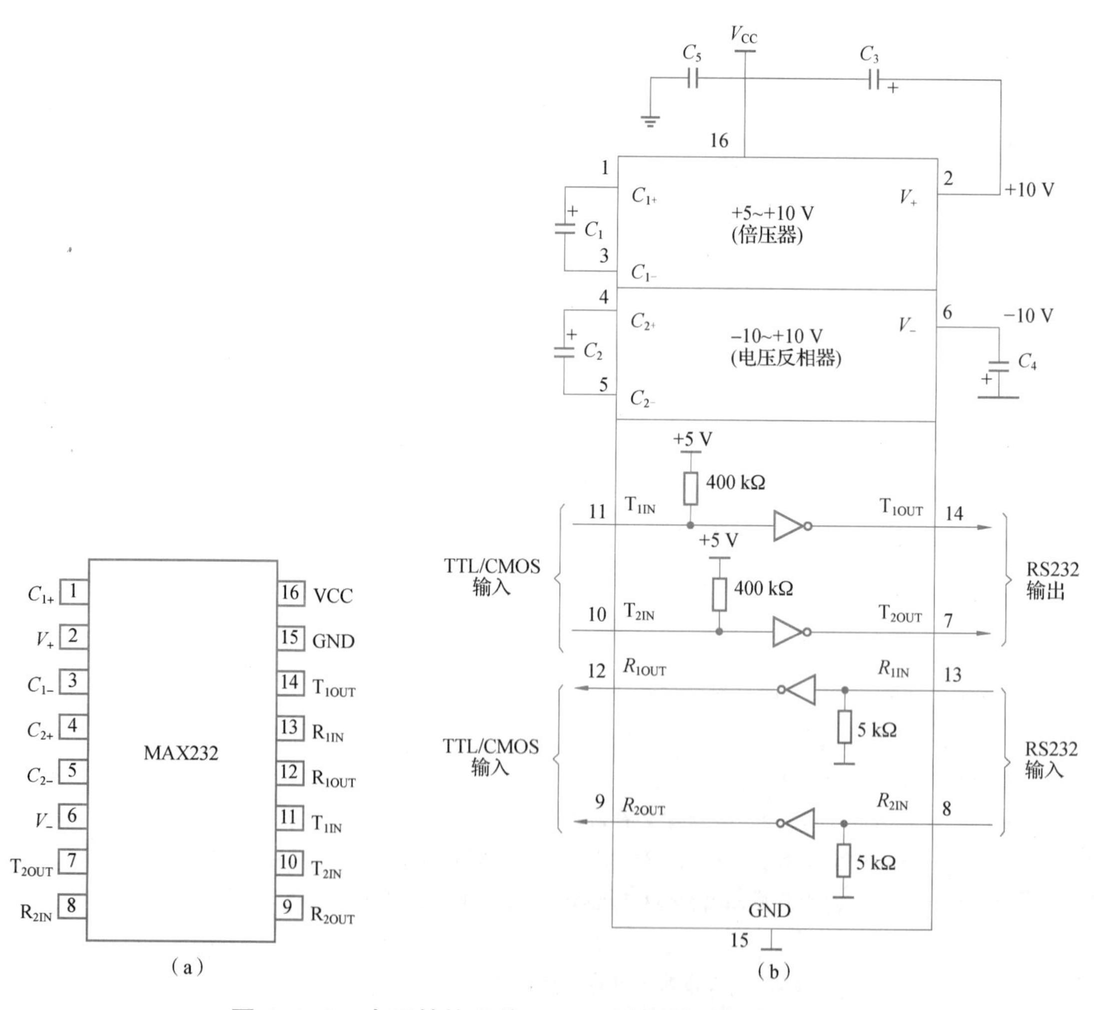

图 6-1-2　电平转换芯片 RS232 引脚排列和电路结构

(a)引脚排列；(b)电路结构

T_{1IN}，T_{2IN}可直接连接 TTL/CMOS 电平的 51 单片机串口发送端 TXD；R_{1OUT}，R_{2OUT}可直接连接 TTL/CMOS 电平的 51 单片机串口接收端 RXD；T_{1OUT}，T_{2OUT}可直接连接 PC 的 RS232 串口接收端 RXD；R_{1IN}，R_{2IN}可直接连接 PC 的 RS232 串口发送端 TXD。

可以从 MAX232 中两路发送、接收中任选一路作为接口。要注意其发送、接收的引脚要对应。如使 T_{IN}连接单片机的发送端 TXD，则 PC 的 RS232 接收端 RXD 一定要对应接 T_{1OUT}引脚。同时，R_{1OUT}连接单片机的 RXD 引脚，PC 的 RS232 发送端 TXD 对应接 R_{1IN}引脚。

2. 单片机串口内部结构

如图 6-1-3 所示，共有两个串口缓冲寄存器(SBUF)，一个是发送寄存器，一个是接收寄存器，以便单片机可以进行双向通信。串行发送时，从片内总线向发送寄存器写入数据；串行接收时，从接收寄存器向片内总线读出数据。它们都是可寻址的寄存器，但因为发送与接收不能同时进行，所以给这两个寄存器赋以同一地址 0x99。

控制单片机进行串口通信的寄存器只有两个——SCON 与 PCON，其中关于中断的控制则存放在 IE 寄存器中，下面对这两个寄存器进行讨论。

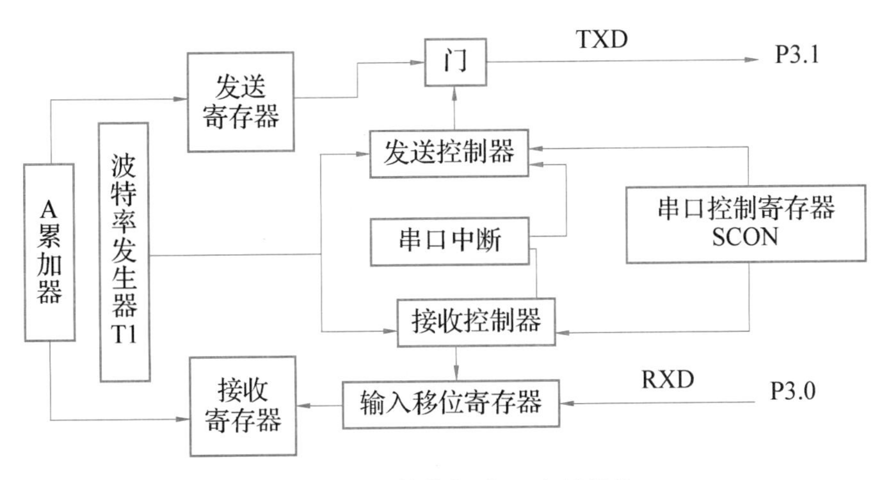

图 6-1-3　单片机串口内部结构

(1)串口控制寄存器 SCON，地址为(98)H，其中位地址为(98)H～(9F)H，如表 6-1-1 所示。

表 6-1-1　串口控制寄存器 SCON

位地址	(9F)H	(9E)H	(9D)H	(9C)H	(9B)H	(9A)H	(99)H	(98)H
位名称	SM0	SM1	SM2	REN	TB8	RB8	TI	RI

SM0，SM1 为串口工作方式选择位，其功能如表 6-1-2 所示。

表 6-1-2　串口工作方式选择位的功能

SM0	SM1	方　式	功能说明
0	0	0	同步移位寄存器方式(通常用于扩展 I/O 端口)
0	1	1	10 位异步收发(8 位数据)，波特率可变(由定时器 T1 的溢出率控制)
1	0	2	11 位异步收发(9 位数据)，波特率固定
1	1	3	11 位异步收发(9 位数据)，波特率可变(由定时器 T1 的溢出率控制)

SM2 为多机通信控制位，其说明如下。

若 SM2=0，则接收到的第 9 位数据(RB8)无论是“0”还是“1”，都将接收到的数据装入 SBUF，在接收完数据后，产生中断请求，RI 置位。

若 SM2=1，则只有接收到的第 9 位数据(RB8)为“1”时，才将接收到的数据装入 SBUF，在接收完数据后，产生中断请求，RI 置位。若接收到的第 9 位数据(RB8)为“0”，则丢弃接收到的前 8 位数据，且不产生中断请求。

REN 为允许接收控制位，其说明如下。

REN=1，允许接收数据。

REN=0，禁止接收数据。

TB8 是发送的第 9 位数据。当工作在工作方式 2 和工作方式 3 时，TB8 的内容是要发送的第 9 位数据，其值由程序员通过软件设置。在双机通信时，TB8 一般作为奇偶校验位使用，在多机通信中，常以 TB8 位的状态表示主机发送的是地址帧还是数据帧。

RB8 是接收到的第 9 位数据，当工作在工作方式 2 和工作方式 3 时，接收到的第 9 位数据存放在 TB8 中，它可能是约定的奇偶校验位，也可能是地址或数据的标志位。在工作方式 1 中，RB8 存放的是接收到停止位。而在工作方式 0 中，该位未用。

TI 是发送中断标志位。当发送完一帧数据后，该位由单片机自动置“1”，其状态位可供软件查询使用，也可作为中断的请求信号。TI 必须由软件清零。

RI 是接收中断标志位。当接收完一帧数据后，该位由单片机自动置“1”，其状态位可供软件查询使用，也可作为中断的请求信号。同样，RI 也必须由软件清零。

关于 TI 和 RI：发送中断标志位 TI 和接收中断标志位 RI 是同一个中断源，CPU 事先不知道是发送中断标志位 TI 还是接收中断标志位 RI 产生的中断请求，因此，在全双工通信时，必须由软件来判别。

(2)电源控制寄存器 PCON，地址为 0x87，不能位寻址，如表 6-1-3 所示。

表 6-1-3　电源控制寄存器

位号	D7	D6	D5	D4	D3	D2	D1	D0
位符号	SMOD	–	–	–	–	–	–	–

在电源控制寄存器 PCON 中，与串口工作有关的仅有它的最高位 SMOD，SMOD 称为串口的波特率倍增位。要注意：在程序中不能将 D0~D6 置“1”，否则会出现无法预计的后果。

对串口的波特率倍增位 SMOD，SMOD=1 时波特率加倍，当单片机复位后，SMOD=0。

(3)中断允许控制寄存器 IE 如表 6-1-4 所示。

表 6-1-4　中断允许控制寄存器

位地址	(AF)H	(AE)H	(AD)H	(AC)H	(AB)H	(AA)H	(A9)H	(A8)H
位名称	EA	—	—	ES	ET1	EX1	ET0	EX0

①中断允许总控制位 EA。

EA=0，关闭总中断。

EA=1，启动总中断。

②串口中断允许控制位 ES。

ES=0，关闭串口中断。

ES=1，启动串口中断。

3. MCS-51 单片机串口的工作方式

MCS-51 单片机的全双工串口可编程为 4 种工作方式，下面分别介绍。

1)工作方式 0

工作方式 0 为移位寄存器 I/O 方式，也称为同步方式。可外接移位寄存器以扩展 I/O 端口，也可以外接同步 I/O 设备。8 位串行数据从 RXD 输入或输出，TXD 用来输出同步脉冲。

工作方式 0 不适用于两个 89C52 之间的数据通信，可以通过外接移位寄存器来实现单片机的端口扩展。

(1)数据发送：串行数据从 RXD 引脚输出，TXD 引脚输出移位脉冲。CPU 将数据写入发送寄存器时，立即启动发送，将 8 位数据以 Fosc/12 的固定波特率从 RXD 输出，低位在前，高位在后，无起始位、奇偶校验位及停止位。发送完一帧数据后，发送中断标志位 TI 由硬件置位。

(2)数据接收：当串口以工作方式 0 接收数据时，首先置位允许接收控制位 REN。此时，RXD 为串口数据输入端，TXD 仍为同步脉冲移位脉冲输出端。当 RI=0 和 REN=1 同时满足时，开始接收数据。当接收到第 8 位数据时，将数据移入接收寄存器，并由硬件置位 RI。

2)工作方式 1

工作方式 1 为波特率可变的 10 位异步通信接口方式，是标准的异步通信方式。发送或接收一帧信息，包括 1 个起始位 0、8 个数据位和 1 个停止位 1(通常单片机与单片机串口通信、单片机与 PC 串口通信、PC 与 PC 串口通信，基本上都选择工作方式 1)。

(1)数据发送：当 CPU 执行一条指令将数据写入发送缓冲寄存器 SBUF 时，就启动发送。串行数据从 TXD 引脚输出，发送完一帧数据后，由硬件置位 TI。

(2)数据接收：在 REN=1 时，串口采样 RXD 引脚，当采样到有 1 至 0 的跳变时，确认是开始位 0，就开始接收一帧数据。只有当 RI=0 且停止位为 1 或者 SM2=0 时，停止位在 RB8，8 位数据才能进入接收寄存器，并由硬件置位接收中断标志位 RI；否则，信息丢失。因此，在工作方式 1 下接收数据时，应先用软件对 RI 和 SM2 清零。

3)工作方式 2

工作方式 2 为固定波特率的 11 位 UART 方式。它比工作方式 1 增加了一位可编程为“1”或“0”的第 9 位数据。

(1)数据发送：发送的串行数据由 TXD 端输出，一帧信息为 11 位，附加的第 9 位来自 SCON 的 TB8 位，先用软件置位或复位(TB8)。它可作为多机通信中地址/数据信息的标志位，也可作为数据的奇偶校验位。发送数据(D0～D7)时，CPU 执行一条数据写入 SBUF 的指令，而 D8 位(TB8)的内容则由硬件电路从 TB8 中直接送到发送移位寄存器的第 9 位，并以此启动发送器发送。发送一帧信息后，置位发送中断标志位 TI。

(2)数据接收：在 REN=1 时，串口采样 RXD 引脚，当采样到有 1 至 0 的跳变时，确认是开始位 0，就开始接收一帧数据。在接收到附加的第 9 位数据后，只有在 RI=0 或者 SM2=0 时，第 9 位数据才进入 RB8，8 位数据才能进入接收寄存器，并由硬件置位接收中断标志位 RI；否则，信息丢失，且不置位 RI。再过一位的时间后，不管上述条件是否满足，接收电路即行复位，并重新检测 RXD 上从 1 至 0 的跳变。

4)工作方式 3

工作方式 3 为波特率可变的 11 位 UART 方式。除波特率外，其余与方式 2 相同。

4. 串口的波特率选择

在串口通信中，收发双方的数据传送速率即波特率有一定的约定。在 MCS-51 单片机串口的 4 种工作方式中，工作方式 0 和工作方式 2 的波特率是固定的，而工作方式 1 和工作方式 3 的波特率是可变的，由定时器 T1 的溢出率控制。

1)工作方式 0

工作方式 0 的波特率固定为晶振频率(Fosc)的 1/12。

2)工作方式 2

工作方式 2 的波特率由 PCON 中的选择位 PCON.7 即 SMOD 来决定，可由下式表示：

$$波特率 = 2SMOD \times Fosc / 64$$

也就是当 SMOD=1 时，波特率为 Fosc/32，当 SMOD=0 时，波特率为 Fosc/64。

3)工作方式 1 和工作方式 3

定时器 T1 作为波特率发生器，其波特率计算公式如下：

$$波特率 = 2SMOD \times 定时器\ T1\ 溢出率/32$$

$$T1\ 溢出率 = T1\ 计数率/产生溢出所需的周期数$$

式中 T1 计数率取决于它工作在定时器状态还是计数器状态。当工作于定时器状态时，T1 计数率为 Fosc/12；当工作于计数器状态时，T1 计数率为外部输入频率，此输入频率应小于 Fosc/24。产生溢出所需周期与定时器 T1 的工作方式、定时器 T1 的预置值有关。

定时器 T1 工作于工作方式 0：溢出所需周期数 = 8192 − X。

定时器 T1 工作于工作方式 1：溢出所需周期数 = 65536 − X。

定时器 T1 工作于工作方式 2：溢出所需周期数 = 256 − X。

工作方式 0 和工作方式 2 的波特率是固定的，工作方式 1 和工作方式 3 的波特率是由定时器 T1 的溢出率来决定的。在增强型单片机中，也可以使用定时器 T2 作为波特率发生器。因为工作方式 2 为自动重装入初始值的 8 位定时/计数器模式，所以用它来作为波特率发生器最合适。

串口方式 1 定时器 T1 工作方式 2 产生常用波特率，TL1 和 TH1 所装入的值如表 6-1-5 所示。

表 6-1-5　常用波特率初始值

波特率 /(bit·s^{-1})	晶振频率 /MHz	初始值		误差 /%	晶振频率 /MHz	初始值		误差(12MHz 晶振频率)/%	
		SMOD=0	SMOD=1			SMOD=0	SMOD=1	SMOD=0	SMOD=1
300	11.059 2	0xA0	0x40	0	12	0x98	0x30	0.16	0.16
600	11.059 2	0xD0	0xA0	0	12	oxCC	0x98	0.16	0.16
1 200	11.059 2	0xE8	0xD0	0	12	0xE6	oxCC	0.16	0.16
1 800	11.059 2	0xF0	0xE0	0	12	0xEF	0xDD	2.12	−0.79
2 400	11.059 2	0xF4	0xE8	0	12	0xF3	0xE6	0.16	0.16
3 600	11.059 2	0xF8	0xF0	0	12	0xF7	0xEF	−3.55	2.12
4 800	11.059 2	0xFA	0xF4	0	12	0xF9	0xF3	−6.99	0.16
7 200	11.059 2	0xFC	0xF8	0	12	0xFC	0xF7	8.51	−3.55
9 600	11.059 2	0xFD	0xFA	0	12	0xFD	0xF9	8.51	−6.99
14 400	11.059 2	0xFE	0xFC	0	12	0xFE	0xFC	8.51	8.51
19 200	11.059 2	—	0xFD	0	12	—	0xFD	—	8.51
28 800	11.059 2	0xFF	0xFE	0	12	0xFF	0xFE	8.51	8.51

设置产生波特率的定时器 T1、串口控制和中断控制的具体步骤如下。

(1)确定 T1 的工作方式(设置 TMOD)；

(2)计算 T1 的初始值，装载 TH1、TL1；

(3)启动 T1(编程 TCON 中的 TR1 位)；

(4)确定串口工作方式(编程 SCON)；

(5)串口工作在中断时，要进行中断设置(编程 IE、IP)。

五、动手试一试

(1)编写一个程序，将其工程命名为“cyc”，将波特率设置为 9 600bit/s，利用单片机的串口每300ms对串口调试助手软件发送0x55、0xaa的数据，不断地循环。

程序的设计思路如下。

①包含相应的头文件。

②参考前面的实验，初始化串口。

③利用查询的方式定义一个串口发送函数。

④编写一个延时函数。

⑤在主程序中可以利用while循环语句每300ms调用一次上面的发送函数，从而将数据发送到串口调试助手软件的接收区。

(2)编写一个程序，将其工程命名为“sen_inc”，将波特率设置为9 600bit/s，利用串口调试助手软件发送一个数据到单片机中，当单片机接收到数据之后马上发送到串口调试助手软件的接收区。

程序的设计思路如下。

①包含相应的头文件。

②参考前面的实验，初始化串口。

③利用查询的方式定义一个串口发送函数和接收函数。

④在主程序中可以利用while循环语句不断调用接收函数，当发现接收到数据之后马上将数据通过发送函数发送到串口调试助手软件的接收区。

任务二 单片机双机通信

一、任务书

用两个单片机互相通信，控制LED和数码管的显示，TTL电平通信接口电路示意如图6-2-1所示。

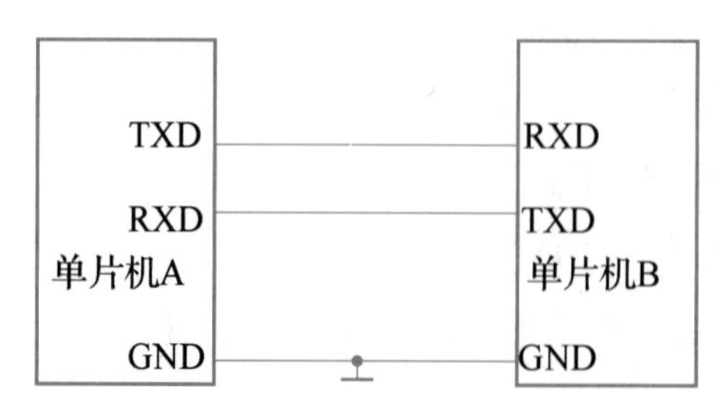

图6-2-1 TTL电平通信接口电路示意

二、任务分析

单片机双机通信有短距离通信和长距离通信之分，1m 之内的通信称为短距离通信，1 000m 左右的通信称为长距离通信。若要进行更长距离的通信，如几千米，就需要借助其他无线设备方可实现。通常单片机通信有以下 4 种实现方式：TTL 电平通信(双机串口直接互连)、RS232C 通信、RS442A 通信、RS485 通信。不同的实现方式各有自己的特点。

进行 TTL 电平通信时，直接将单片机 A 的 TXD 端口接单片机 B 的 RXD 端口，单片机 A 的 RXD 端口接单片机 B 的 TXD 端口。需要强调的是，两个单片机必须共地，即把它们的系统电源地线连接在一起。因为数据在传输时必须有一个回路，进一步讲，单片机 A 的高电平相对于系统 A 有一个固定电压值，单片机 B 的高电平相对于系统 B 由有一个固定电压值，若两个系统不共地，单片机 A 的高电平相对于系统 B 的地来说电压值不确定，同样，单片机 B 的高电平相对于系统 A 的地来说电压值也不确定，只有在共地线的情况下，它们的高、低电平才可以统一地被系统识别。

三、单片机控制程序

用两台单片机进行串口通信，甲机的 P1 端口接 8 个按钮开关，乙机的 P1 端口接 8 个 LED。用甲机 P1 端口的 8 个按钮开关控制乙机 P1 端口所接的 8 个 LED 的亮灭(按下的按钮对应的 LED 点亮)，不用通信协议的发送和接收程序(工作方式 1)的参考程序如下。

甲机参考程序：

```
01  #include<reg51.h>
02  main()
03  {  TMOD=0x20;
04     TH1=0xfd;  //设置通信波特率为9600bit/s
05     TL1=0xfd;
06     SCON=0x50;
07     PCON=0x00;
08     TR1=1;  //启动定时器 T1
09     while(1)
10     {  SBUF=P1;     //将 P1端口电平发送到 SBUF
11        while(!TI); //等待发送完毕
12        TI=0;
13     }
14  }
```

甲机通过串口通信发送按钮信号给乙机显示的仿真演示

乙机参考程序：

```
01  #include<reg51.h>
02  main()
03  {   TMOD=0x20;
04      TH1=0xfd;
05      TL1=0xfd;
06      SCON=0x50;
07      PCON=0x00;
08      TR1=1;
09      while(1)
10      {   while(!RI);      //等待接收
11          P1=SBUF;         //接收甲机发送过来的数据
12          RI=0;
13      }
14  }
```

【参考程序分析】

运行时最好使乙机先复位，再运行甲机的程序，以便可靠通信。为此也可以在甲机程序的开头加一段短延时程序。

任务三 MCGS 组态软件与 51 单片机 Modbus-RTU 通信应用

一、任务书

本任务利用 Modbus-RTU 协议 01 功能码(0x01)进行 MCGS 组态软件与 51 单片机通信测试，MCGS 组态软件与 51 单片机 Modbus-RTU 通信系统框图如图 6-3-1 所示，单片机为从机，MCGS 组态软件为主机(或称为上位机)。利用 01 功能码(读取线圈状态)读取从站(单片机)连接在 P1 端口上的 LED 的状态，并在 MCGS 组态软件上用指示灯显示读取 LED(线圈)的状态。

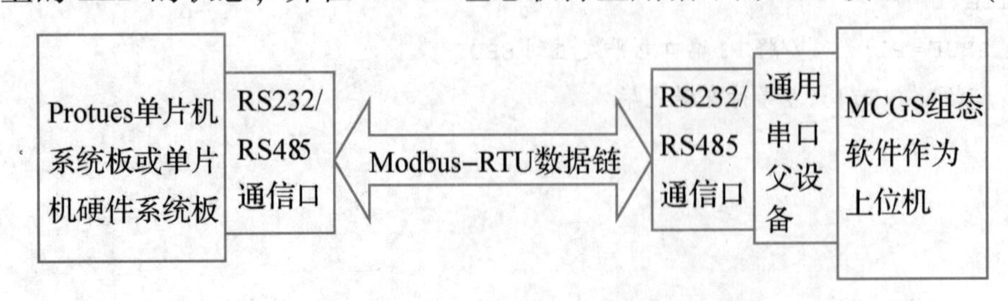

图 6-3-1 MCGS 组态软件与 51 单片机 Modbus-RTU 通信系统框图

二、任务分析

Modbus 协议是应用于电子控制器上的一种通用语言。通过此协议，控制器相互之间、控制器经由网络(例如以太网)和其他设备之间可以通信。它已经成为一通用工业标准，这样可以将不同厂商生产的控制设备连成工业网络，进行集中监控。

本任务利用 Modbus-RTU 协议实现 MCGS 组态软件与 51 单片机通信。

Modbus-RTU 协议最常用的功能码为：01（0x01）、02（0x02）、03（0x03）、04(0x04)、05（0x05）、06（0x06）、07（0x07）、15（0x0F）、16（0x10）。常用功能码的名称和作用如表 6-3-1 所示，其中“线圈”“寄存器”在单片机中可以是“位变量”和“16 位变量”。

表 6-3-1 常用功能码的名称和作用

代码	名称	作用
01	读取线圈状态	取得一组逻辑线圈的当前状态(ON/OFF)
02	读取输入状态	取得一组开关输入的当前状态(ON/OFF)
03	读取保持寄存器	在一个或多个保持寄存器中取得当前的二进制值
04	读取输入寄存器	在一个或多个输入寄存器中取得当前的二进制值
05	强置单线圈	强置一个逻辑线圈的通断状态
06	预置单寄存器	放置一个特定的二进制值到一个单寄存器中
07	读取异常状态	取得 8 个内部线圈的通断状态
15	强置多线圈	强置一串连续逻辑线圈的通断状态
16	预置多寄存器	放置一系列特定的二进制值到一系列多寄存器中
17	报告从机标识	可使主机判断编址从机的类型及该从机运行指示灯的状态

三、单片机控制程序

(1)从站(单片机)接收主站(上位机 MCGS 组态软件)发送的报文，从站(单片机)根据接收到主站(上位机 MCGS 组态软件)输出继电器的地址点亮或熄灭连接在 P1 端口的 LED，利用 01 功能码(读取线圈状态)读取从站(单片机)连接在 P1 端口上的 LED 的状态，并在 MCGS 组态软件上用指示灯显示读取 LED(线圈)的状态，参考程序如下。

“AT89S52_SLAVE_DO. C”程序文件：

```
01  #include<reg52.h>
02  #define BOARD DO//定义板的类型
03  #define PLC_ADDR 1//定义板的地址
04  #include "AT89S52_SLAVE_DEFINE_DO.H"
05  #include "AT89S52_SLAVE_DO.H"
06  void main(void) {
07      Init_Devices();  //设备初始化
08      while(1){
09          Rec_and_Send_Modbus();  //从总线接收命令,返回处理结果
10      }
11  }
```

"AT89S52_SLAVE_DEFINE_DO. H"程序文件：

```
01  #define DI 0
02  #define DO 1
03  #if BOARD == DI
04  #define Port_Init() Port_Init_DI()
05  #elif BOARD == DO
06  #define Port_Init()Port_Init_DO()
07  #endif
08  #if BOARD  ==DI
09  #define Rec_and_Send_Modbus()  Rec_and_Send_Modbus_DI()
10  #elif BOARD  ==DO
11  #define Rec_and_Send_Modbus()  Rec_and_Send_Modbus_DO()
12  #endif
13  #define uchar unsigned char
14  #define uint  unsigned int
15  uchar i,
16      Data_Port[4],             //端口状态缓存区
17      Data_Modbus_Send[20],     //返回数据缓存区
18      Data_Modbus_Rec[20],      //接收命令缓存区
19      CRC16_Hi,
20      CRC16_Lo;
21      uint CRC16;
```

"AT89S52_SLAVE_DO. H"程序文件

单片机 Proteus 仿真电路图如图 6-3-2 所示，设置"COMPIM"与"通用串口父设备 0"参数一致，COM2 <—>COM4。

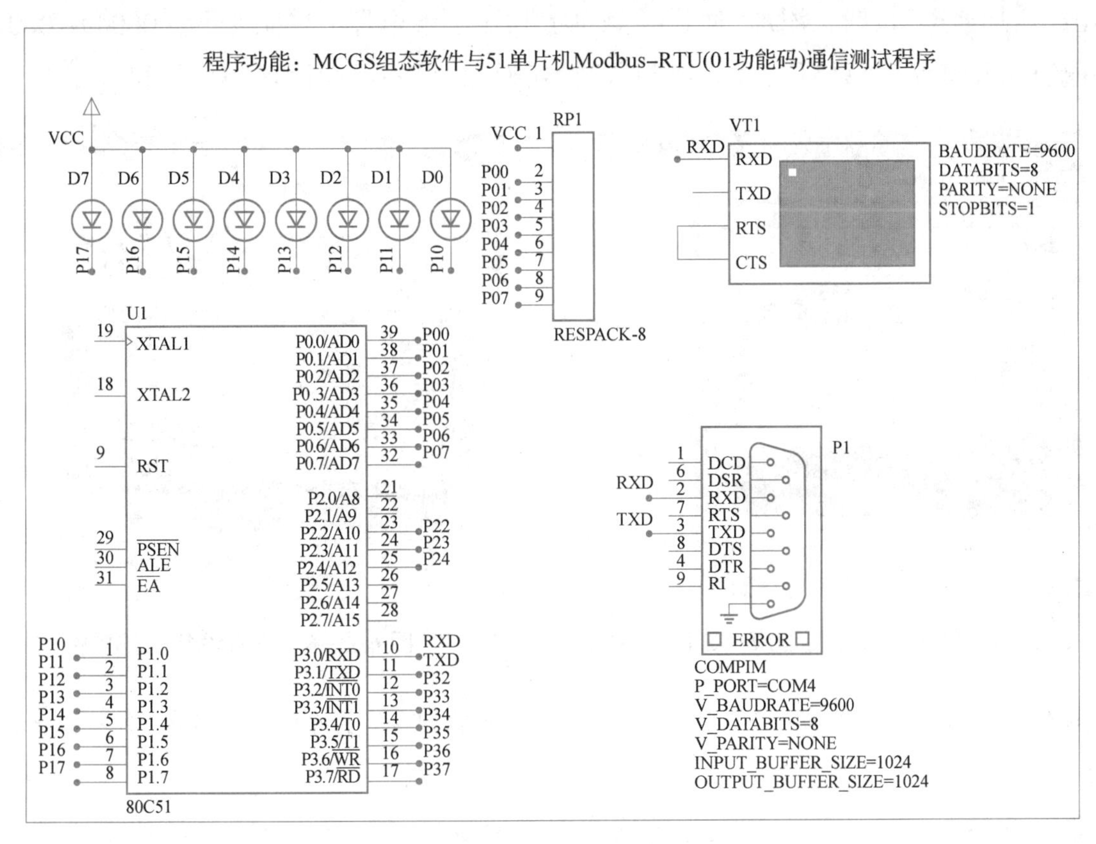

图 6-3-2　单片机 Proteus 仿真电路图

(2) MCGS 组态软件(6.2 通用版)设置及画面组态步骤如下。

如图 6-3-3 所示，打开 MCGS 组态软件，然后单击“设备窗口”图标进行通信的设置。双击“设备窗口”图标，弹出“设备组态”窗口，分别添加“通用串口父设备。”和“莫迪康-RTU”。

如图 6-3-4 所示，双击“通用串口父设备 0”设置通信参数。

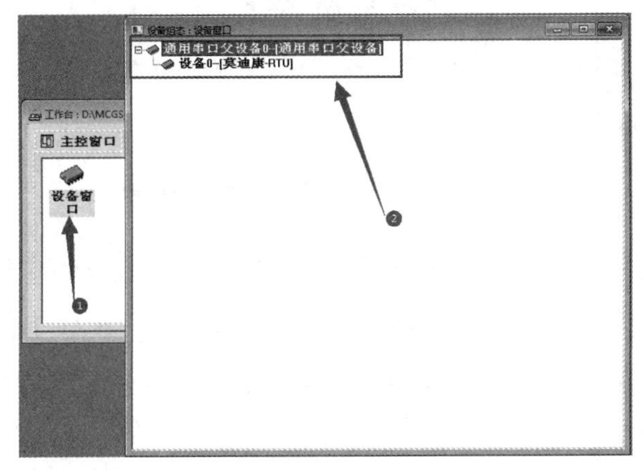

图 6-3-3　添加“通用串口父设备 0”和“莫迪康-RTU”

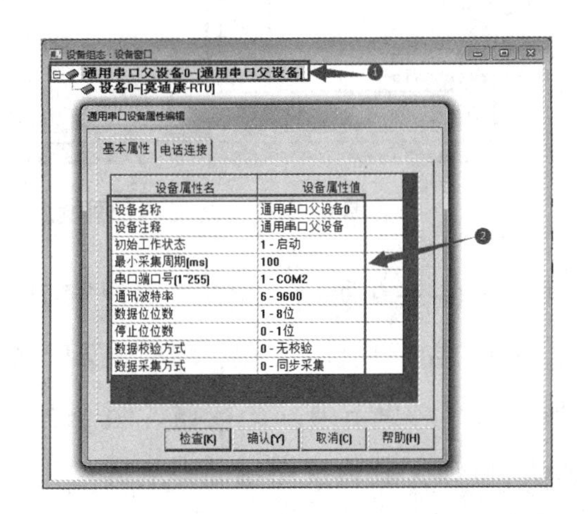

图 6-3-4　设置“通用串口父设备 0”参数

如图 6-3-5 所示，双击“设备 0-[莫迪康-RTU]”设置参数。

如图 6-3-6 所示，进行通道设置，单击“设置设备内部属性”右侧按钮，把默认项全部删除，单击“增加通道”按钮，添加“通道类型”为“0输出继电器”，即地址为00009～00015共8个设备通道，并设置为“只写”，单击“确认”按钮返回“设备属性设置”对话框。

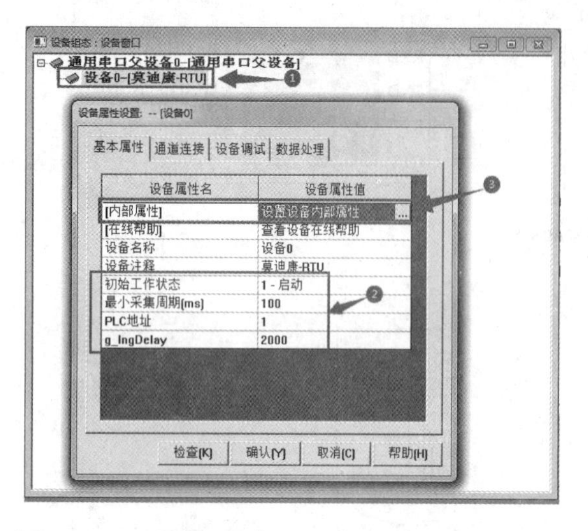
图6-3-5 设置“设备0-[莫迪康-RTU]”参数

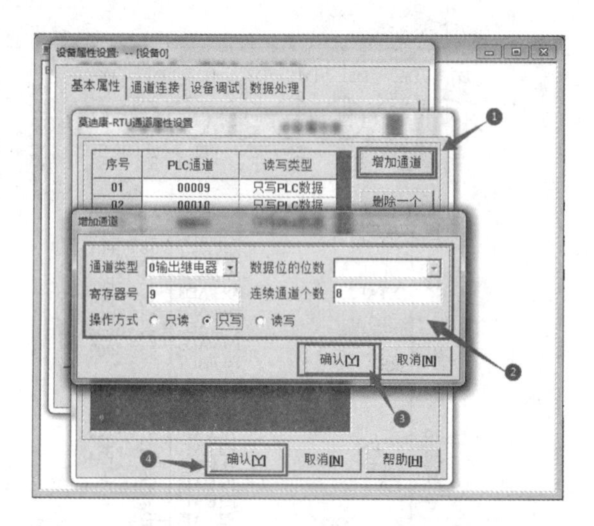
图6-3-6 设置设备内部属性

如图6-3-7所示，在实时数据库中，单击“新增对象”按钮，新建内部变量output08～output15。

如图6-3-8所示，将实时数据库中的内部变量output08～output15与莫迪康通道的00009和00016一一对应连接，然后单击“确认”按钮即可。

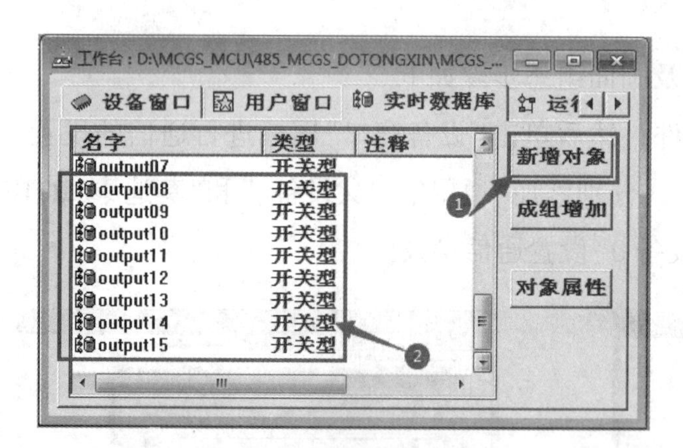
图6-3-7 新建内部变量

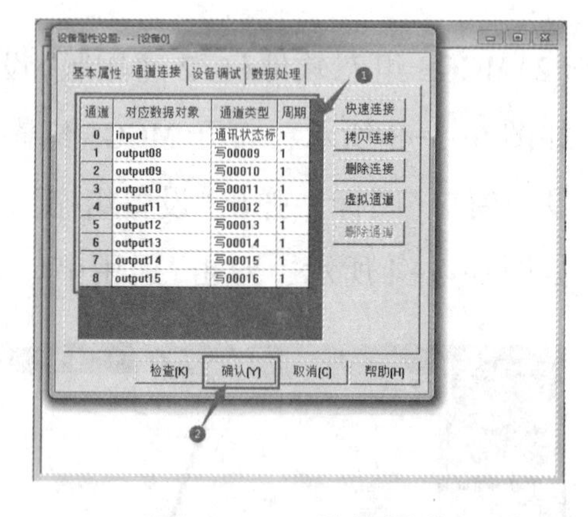
图6-3-8 连接通道

如图6-3-9所示，单击“用户窗口”选项卡，再单击“新建窗口”按钮，新建一个“窗口1”，单击“窗口属性”按钮，设置“窗口名称”为“MCGS_MCU_DO”，双击“MCGS_MCU_DO”进行画面制作。单击第一个按钮，组态其“按钮输入”和“可见度”变量都为output08，然后单击“确认”按钮。其他按钮用同样的方法设置和组态。

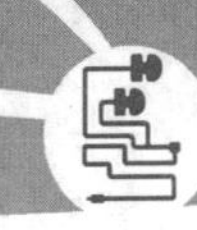

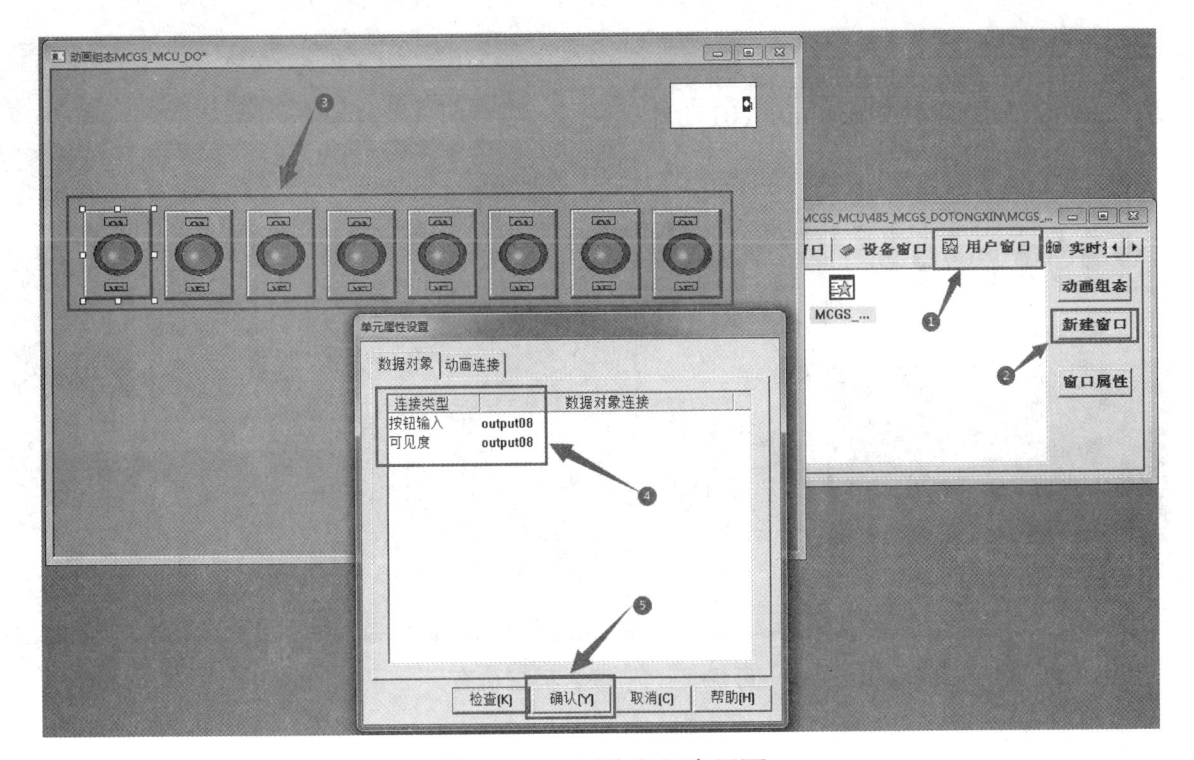

图 6-3-9　制作和组态画面

如图 6-3-10 所示，利用串口虚拟软件 Virtual Serial Port Driver 6.9 在计算机上创建两个虚拟串口，并设置“COMPIM”与“通用串口父设备 0”参数一致，COM2<—>COM4。

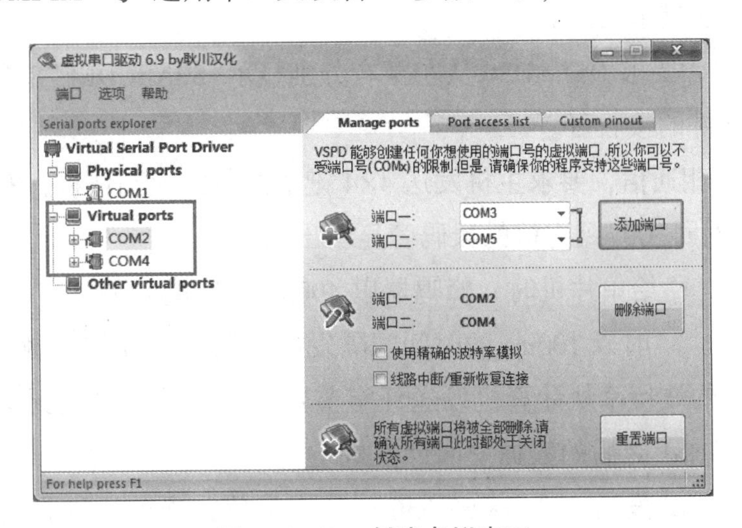

图 6-3-10　创建虚拟串口

如图 6-3-11 所示，在 MCGS 组态软件界面上按下开关，单片机接收到数据，P1 端口上对应的 LED 点亮。

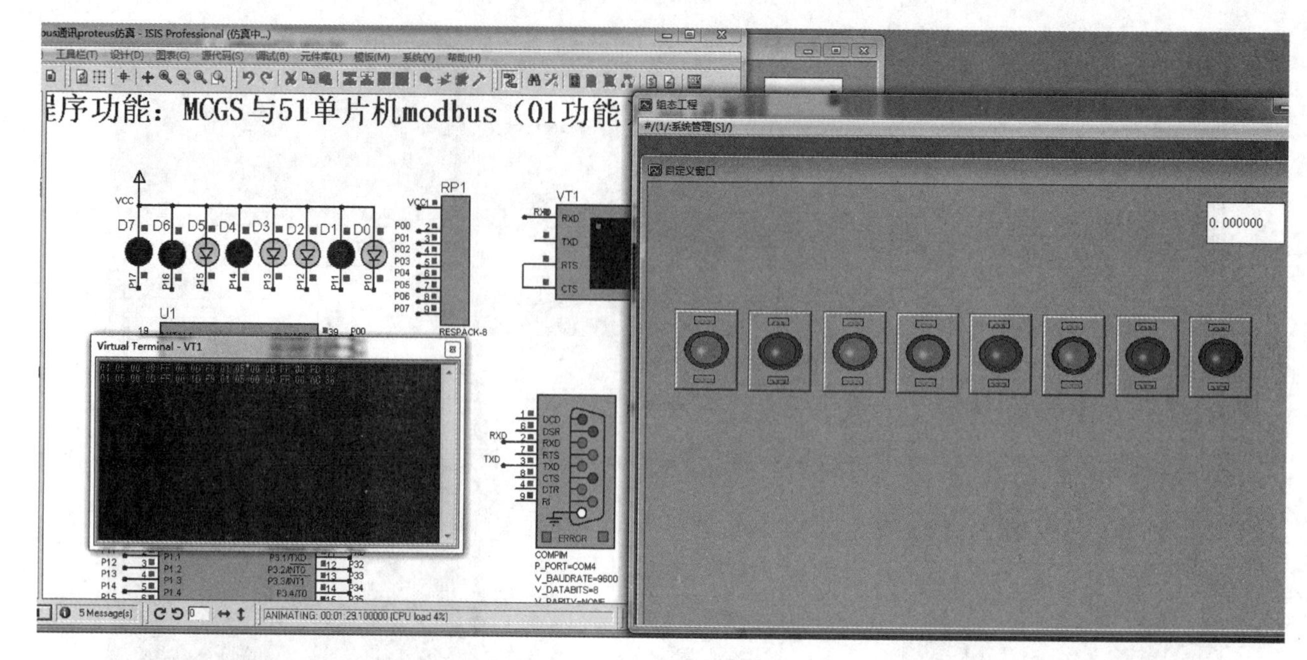

图 6-3-11　联合通信仿真

四、动手试一试

(1)编写一段程序，要求上位机 PC 发送数据，让 DS3～DS0 从右至左分别显示“3210”；DS5～DS7 从左到右分别显示“HEL”。

(2)编写一段程序，要求 DS7～DS0 从左至右分别显示“89ABCDEF”8 个字母，然后发送到 PC 的串口调试助手软件的接收区。

(3)两个单片机互相通信，要求主机发送 4×4 键盘的按键值到从机，利用从机的数码管显示接收到的数据，并返回“00”到主机的数码管显示出来。

(4)由上位机发送“1”给单片机时，蜂鸣器以 400ms 的时间间隔发声，发送“2”时以 200ms 的时间间隔发声，发送“3”时以 100ms 的时间间隔发声，发送“4”时关闭蜂鸣器。

(5)以 2 400bit/s 的波特率从计算机发送任字节数据，当单片机收到该数据后，在此数据的基础上加 1，然后将加 1 之后的数据发回计算机。

(6)以十六进制的形式发送一个 0～65 536 的任一数值，当单片机收到数值后在数码管上动态显示出来，波特率自定。

(7)按下矩阵键盘第一行时以 1 200bit/s 的波特率发送 1，2，3，4，第二行以 2 400bit/s 的波特率发送 5，6，7，8，第三行以 4 800bit/s 的波特率发送 9，10，11，12，第四行以 9 600bit/s 的波特率发送 13，14，15，16。

项目七 单片机控制系统的制作

任务一 单片机控制系统的焊接

一、任务书

根据图 7-1-1 所示单片机控制系统仿真电路原理图，准备好表 7-1-1 所示的元件，参考图 7-1-2 和图 7-1-3 完成电路的焊接，并编写单片机 C 程序测试电路焊接是否成功。

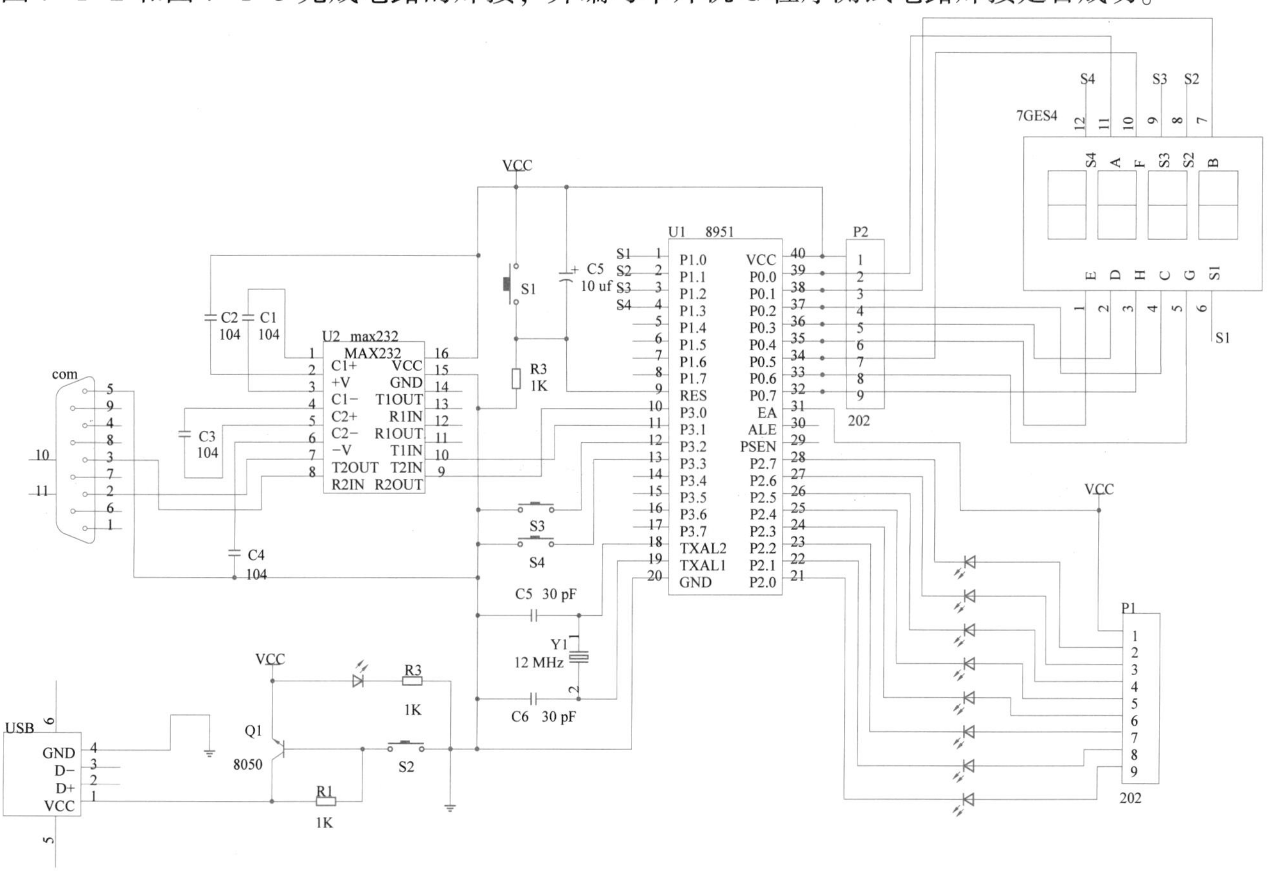

图 7-1-1　单片机控制系统仿真电路原理图

表 7-1-1　元件清单

序号	名称	型号	数量	单位	序号	名称	型号	数量	单位
1	单片机	STC89C52RC	1	片	10	万用板	888-B	1	块
2	DIP-40 封底座	DIP-40	1	个	11	RS232 串口接头	DP-9F 见样品(9P 母座)	1	个
3	电解电容	25V，10μF	6	个	12	MAX232 芯片	DIP-16P	1	片
4	瓷片电容	30P	2	个	13	DIP-16 封底座	DIP-16P	1	个
5	晶体振荡器	49S-12M	1	个	14	轻触开关	4 脚	3	个
6	小开关	DIP-2P 拨码开关	1	个	15	4 位共阴极数码管	HS-5461AS2	1	个
7	电阻排(9 脚)	2kΩ	2	个	16	电阻	1kΩ	2	个
8	USB 电源插座	USB-B 型插座方头见样品	2	个	17	焊接小导线	7cm 长红色，黑色	若干	条
9	LED	2mm×5mm 方形普通(红色)	9	个	—	—	—	—	—

二、任务分析

根据图 7-1-1 所示的单片机控制系统仿真原理图，在焊接电路时需要注意以下几点。

(1)元件布局如图 7-1-2 所示。

(2)电路板焊接示意如图 7-1-3 所示。

图 7-1-2　元件布局

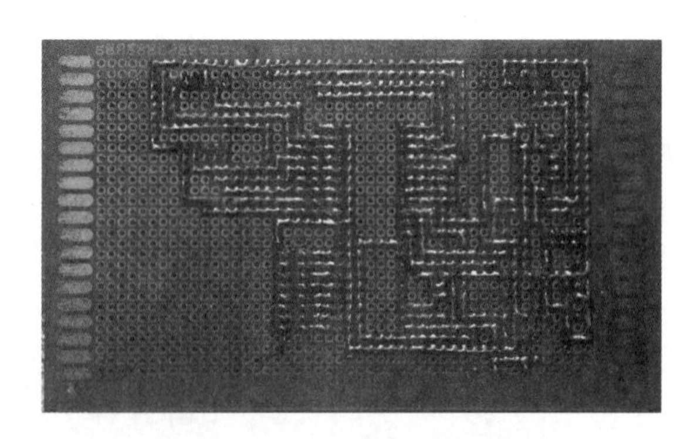

图 7-1-3　电路板焊接示意

(3)数码管引脚位置示意如图 7-1-4 所示。当多位 LED 显示时，为了节约 I/O 口，简化硬件电路，通常将所有位的段选线(数据)相应地并联在一起，由单片机 P0 口控制，而各位数码管的共阳极或共阴极分别由相应的 I/O 口线控制(P1.0~P1.3 对应标号 S1~S4)，实现各位的分时轮流选通。

(4)USB 电源插座的正、负极示意如图 7-1-5 所示，注意电源的正、负极的位置。

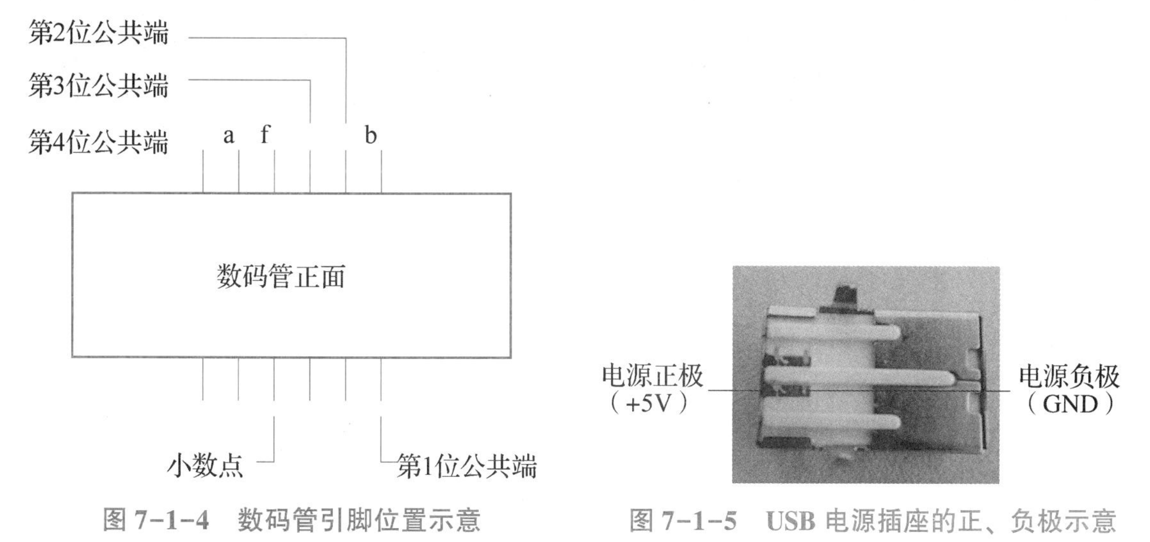

图 7-1-4　数码管引脚位置示意

图 7-1-5　USB 电源插座的正、负极示意

三、单片机控制系统焊接与调试

1. 单片机控制系统焊接基本步骤

以下步骤仅供参考。

(1)根据自己的布局，先将单片机的最小系统焊接好，然后将下载线部分焊接好。

(2)编写一个 LED 点亮程序，下载验证前面的焊接操作是否成功，若不能下载程序则重新检查电路。

(3)若可以成功下载程序，则将剩余的 LED 和数码管、按钮都焊接好。

(4)编写流水灯程序，时间是 1s，加入启动和停止按钮，验证 LED 和独立按钮是否焊接成功；然后编写 4 位数码管轮流点亮程序“8.”，延时时间为 1s，验证数码管是否焊接成功。

2. 单片机控制程序

“一个 LED 灯点亮程序”请参考项目二任务二的相关程序，此处省略。“流水灯程序”和“4 位数码管轮流点亮程序‘8.’”请参考项目二任务八的相关程序，此处省略。

四、动手试一试

(1) 编写一段程序，要求 DS3~DS0 的 4 位数码管从右至左分别显示“3210”4 位数；过 1s 后 DS0~DS3 的 4 位数码管从左到右分别显示“HELO”。

(2)利用单片机 P2 口控制 8 个 LED 灯从左到右点亮流水灯 2 次，然后 8 个灯闪烁 2 次，再从右到左点亮流水灯 2 次，最后一个暗点从左到右点亮流水灯 2 次，最后不断循环运行，延时时间为 0.5s。

任务二　单片机控制系统程序模块化编程

一、任务书

编程使 P0 端口所驱动的 LED 以 1Hz 的频率闪烁。

二、任务分析

在前几个项目中，对一个 LED 闪烁的程序的编写方法已经进行了介绍，这里以一个 LED 闪烁为例介绍单片机模块化编程方法。

三、单片机模块化编程步骤及调试程序的编写

下面以 Keil uVision4 软件为基础，单片机芯片以 STC89C52RC 为例，详细介绍如何建立单片机控制系统的模块化编程的工程模板。

在计算机的 D 盘新建一个文件夹，命名为“单片机控制系统编程”，然后打开该文件夹，在里面分别建立“HARDWARE”“SYSTEM”“USER”3 个文件夹，如图 7-2-1 所示。

双击打开“USER”文件夹，在该文件夹中新建图 7-2-2 所示的“debug”“output”和“src”3 个文件夹。

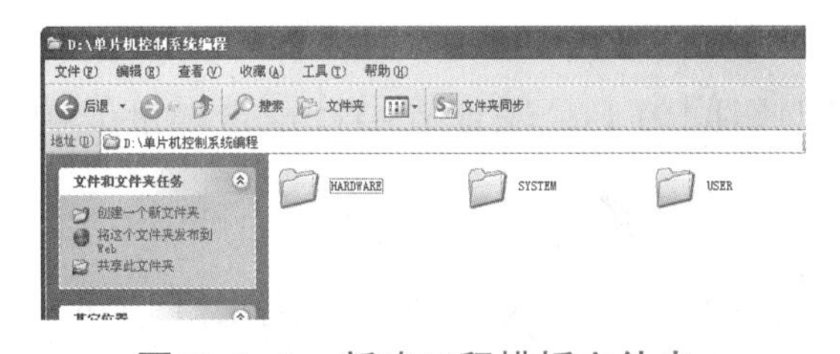

图 7-2-1　新建工程模板文件夹

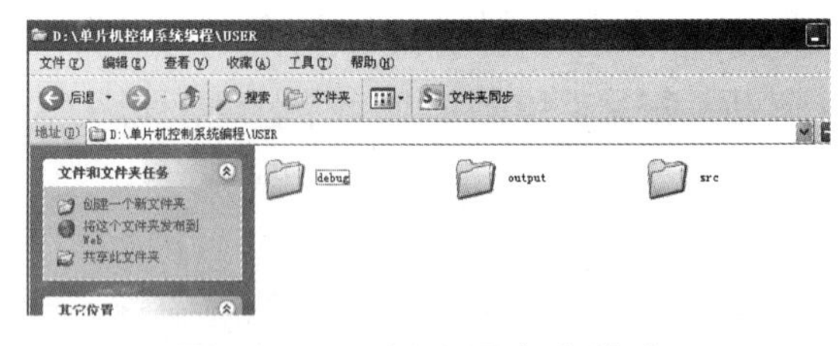

图 7-2-2　新建用户文件夹

双击打开“HARDWARE”文件夹，在该文件夹中新建图 7-2-3 所示的“led”和“smg”两个文件夹。

打开 Keil uVision4 软件，选择“Project”→“New uVision Project…”选项，如图 7-2-4 所示，新建工程。

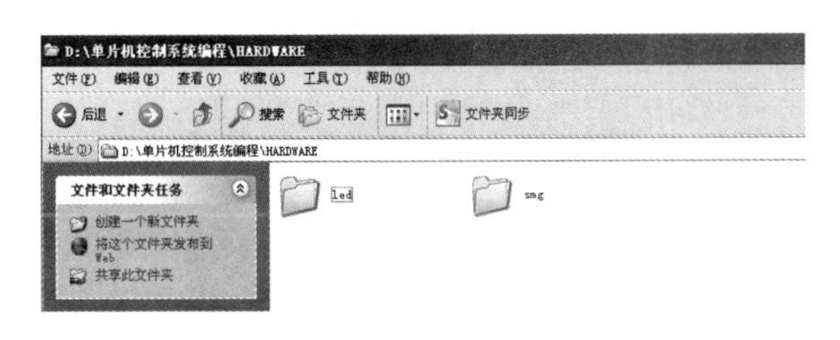

图 7-2-3　新建硬件文件夹

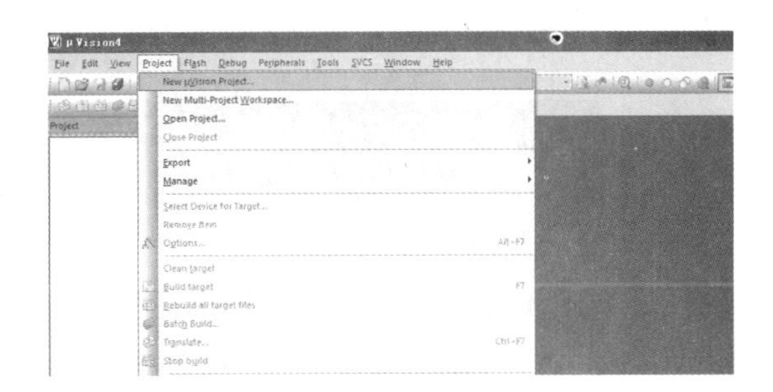

图 7-2-4　新建工程

保存新建工程，如图 7-2-5 所示，路径为“D:\ 单片机控制系统编程 \ USER \ src”，工程名为“单片机控制系统”，然后单击“保存”按钮。

如图 7-2-6 所示，选择单片机型号“STC89C52RC”，然后单击“OK”按钮。

图 7-2-5　保存新建工程

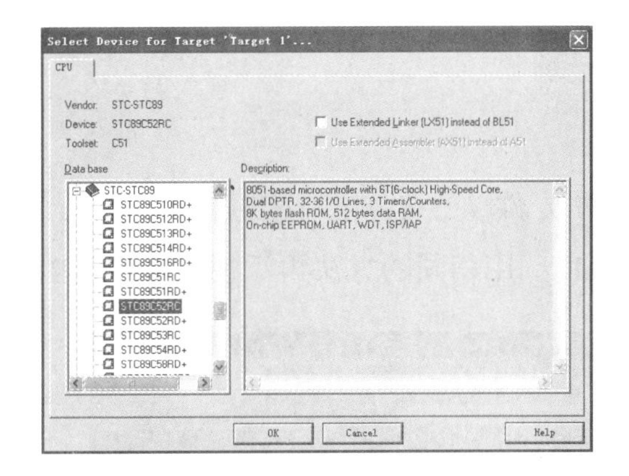

图 7-2-6　选择单片机型号

如图 7-2-7 所示，提示“是否添加单片机启动代码”，单击“否”按钮。

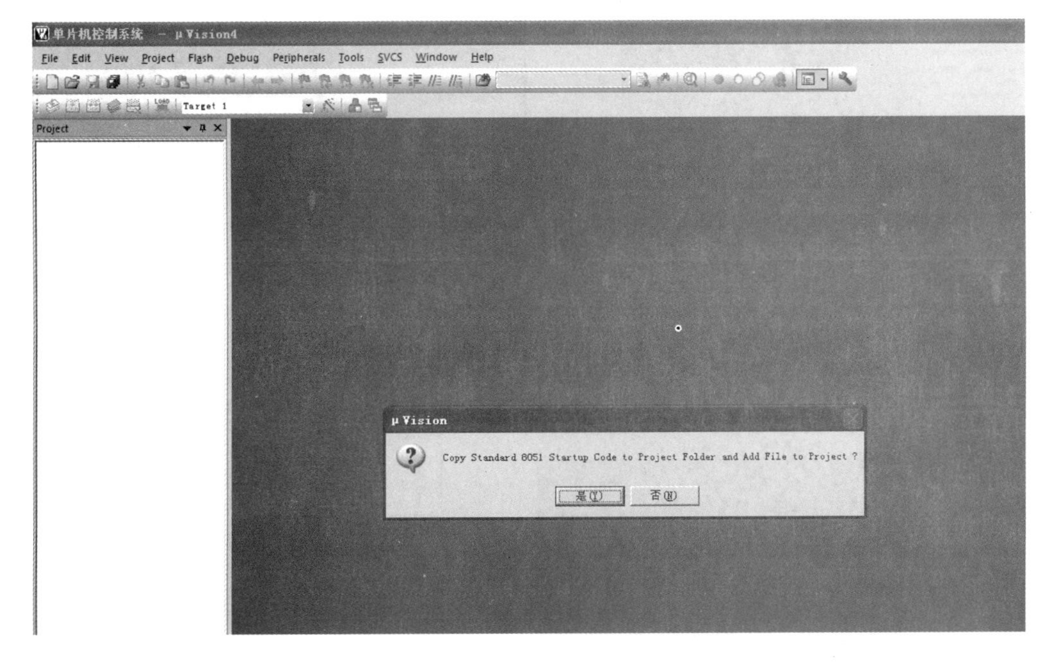

图 7-2-7　提示“是否添加单片机启动代码”

双击“Source Group 1”，将其改为“USER”，如图 7-2-8 所示。

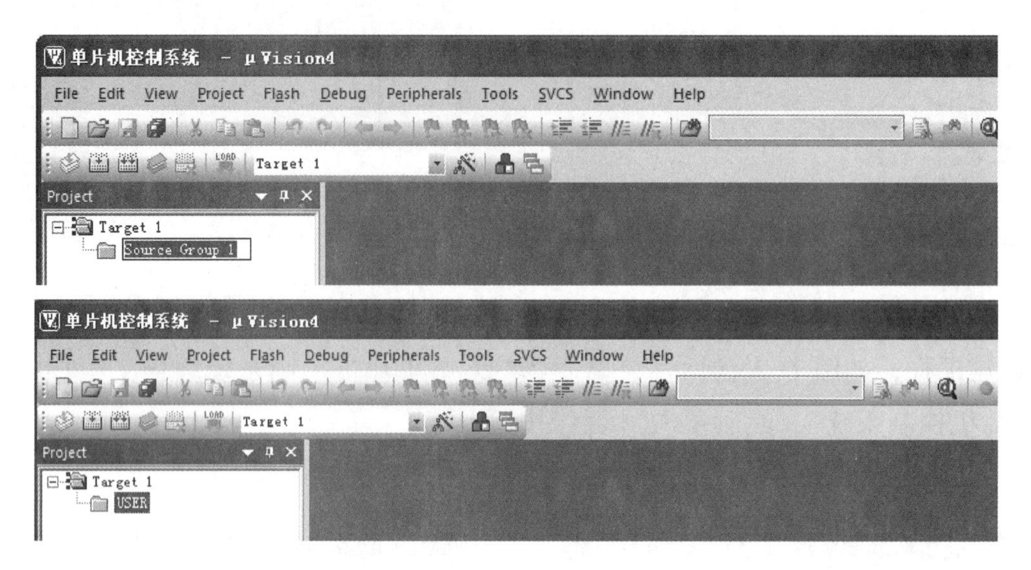

图 7-2-8　修改文件夹名

添加文件夹，右击“USER”文件夹，选择“Add Group..”命令，然后将其名称改为“SYSTEM”，用相同的方法再添加名为“HARDWARE”的文件夹，如图 7-2-9 和图 7-2-10 所示。

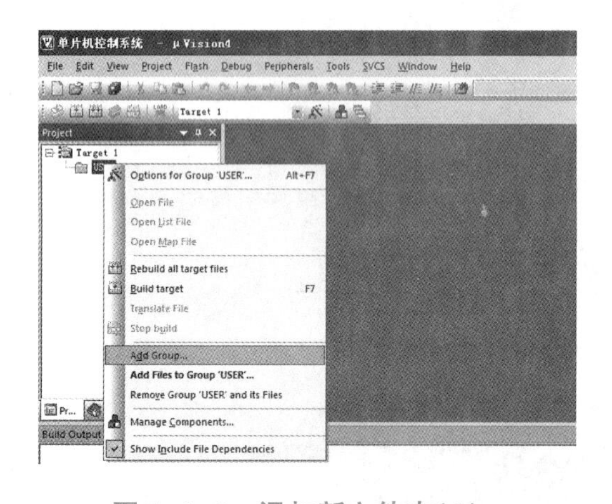

图 7-2-9　添加新文件夹(1)

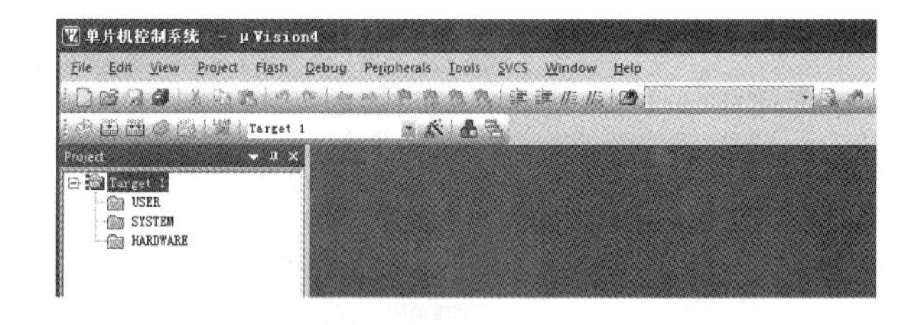

图 7-2-10　添加新文件夹(2)

选择“File”→“New”选项，新建文件，如图 7-2-11 所示。

选择“File”→“Save”命令，保存新建文件，如图 7-2-12 所示。

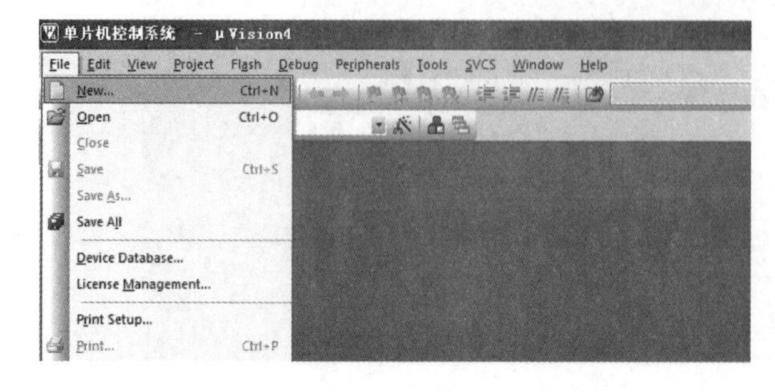

图 7-2-11　新建文件

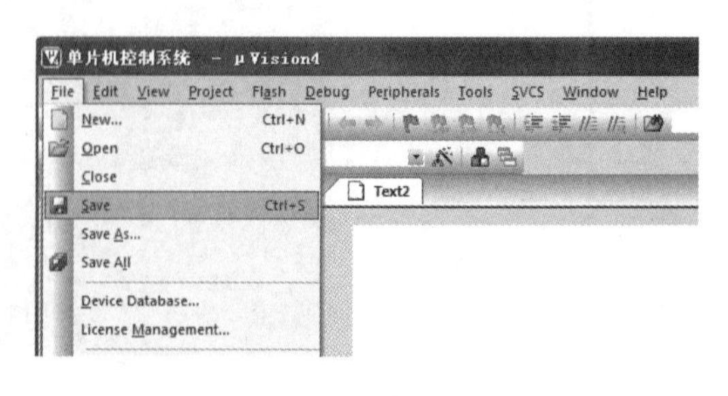

图 7-2-12　保存新建文件

在弹出的“Save As”对话框中，选择保存的路径为“D:\ 单片机控制系统编程 \ USER \ src”，输入文件名“单片机控制系统 . c”，然后单击“保存”按钮，如图 7-2-13 所示。

图 7-2-13　保存文件路径和文件名

在工程栏中右击“USER”，选择“Add Files to Group‘USER’…”命令，如图 7-2-14 所示。

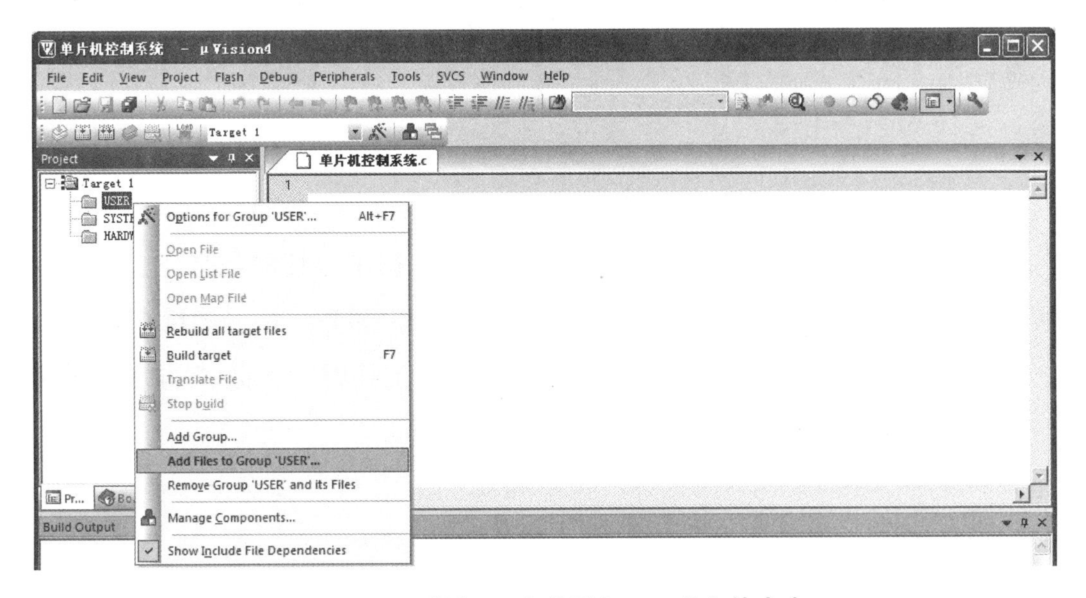

图 7-2-14　添加 C 文件到“USER”文件夹中

在弹出的对话框中选择要添加的 C 文件，这里选择“单片机控制系统 . c”，然后单击“Add”按钮即可将其加入工程栏“Project”的“USER”文件夹。最后单击“Close”按钮关闭对话框即可，如图 7-2-15 所示。

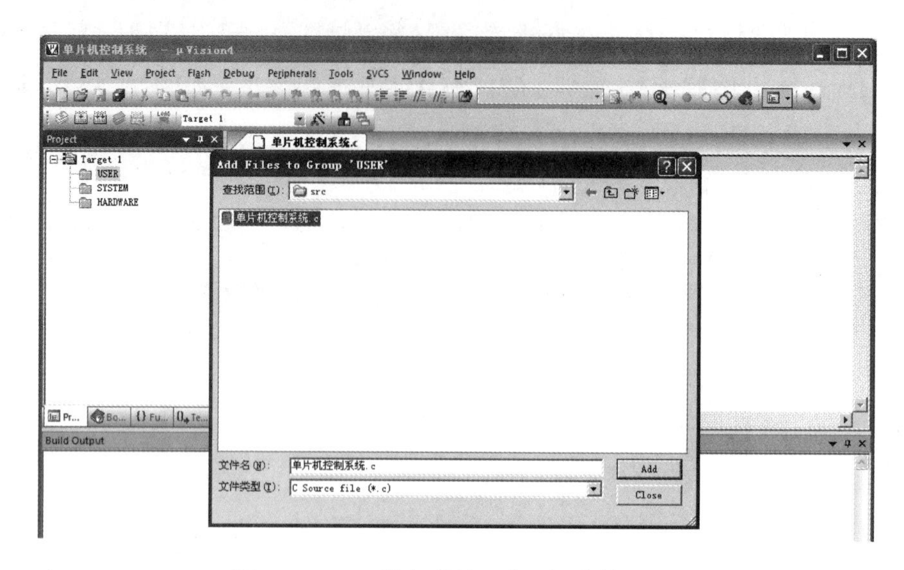

图 7-2-15　选择添加到工程中的文件

单击工程栏“Project”的“USER”文件夹前的“+”将其展开，即可看到刚才添加的 C 文件，如图 7-2-16 所示。

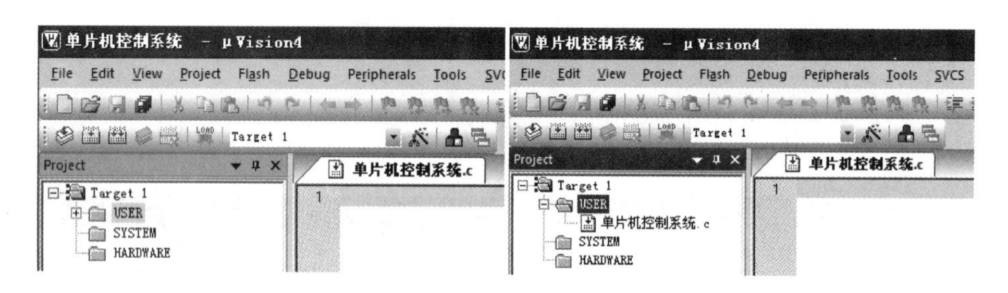

图 7-2-16　查看添加的 C 文件

利用相同的方法新建两个“Text”文件，这里新建延时程序，其保存路径为“D:\ 单片机控制系统编程 \ SYSTEM \ delay”，文件名分别为“delay. c”和“delay. h”；然后在路径“D:\ 单片机控制系统编程 \ SYSTEM \ delay”中将“delay. c”添加到工程栏“Project”的“SYSTEM”文件夹中，如图 7-2-17 所示。

利用相同的方法新建两个“Text”文件，这里新建 LED 程序，其保存路径为“D:\ 单片机控制系统编程 \ HARDWARE \ led”，文件名分别为“led. c”和“led. h”；然后在路径“D:\ 单片机控制系统编程 \ HARDWARE \ led”中将“led. c”添加到工程栏“Project”的“HARDWARE”文件夹中，如图 7-2-17 所示。

利用相同的方法新建两个“Text”文件，这里新建数码管程序，其保存路径为“D:\ 单片机控制系统编程 \ HARDWARE \ smg”，文件名分别为“smg. c”和“smg. h”；然后在路径“D:\ 单片机控制系统编程 \ HARDWARE \ smg”中将“smg. c”添加到工程栏“Project”的“HARDWARE”文件夹中，如图 7-2-17 所示。

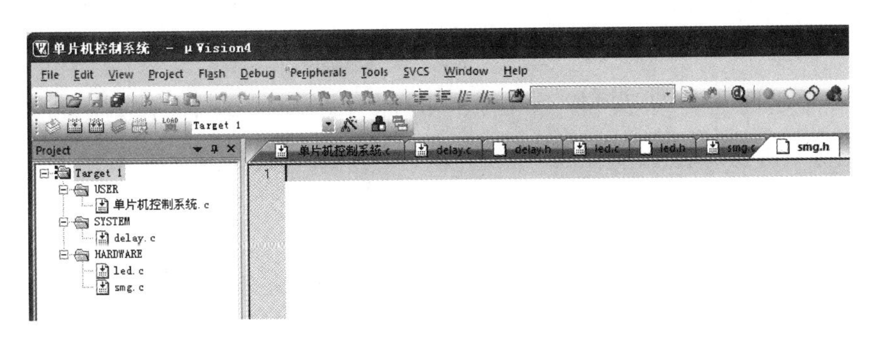

图 7-2-17　添加 C 文件到工程相应文件中

单击快捷键栏中的 按钮，弹出图 7-2-18 所示对话框，单击“Output”选项卡，如图 7-2-19 所示，单击“Select Folder for Objects…”按钮，在弹出的对话框中选择路径为“D:\ 单片机控制系统编程 \ USER \ output \ ”，然后单击“OK”按钮，勾选“Create HEX File”复选框。

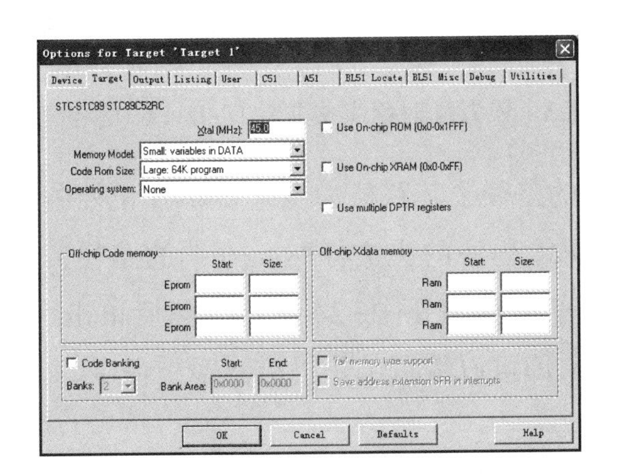

图 7-2-18　“Options for Target‘Target 1’”对话框

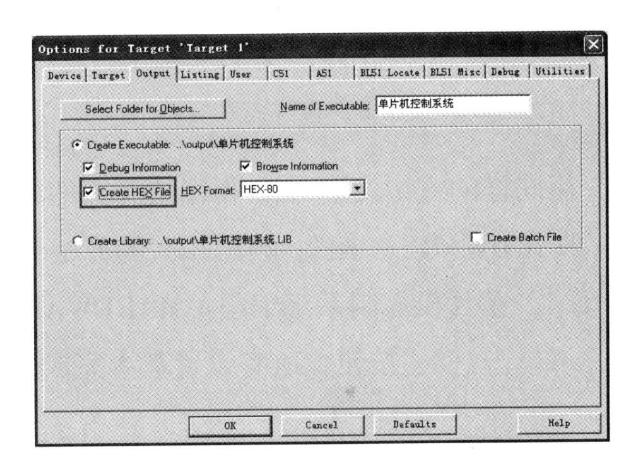

图 7-2-19　设置下载文件格式

在图 7-2-19 所示对话框中单击“Listing”选项卡，然后单击“Select Folder for Listings…”按钮，在弹出的对话框中选择路径为“D:\ 单片机控制系统编程 \ USER \ debug \ ”，然后单击“OK”按钮，如图 7-2-20 所示。

单击“C51”选项卡，然后单击“Include Paths”右侧的 按钮，如图 7-2-21 所示。

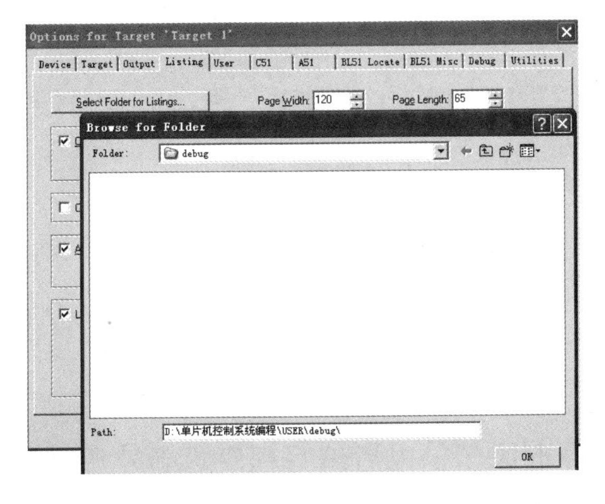

图 7-2-20　设置编译输出文件保存路径

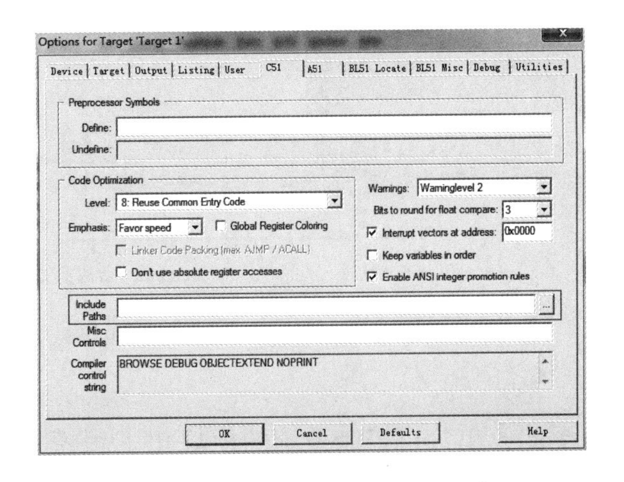

图 7-2-21　设置“C51”选项卡

弹出“Folder Setup”对话框，如图 7-2-22 所示，单击新建按钮，再单击出现的...按钮，在弹出的对话框中选择延时程序头文件“delay. h”的保存路径，这里的路径是“D:\ 单片机控制系统编程 \ SYSTEM \ delay”，如图 7-2-23 所示，然后单击“确定”按钮。

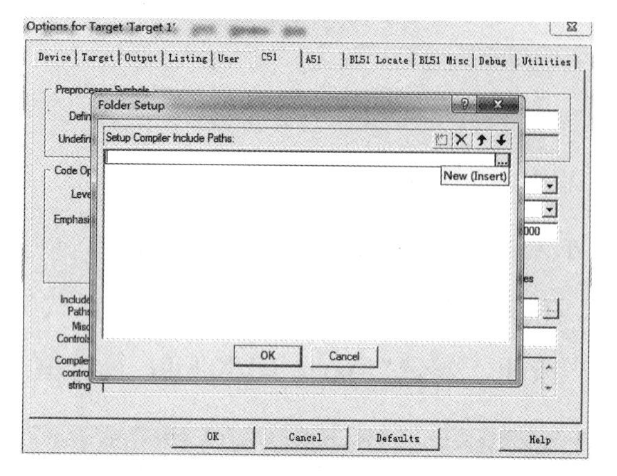

图 7-2-22　设置头文件的包含路径

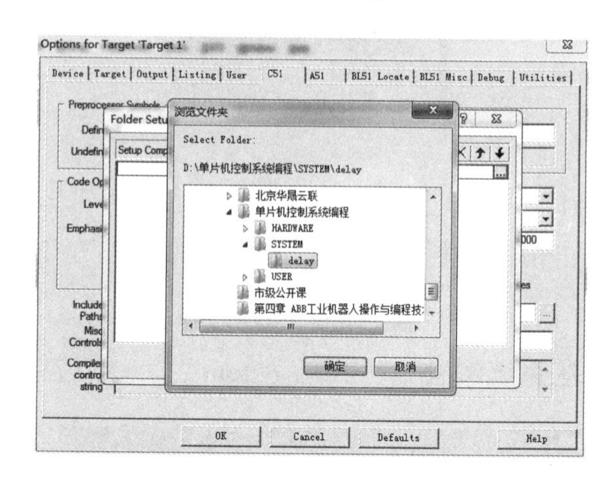

图 7-2-23　设置延时程序头文件“delay. h”的包含路径

用同样的方法设置 LED 程序的头文件“led. h”的路径，其路径为“D:\ 单片机控制系统编程 \ HARDWARE \ led”；再用相同的方法设置数码管程序的头文件“smg. h” 的路径，其路径为“D:\ 单片机控制系统编程 \ HARDWARE \ smg”，如图 7-2-24 所示，然后单击“OK”按钮，再单击“OK”按钮，所有设置基本完成，接下来即可以编写单片机控制系统程序。

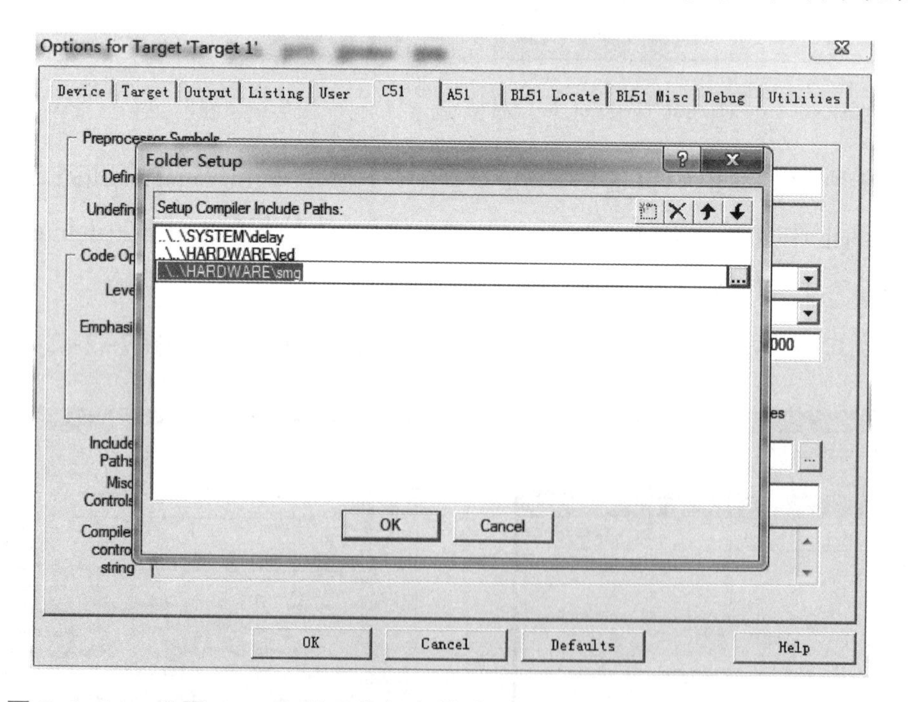

图 7-2-24　设置 LED 和数码管程序的头文件“led. h”“smg. h”的包含路径

至此，单片机控制系统的模块化工程模板就建立起来了，以后编写程序再新建源文件和头文件的时候，就可以直接保存到“HARDWARE”“SYSTEM”和“USER”文件目录下。

下面编写各个模块文件。

首先编写“delay. c”文件的主要内容(两个延时函数)。

“delay. c”文件的内容如下。

```
01  /********  延时子函数  ********/
02  void delay_us(unsigned  int i)   //微秒级
03  {
04      while(i--);
05  }
06  void delay_ms(unsigned  int z)   //毫秒级
07  {
08      unsigned  int x,y;
09      for(x=z;x>0;x--)
10          for(y=113;y>0;y--);
11  }
```

由于在“led. c”和“smg. c”文件中需要调用“delay. c”文件中的两个延时函数，所以应该对这两个函数在头文件中做外部声明，以方便其他函数调用。

“delay. h”头文件的内容如下。

```
01  #ifndef __DELAY_H
02  #define __DELAY_H
03  void delay_us(unsigned  int i);
04  void delay_ms(unsigned  int z);
05  #endif
```

完成延时函数模块后，即可以开始编写 LED 驱动模块程序。

“led. c”文件的内容如下。

```
01  #include <STC89.H>
02  #include "delay.h"
03  unsigned char code table[]={
04      0xfe,0xfd,0xfb,0xf7,0xef,0xdf,0xbf,0x7f,  //第一次,右移一行
05      0xfe,0xfd,0xfb,0xf7,0xef,0xdf,0xbf,0x7f,  //第二次,右移一行
06      0x7f,0xbf,0xdf,0xef,0xf7,0xfb,0xfd,0xfe,  //第一次,左移一行
07      0x7f,0xbf,0xdf,0xef,0xf7,0xfb,0xfd,0xfe,  //第二次,左移一行
08      0x00,0xff,0x00,0xff};  //闪烁两次
09  void led(){
10      unsigned char k;  //定义数组下标循环变量
11      for(k=0;k<35;++k)  //35是数组中数据的个数
12      {
13          P2=table[k];  //数组名为 table,下标为变量 k
14          delay_ms (1000);  //延时1s
15      }
16  }}
```

该模块对外的接口只有一个函数，因此在相应的“led. h”头文件中需要做相应的声明。

“led. h”头文件的内容如下。

```
01  #ifndef __LED_H
02  #define __LED_H
03  void led();
04  #endif
```

完成LED驱动模块程序后，即可以开始编写数码管驱动模块程序。

“smg. c”文件的内容如下。

```
01  #include <STC89.H>
02  #include <intrins.h>
03  #include "delay.h"
04  #define LEDdata P0
05  #define wei P1
06  unsigned char code DIS_SEG7[]={  //数码管0~F的字形码
07      0x3f,0x06,0x5b,0x4f,0x66,0x6d,0x7d,0x07,
08      0x7f,0x6f,0x77,0x7c,0x39,0x5e,0x79,0x71,0xff,0x40};
09      unsigned char buf[8]={16,16,16,16,16,16,16,16};
10  void display()
11  {   unsigned char i;
12      for(i=0;i<4;i++){
13          LEDdata=DIS_SEG7[buf[i]];        //送段码
14          wei=_crol_(0xfe,i);              //位选移i位,送位码
15          delay_us(150);                   //延时
16          wei=0xff;                        //送0xff,关显示消影
17      }
18  }
```

该模块对外的接口只有一个函数，因此在相应的“smg. h”头文件中需要做相应的声明。

“smg. h”头文件的内容如下。

```
01  #ifndef __SMG_H
02  #define __SMG_H
03  extern unsigned char buf[8];  //数码管显示缓存变量定义为外部可用的变量
04  void display();
05  #endif
```

“delay. c”“led. c”“smg. c”以及头文件模块程序完成后，将C文件添加到工程中，然后开始编写主函数里的测试代码。

“单片机控制系统. c”文件的内容如下。

```
01  #include <STC89.H>
02  #include "delay.h"
03  #include "led.h"
04  #include "smg.h"
05  void main(void){
06      buf[0]=0;  //数码管显示"3210"缓存数组buf
07      buf[1]=1;
08      buf[2]=2;
09      buf[3]=3;
10      while(1){
11          led();              //流水灯测试
12          display();          //数码管显示测试
13      }
14  }
```

Keil 软件中模块程序界面如图 7-2-25 所示。

图 7-2-25　Keil 软件中模块程序界面

注意：在 3 个 C 文件中，都可以在程序开头书写以下 3 行，因为已经用条件编译和宏定义来防止了重复包含。

```
01  #include "delay.h"
02  #include "led.h"
03  #include "smg.h"
```

参 考 文 献

[1] 杨少光. 单片机控制装置安装与调试备赛指导(中职电工电子项目)[M]. 北京：高等教育出版社，2010.
[2] 李广弟. 单片机基础(修订本)[M]. 北京：北京航空航天大学出版社，2001.
[3] 广东省中等职业学校教材编写委员会. 单片机及其应用[M]. 广州：广东高等教育出版社，2007.
[4] 雷林均. 单片机控制装置安装与调试[M]. 北京：电子工业出版社，2011.
[5] 龙建飞，张箭. 单片机 C 语言实用教程[M]. 北京：中国人民大学出版社，2013.